安徽省高等教育“十三五”规划教材

DAOHANG DINGWEI JISHU GAILUN

导航定位技术概论

余学祥　王　庆　王　坚◎主编

中国矿业大学出版社
· 徐州 ·

内容提要

导航定位技术发展至今逐渐走向成熟，已渗透到人类文明的各个角落，在人类社会活动、经济活动、军事活动中发挥着无可替代的作用。全书共分6章，介绍了导航与定位技术发展概况、无线电导航系统、卫星导航定位系统、惯性导航系统、车辆导航系统，还简要介绍了天文导航、脉冲星导航、地形辅助导航、地磁导航以及常用的室内定位技术的特点、基本原理和应用。

本教材主要关注当前导航定位技术的基础理论和基础知识的简明阐述，便于读者快速理解和掌握某种导航定位技术的特点和应用背景。本教材可作为高等学校导航工程专业学生的入门教材使用，也可供从事导航定位研究的科技工作者参考。

图书在版编目(CIP)数据

导航定位技术概论 / 余学祥，王庆，王坚主编．—徐州：中国矿业大学出版社，2023.9

ISBN 978-7-5646-5498-6

Ⅰ．①导… Ⅱ．①余… ②王… ③王… Ⅲ．①卫星导航—全球定位系统—概论 Ⅳ．①TN967.1②P228.4

中国国家版本馆CIP数据核字(2023)第168708号

书　　名　导航定位技术概论
主　　编　余学祥　王　庆　王　坚
责任编辑　潘俊成
出版发行　中国矿业大学出版社有限责任公司
　　　　　　(江苏省徐州市解放南路　邮编 221008)
营销热线　(0516)83885370　83884103
出版服务　(0516)83995789　83884920
网　　址　http://www.cumtp.com　**E-mail**:cumtpvip@cumtp.com
印　　刷　苏州市古得堡数码印刷有限公司
开　　本　787 mm×1092 mm　1/16　**印张** 13.25　**字数** 339 千字
版次印次　2023年9月第1版　2023年9月第1次印刷
定　　价　36.00元

《导航定位技术概论》
教材编写人员名单

主　编：余学祥　王　庆　王　坚

副主编：王潜心　吕伟才　刘　超

赵兴旺　杨　旭　韩厚增

方新建

前　言

不论是早期的航海还是现今的航天，都离不开导航，导航已成为海、陆、空、天各种运动载体不可或缺的指南。目前，导航定位技术包括无线电导航、全球卫星导航、惯性导航、天文导航、脉冲星导航、地形辅助导航、地磁导航等技术及常用于室内定位的蜂窝定位、Wi-Fi定位、超宽带定位等技术，这些技术应用于不同的目的和场景，具有各自的特点和优势。

早期导航主要用于航行于海洋中的船舶，现在它已经渗透到可以想象的各种场景。导航的基本作用是引导飞机、船舰、车辆、人员等安全准确地沿着所选定的路线准时到达目的地；同时，导航也应用于位置服务、搜索和救援、车队管理、公共安全和环境评估之中。导航与定位密不可分，导航系统在引导运载体航行过程中一定需要定位，且需要动态、实时、连续定位。然而，定位不等于导航，定位只能确定载体的空间位置，而不包括速度和姿态，所以定位是导航的子集。可以说，有多少种定位方法，就有多少种导航方法。

导航定位技术是一种典型的军民两用技术。随着现代科学技术不断进步及军事战略和战术的变化，导航定位技术已广泛应用于海、陆、空、天的军民商领域，逐步形成了以卫星导航、惯性导航、组合导航、地形辅助导航等为代表的新型导航系统，不断推动着导航定位技术向新的水平发展。导航系统各有特点，其应用对象、应用领域各有不同，各种导航定位系统互相补充、互相依存、互相融合、相辅相成。目前以GNSS(全球导航卫星系统)为代表的卫星导航定位系统能够实现全天候、全球性和高精度的连续导航与定位，因而应用最为广泛。

借助卫星导航定位等相关集成技术已能够营建智能交通系统和监控系统并得到广泛应用。随着经济的不断发展，交通已成为社会生产、分配、交换、消费等各个环节得以正常进行的桥梁和纽带，车辆安全运营和监控管理是遏制道路交通安全事故的有效安全监管机制。北斗导航系统广泛应用于重点运输过程监控、公路基础设施安全监控、港口高精度实时调度监控等领域。

本教材由安徽理工大学余学祥教授，东南大学王庆教授，北京建筑大学王坚教授，中国矿业大学王潜心教授，安徽理工大学吕伟才教授、刘超副教授、赵兴旺教授、杨旭博士、方新建博士，北京建筑大学韩厚增博士等共同完成，安徽理工大学袁佳佳博士、谢世成博士对本教材的编写做了大量的校对工作。全书由余学祥负责协调与统稿。

在本教材编写过程中，编者参阅和引用了国内外有关学者的文献资料，在此向这些学者表示衷心的感谢！

本教材得到了安徽省高等学校省级质量工程“导航定位技术概论”规划教材项目（编号：2017ghjc098）、“GNSS原理及其应用”教学示范课程（编号：2020SJJXSFK0917）和校企合作实践教育基地项目（编号：2020sjjd038）的支持，在此表示感谢！

由于导航定位技术发展日新月异，加之编者水平和时间所限，尽管编者做了很多努力，书中难免有疏漏或不足之处，敬请广大读者批评指正。

编　者

2022年12月

目 录

第1章 导航与定位技术发展概况 ······ 1

1.1 导航概述 ······ 1

1.2 导航定位技术发展概况 ······ 2

1.3 常用的导航定位技术 ······ 4

1.4 导航定位技术应用 ······ 7

思考题 ······ 10

第2章 无线电导航系统 ······ 11

2.1 无线电导航系统概述 ······ 11

2.2 无线电导航理论基础 ······ 15

2.3 伏尔导航系统 ······ 22

2.4 地美仪系统 ······ 30

2.5 塔康系统 ······ 34

2.6 罗兰C系统 ······ 39

思考题 ······ 44

第3章 卫星导航定位系统 ······ 46

3.1 绪论 ······ 46

3.2 坐标系统和时间系统 ······ 53

3.3 卫星位置计算 ······ 66

3.4 卫星定位基本原理 ······ 77

3.5 卫星导航基本原理 ······ 91

思考题 ······ 100

第4章 惯性导航系统 ······ 101

4.1 惯性导航系统简介 ······ 101

4.2 惯性导航基础知识 ······ 103

4.3 惯性导航系统基本原理 ······ 113

4.4 惯性导航系统分类与应用 ······ 124

思考题 ······ 130

第 5 章　车辆导航系统 …… 131
5.1　车辆导航系统概述 …… 131
5.2　车辆导航系统相关技术 …… 139
5.3　车辆导航系统实现与应用 …… 149
思考题 …… 152

第 6 章　其他导航定位技术 …… 153
6.1　天文导航 …… 153
6.2　脉冲星导航 …… 155
6.3　地形辅助导航 …… 166
6.4　地磁导航 …… 169
6.5　蜂窝定位技术 …… 173
6.6　Wi-Fi 定位技术 …… 176
6.7　蓝牙定位技术 …… 183
6.8　超宽带定位技术 …… 188
6.9　RFID 定位技术 …… 192
6.10　ZigBee 定位技术 …… 197
思考题 …… 200

参考文献 …… 201

第1章　导航与定位技术发展概况

不论是早期的航海还是现今的航天，都离不开导航，导航已成为海、陆、空、天各种运动载体不可或缺的指南。随着科技的发展，导航系统除了众所周知的传统导航设备外，又出现了先进的卫星导航。目前导航系统包括全球导航卫星系统（Global Navigation Satellite System，GNSS）、惯性导航系统（Inertial Navigation System，INS）、无线电导航系统（Radio Navigation System，RNS）、天文导航系统（Celestial Navigation System，CNS）、重力导航（Gravity Navigation，GN）、地磁导航（Magnet Navigation，MN）、地形匹配导航（Terrain Matching Navigation，TMN）、影像匹配导航（Image Matching Navigation，IMN）等。

本章主要介绍导航与定位技术的基本概念，为后续内容的学习做铺垫。

1.1　导航概述

1.1.1　导航的基本概念

导航是指采用定位手段和控制方法确定运动载体当前位置和目标位置，并参照地理和环境信息引导运动载体沿着合理的航线抵达目的地的过程，是对继续运动的指示。导航之所以定义为一个过程，是因为它贯穿于运行体行动的始终，遍历各个阶段，直至确保运行达成目的。导航技术能够获得载体的瞬时位置、速度和姿态等参数，这些参数称为导航参数。导航技术是确定这些导航参数的方法。

导航系统是自动确定位置和速度等导航参数的装置。导航设备有两种工作状态：一是指示状态，这种状态下导航设备只提供导航参数，而不直接参与对载体航行的控制，驾驶载体的人员根据这些信息控制载体的航行，是一个开环系统。二是自动导航状态，即导航设备把导航信息转换成对载体的控制信息提供给自动驾驶系统，通过自动驾驶系统自动控制载体的航行，这样的闭环系统称为制导系统，如导弹、宇宙飞行器等的导航系统就是制导系统，即根据预先规划的航线，自动引导载体到达目的地。

导航传感器是用来测量与导航有关的物理特性的设备，例如加速度计、陀螺仪和无线电导航接收机等。根据这些设备的测量结果，导航系统可以计算出其输出参数。完整的导航系统可以同时得到载体的位置、速度和姿态信息，一些导航系统也可以提供加速度信息。

1.1.2　导航的作用

“导航”起源于海洋中船舶的航行。早期导航主要用于航行于海洋中的船舶，现在它已渗透到可以想象的每一种交通工具中。导航的基本作用，是引导飞机、船舰、车辆、人员等安全准确地沿着所选定的路线准时到达目的地。同时，导航也应用于位置服务、搜索和救援、车队管理、公共安全、军事和环境评估之中。

1.1.3 导航与定位的关系

“定位”指的是测定地面、海洋或空中一点相对于指定坐标系统的坐标。简言之，测定点的位置就叫定位。定位分为绝对定位（相对于指定坐标系统的位置）和相对定位（相对于其他点的位置）；定位可按单点进行位置测定，也可按整网的一部分进行测定。定位可分静态定位和动态定位，静态定位指的是载体在静止状态进行的定位，动态定位指的是载体在运动状态下进行的连续、实时定位。简言之，导航与定位密不可分，导航系统在引导运载体航行过程中一定需要定位，且需要动态、实时、连续定位。然而，定位不等于导航，定位只确定载体的空间位置，而不包括速度和姿态。可以说，有多少种定位方法，就有多少种导航方法。

1.2 导航定位技术发展概况

1.2.1 导航的早期起源

根据古籍记载，黄帝和炎帝联军与蚩尤战争时就出现了指南车。在公元前三世纪，埃及学者埃拉托色尼（Eratosthenes）发现亚历山大城和赛尼城位于同一子午线上，而且发现夏至日正午日光在赛尼城直射井底，即太阳的天顶角为零，而此刻亚历山大城太阳光则存在倾角。他通过观测日晷或垂直杆上的阴影长度得出，日光与垂线方向形成的角度是一圆周的1/50（即日光南偏 7°12′），由此他推算出地球半径约 6 267 km。公元 723 年，我国唐朝高僧一行和尚主持全国范围内的大规模天文大地测量工作。他在全国选择了 12 个观测点，并派人实地观测，自己则在长安总体统筹指挥。其中，负责在河南进行观测的南宫说等人选择在经度相同、地势高低相似的四个地方设点观测，分别测量了当地的北极星高度，冬至、夏至、春分、秋分四时日影的长度，以及四地间的距离。最后经一行统一计算，得出了北极高度差一度，南北两地相距 351 里 80 步（即现在的 129.2 km）的结论。这虽然与 1 度长 111.2 km 的测量值相比有较大误差，但这是世界上第一次用科学方法进行的子午线实测，在科学发展史上具有划时代的意义。中国科技史专家李约瑟就曾评价，一行组织的子午线长度测量工作是“科学史上划时代的创举”。

一行和尚在天文历法上所取得的卓越成就在人类文明史上占有重要地位，而且他所重视的实际观测的科学方法，极大地促进了天文学的发展。在他之后，实际观测就成为历代天文学家从事学术研究时采用的基本方法，引导学者们译解了一层层的天文奥秘。

1.2.2 航海时代的导航

我国古代很早就将天文定位技术应用在航海中。东晋僧人法显在访问印度乘船回国时曾记述：“大海弥漫无边，不识东西，唯望日、月、星宿而进。”宋元时期，天文定位技术有很大发展，使用量天尺得到一些天文数据；到了明代，出现了采用观测恒星高度来确定地理纬度的方法。该方法叫作“牵星术”，所用的测量工具叫作“牵星板”。根据牵星板测定的垂向高度和牵绳的长度，即可换算出北极星高度角，它近似等于该地的地理纬度。郑和下西洋，在航行中就是采用“往返牵星为记”来导航的。又如，我国古人发明了地磁指南针，也称为“司南"，即利用地磁场南北极属性，将两极磁体做成罗盘，罗盘的指针能给出南北极之外任一方向的方位或角度值。我国古代指南针为我国与世界交流做出了重要贡献，无论是秦汉时期中国与朝鲜和日本的海上往来，隋唐五代中国与阿拉伯各国之间的贸易往来，还是明代初期航海家郑和"七下西洋"，指南针都发挥了重要作用。李清航海使用的是"六分仪"，它是一种可手持的光学仪器，被用来观测角度和高度，由分度弧、指示臂、测微轮、动镜、定镜和望远镜等部件组成。在15世纪时，阿拉伯人使用"拉线板"导航。欧洲人在15世纪使用星盘和四分仪器，16世纪使用十字杆进行导航。到1730年，英国人哈德利发明了双反射八分仪，为了便于观测月距，将"八分仪"刻度弧加长到了60°，称为六分仪。现今，刻度弧改为圆周的五分之一，仍按习惯称六分仪。

1.2.3　导航的近代发展

1852年，傅科根据牛顿力学定理制成供姿态测量用的陀螺仪。1906年，安休兹制成陀螺方向仪，1907年又制成陀螺罗盘。1923年，舒拉摆原理的建立为惯性导航系统的设计奠定了理论基础。1954年，惯性导航系统在飞机上试用成功。随后，液浮陀螺、挠性陀螺、激光陀螺、光纤陀螺以及捷联式惯性导航系统得到了迅速发展。

无线电定位是导航定位的一次革命，它使得后来的卫星导航定位成为可能。19世纪末20世纪初，无线电技术开始用于导航，导航技术开始飞跃发展。1902年马可尼发明了无线电测向技术；1912年他研制出了世界上首台无线电导航设备，即振幅式测向仪，也称无线电罗盘。20世纪40年代，美国基于双曲线定位原理研制成功了近程导航系统台站；1945年建成罗兰A，1958年罗兰C开始投入使用；1945年多普勒导航雷达系统开始发展；1946年前后，用于航空导航的甚高频全向信标——伏尔得到发展；1947年，一种称为甚低频的导航系统——欧米伽系统在美国问世，与欧米伽导航原理相类似，苏联研制成功了阿尔法导航系统；1955年，美国研发了近程无线电导航系统，称为战术空中导航系统(Tactical air navigation system，TACAN)，简称塔康系统。

1.2.4　卫星导航的兴起

第一颗人造卫星上天后，在观测卫星的过程中，美国霍普金斯大学物理实验室科学家发现卫星运动引起的多普勒频移效应，断言可以用来实现卫星导航。1958年底，美国海军武器实验室开始研制用卫星多普勒技术进行测速、定位的卫星导航系统，叫作海军导航卫星系统(Navy Navigation Satellite System，NNSS)。该系统中，卫星的轨道都通过地极，故又称"子午(Transit)卫星系统"。

到1972年，另一个海军卫星系统通过绕转非常精确的时钟来扩展最先进的技术。这类卫星被称为"定时"，是在美国海军研究实验室(NRL)成员罗杰·伊斯顿的指导下研制的，它们主要用于在地球上各个点之间提供非常精确的时间和时间转换。另外，它们可以提供导航信息。测距信号使用一种称为侧音测距的技术，该技术广播各种同步音调以解决相位模糊性问题。1973年12月，美国陆海空三军联合研制一种新的军用卫星导航系统——NAVSTAR GPS，其英文全称为 NAVigation by Satellite Timing and Ranging (NAVSTAR)/Global Positioning System(GPS)，我们称之为卫星全球定位系统，简称GPS；1976年，苏联颁布法令建立GLONASS(是俄文 Добро пожаловать в систему искусственного спутника 的首字母)全球导航卫星系统(GLObal Navigation Satellite System)。GPS 和 GLONASS 的建设,标志着现代全球导航卫星时代的到来。

截止到目前,全球导航卫星系统国际委员会(International Committee on Global Navigation Satellite System,ICG)公布的全球 4 大卫星导航系统供应商,分别为美国的 GPS、俄罗斯的 GLONASS、欧盟的伽利略卫星导航系统(Galileo Navigation Satellite System,Galileo)和中国的北斗卫星导航系统(BeiDou Navigation Satellite System,BDS)。

1.3 常用的导航定位技术

在导航系统获得的导航参数中,最重要的参数是位置。定位是导航的子集,而导航又是定位的应用领域之一。所有的导航定位技术都可归类于直接定位和航位推算。直接定位指根据识别的外部信息直接确定位置,而航位推算指根据测量的行程和方向以及外部获得的初始位置信息确定当前的位置。基于上述两类导航定位技术,常用的导航定位方法主要有天文导航、无线电导航、惯性导航、卫星导航、推算导航和组合导航等。

1.3.1 天文导航

天文导航是一门古老的导航方法,是从航海领域中发展而来的,起源于中国。我国东晋时代的僧人法显在游历印度后所写的《佛国记》中就记载了一种依靠观测日、月和恒星识别海上方向的导航方法,称为“牵星术”。该方法经过不断改进,采用观测恒星高度来确定地理纬度,一直沿用到明代郑和下西洋时期。在 15 世纪以前,欧洲仅能白天顺风沿岸航行,15 世纪出现了用北极星高度或太阳中天高度求纬度的方法,直到 18 世纪六分仪和天文钟的问世,才可以在海上同时测定船舶的经度和纬度,奠定了近代天文导航定位的基础。

天文导航是以太阳、月球、行星和恒星等自然天体作为导航信标,以天体的地平坐标作为观测量,利用光学仪器人工观测星体的高度角和方位角,进而确定航行体的位置及方位的技术和方法。天文导航的应用范围十分广泛,在陆地上,天文定位是建立大地测量控制网的主要方式之一;在太空中,天文定位是航天器自主导航的主要方式;在航海领域,天文导航主要用于舰船的导航。

1.3.2 无线电导航

无线电导航是根据无线电电波的传播规律,测定运动载体位置的技术。用以实现无线电导航的装置即无线电导航系统,通常包括装在运载体上的导航设备以及安装在其他地方与导航设备配合使用的导航台。因此,凡导航台与移动载体间以无线电方式来实现导航的,都称为无线电导航。实现无线电导航的方法有很多,按定位几何原理分为测向、测距和测距差系统。其中,测距系统通过测量信号的传输时间来获取目标点到已知点上目标的距离,进而确定目标点的位置。根据导航台的所在位置可将无线电导航系统分为陆基导航系统和星基导航系统。陆基导航系统主要包括无方向信标、甚高频全向信标和仪表着陆系统;星基导航系统主要包括美国的 GPS、俄罗斯的 GLONASS、欧盟的 Galileo 以及我国的 BDS。

无线电导航的优点是不受使用时间和气候条件的限制,设备较简单,可靠度较高等。但它输出的信息主要是载体位置且工作范围受导航台覆盖区域的限制,这种系统的工作效果与无线电波传播条件有关，在某种程度上受人工干扰的影响。

1.3.3　惯性导航

惯性导航(Inertial Navigation，IN)工作原理以牛顿力学定律为基础，通过测量载体在惯性参考系的加速度，将它对时间进行积分并变换到导航坐标系中，就能够得到在导航坐标系中的速度、偏航角和位置等信息，从而实现精确定位。组成惯性导航系统(Inertial Navigation System，INS)的设备都安装在运载体内，工作时不依赖外界信息，也不向外界辐射能量，不易受到干扰，是一种自主式导航系统。惯性导航系统通常由惯性测量装置、计算机、控制显示器等组成。惯性测量装置包括加速度计和陀螺仪，又称惯性测量单元，其中3个自由度的陀螺仪用来测量运载体的3个转动运动，3个加速度计用来测量运载体的3个平移运动的加速度；计算机根据测得的加速度信号计算出运载体的速度和位置数据；控制显示器显示各种导航参数。

惯性导航系统有如下主要优点：① 它是不依赖任何外部信息，也不向外部辐射能量的自主式系统，故隐蔽性好且不受外界电磁干扰的影响；② 可全天候、全球、全时间地工作于空中、地球表面乃至水下；③ 能提供位置、速度、航向和姿态角数据，所产生的导航信息连续性好而且噪声低；④ 数据更新率高，短期精度和稳定性好。其缺点是：① 由于导航信息经过积分而产生，定位误差随时间延长而增大，长期精度差；② 每次使用之前需要较长的初始对准时间；③ 设备的价格较昂贵；④ 不能给出时间信息。

惯性导航系统最初是为火箭开发的，美国火箭先驱罗伯特·戈达德试验了经典的陀螺仪系统。随着在军事和商业等领域导航需求的增长，惯性导航技术不断拓展新的应用领域。其范围已由原来的舰艇、船舶、航空飞行器、陆地车辆等，扩展到航天飞机、星际探测、制导武器、大地测量、资源勘测、地球物理测量、海洋探测以及铁路、隧道建设等方面，甚至在机器人、摄像机、儿童玩具中也被广泛应用。不同领域使用惯性传感器的目的、方法大致相同，但对器件性能要求的侧重各不相同。从精度方面看，航天与航海领域对精度要求高，其连续工作时间长；从系统寿命看，卫星、空间站等航天器要求最高，这是因为发射升空后很难更换或维修；制导武器对系统寿命要求最短，但可能需要满足长时间战备的要求。惯性传感器的精度指标是决定价格、成本的根本因素。

1.3.4　卫星导航

卫星导航系统指利用人造卫星确定陆地、海洋或空中观测点的位置。1964年，美国军方研制成功第一代多普勒卫星定位导航系统——子午卫星系统，又称海军导航卫星系统(Navy Navigation Satellite System，NNSS)。同期，苏联建立了用于船舶导航的“圣卡达”(CICADA)多普勒卫星导航系统。但是NNSS和CICADA存在卫星数目少、无线电信号经常间断、观测所需时间较长等缺陷。

1973年，美国国防部整合海陆空三军联合研制基于“时差测距导航”原理的第二代卫星导航全球定位系统(Global Positioning System，GPS)。从1974年7月发射第一颗GPS实验卫星，1978年卫星组网，到1994年3月完成卫星星座布设和地面监控系统的建设，GPS成为覆盖全球的全天候高精度导航定位系统。苏联在1982年开始了全球导航卫星系统(GLObal NAvigation Satellite System，GLONASS)的测试和发射工作，于1996年建成，成为又一个基于时差测距的导航定位系统。中国的北斗卫星导航系统(BeiDou Navigation Satellite System,BDS)自 1983 年开始筹划,2003 年完成“北斗一代”系统构建,2007 年开始“北斗二代”系统建设,2012 年覆盖并服务于整个亚太地区。2020 年“北斗三代”完成全球组网,并提供全球性的高精度导航定位服务。欧盟的伽利略卫星导航系统(Galileo Navigation Satellite System,Galileo)也是基于“时差测距导航”原理的高精度导航定位系统,自 1994 年开始系统方案论证,2002 年启动,2016 年底具备初步运行能力。此外,正在建设的还有日本的准天顶卫星系统(Quasi-Zenith Satellite System,QZSS)和印度的区域性卫星导航系统(Indian Regional Navigation Satellite System,IRNSS)。

目前比较成熟的全球导航卫星系统(Global Navigation Satellite System,GNSS)主要包括美国的 GPS、俄罗斯的 GLONASS、中国的 BDS 和欧盟的 Galileo,使卫星导航星空璀璨,卫星导航用户的可用资源极其丰富。

1.3.5 推算导航

推算导航是利用计程仪或里程表计算的位置或速度,结合罗盘计算的航向,推算载体位置的方法。假设使用计程仪计算出载体在某时段($t-1$ 时刻至 t 时刻)移动了距离 S,结合罗盘计算的航向 H,可以推算载体的位置为:

$$\begin{cases}\varphi_t = \varphi_{t-1} + \dfrac{S\cos H}{R} \\ \lambda_t = \lambda_{t-1} + \dfrac{S\sin H}{R\cos \varphi_t}\end{cases} \tag{1-1}$$

式中,R 为地球半径;H 为载体航向;S 为载体移动距离;φ_t、φ_{t-1} 分别为 t 时刻和 $t-1$ 时刻的纬度;λ_t、λ_{t-1} 分别为 t 时刻和 $t-1$ 时刻的经度。

推算导航是一种完全自主的导航系统,结构简单,成本较低。但是位置误差随时间的延长逐渐累积,一般要对位置进行修正。

1.3.6 组合导航

组合导航指在载体中装载两种或两种以上不同的导航系统,以适当方式组合在一起,形成一个有机的整体,利用性能上的互补特性,获得比单独使用任一系统更高的系统性能。最早出现的组合导航系统是惯性导航与多普勒雷达的组合,用惯性导航高精度姿态信息稳定多普勒雷达天线,而多普勒雷达精度长期较高,还可以对惯性导航实施空中对准。到了 20 世纪 70 年代,出现惯性导航与奥米伽系统的组合。天文导航和惯性导航自主性强,两者的组合有很高的军事使用价值。GNSS 与 INS 都是目前世界上特别先进的导航方法,两者都能提供十分完整的导航数据,两者优势互补,并能消除各自的缺点,使 GNSS/INS 的应用越来越广泛。

组合导航的优点:① 组合导航内各子系统之间能取长补短,使系统总精度得以提高;② 一旦某系统出现故障,可由子系统继续工作,或以工作组合模式的转换来保证系统的正常工作,提高了系统的稳定性和可靠性;③ 各子系统由计算机连接,以最优估计算法(卡尔曼滤波技术)为理论基础,实现定位的自动化和能连续实时地提供所需的导航定位参数。

1.4 导航定位技术应用

1.4.1 军事应用

在现代战争形势下，对新技术、新装备的运用是提升军事作战能力的重要前提，而卫星导航技术的应用，可以显著提高军事装备水平，加快军事物流的传输效率，提升部队的指挥控制能力以及非战争行动中的保障能力。目前，卫星导航定位技术在军事上的应用主要有以下几个方面：

(1) 导航定位

卫星导航定位系统可用于飞机、卫星、水面舰艇、潜艇的定位导航，在飞机、卫星、舰艇、车辆等载体上安装卫星导航定位系统后，能够大幅度提高其作战效能。

目前，在美国的军用飞机上普遍采用GPS和惯性导航的组合导航方式。GPS提供精确的位置和速度信息，惯性导航不易受干扰，可以在无GPS信号时提供导航信号，保证系统的高可用性。GPS使特别行动直升机与攻击直升机能够协同作战，还能够使空中加油机与需要加油的作战飞机更快地相互找到对方。由于航母及其舰载机大量采用GPS和夜视系统等装备，美军航母全天候、全天时作战能力显著提高，每天出动的架次从原来的125～140架次增加到200架次以上，许多袭击活动都选在夜间进行。B-2轰炸机采用了GPS辅助瞄准系统，具有一次性可精确瞄准16个分散目标的能力。

陆地卫星四号是第一个在轨使用GPS接收机的卫星。现在很多小卫星平台都可以使用小型的先进的GPS接收机进行授时、定位和测速。空间使用的GPS接收机和地面使用的GPS接收机有很大的不同，空间GPS接收机要跟踪较高的多普勒频率和频率变化率，还要适应空间环境，保证高可靠性。卫星导航定位系统可以使卫星自主维持所需的轨道，或者在小卫星编队飞行时自主提供相对位置、速度和对应时间。

惯性导航系统、卫星导航定位系统和电子海图系统是海军舰船导航系统的三大支柱。美国"俄亥俄"弹道导弹核潜艇装备了舰船惯性导航系统、静电陀螺监控器、卫星导航接收机、罗兰C和电子计程仪。进入20世纪90年代，美国海军又推出了"三叉戟"通用程序导航分系统。坦克利用GPS接收机与负责后勤的油柜车、弹药车和修理车及时会合，进行战场加油、加弹、修理，可以延伸其作战半径，增加其作战效能。

(2) 精确制导

信息化局部战争的重要特征之一就是远程精确打击。精确制导武器已经成为信息化局部战争的"撒手锏"装备。卫星导航定位系统以其高精度、低成本的特点，已大量应用于精确制导武器上，可对导弹的飞行过程进行全程修正，提高导弹的命中精度。

武器命中精度和毁伤力之间存在三次方的关系，即当武器命中精度提高2倍时，相当于弹头的TNT当量提高了8倍。可以说，卫星导航系统已经成为提高武器平台精确打击能力的"倍增器"。在近年来的几场信息化局部战争中，美军精确制导武器数量所占的比例不断攀升，1991年海湾战争为7.6%，1999年科索沃战争为35%，2001年阿富汗战争为60%，2003年伊拉克战争达到68.3%。精确制导武器使用比例越来越高，打击效果越来越好，卫星导航系统在其中发挥了巨大的作用。以美军目前大量使用的"战斧"巡航导弹为例，以前采用惯性导航加地形匹配进行中段制导，圆概率误差为 50 m，改装成惯性导航加 GPS 卫星导航进行复合制导，圆概率误差缩小到 3 m 以内。由此可见，卫星导航对精确制导武器打击精度的提升帮助非常大。采用 GPS/GLONASS/INS 复合制导技术，可以大大提高制导弹药的抗干扰性和战场适应性。无制导火箭、普通炮弹、战术导弹、攻击无人机、巡飞弹甚至未来的子弹都可能采用廉价的卫星定位导航系统改造。

(3) 作战部队定位

地面部队传统的定位方法是用地图和罗盘(指南针)在实地标定地图，通过实地对照和测量(包括目视测量和仪器测量)来完成的。其准确性和及时性受到观测者经验和目视条件的影响，特别是在夜间或雨雾天气或地物(树林、草丛等)高而多、不便通视时，以及有敌情顾虑等条件下，要及时准确地判断站立点、测控点、目标点的位置坐标是相当困难的。GPS 接收机可以做到小型化、手持式，可与其他手持式通信设备组合在一起，是野战部队和机动作战部队不可缺少的装备。部队或单兵有了 GPS 后，可以准确地知道自己所处的地理位置。特别是在夜晚，GPS 可以帮助部队完成训练和作战任务，有效降低了误伤率。

(4) 精确授时

卫星导航定位系统实际上是一个处于约 20 000 km 高空的高精度的空中时钟，可提供大范围覆盖的高精度的时、频信号。导航卫星上装有高精度的原子频标，频率稳定度高达 $10^{-13}\sim10^{-14}$ s，甚至更高精度。因此，它可以随时提供准确的频率标准。利用导航卫星作为时间源，可实现精确授时，从而实现远距离设备的精确同步。利用导航卫星提供高精度授时，为军用通信网络提供统一的时标信息，从而使通信网络速率同步，保证通信网络中的所有数字通信设备工作于同一标准频率上。

(5) 非战争行动的保障

除了战争活动，在和平年代军队还会参与到抗震救灾工作中，卫星导航技术能够为其提供精确的坐标，同时对其行动进行可靠的监管，为及时到达救援地提供技术上的支持；此外，卫星导航技术还具有强大的通信能力(如 BDS 系统)，即使灾难发生时基站遭到了破坏而无法使用，终端通过自带的通信功能仍可将信息传送至指挥中心，后方能够准确地掌握部队的情况、当地的受灾情况等，为减少人民群众的财产损失，保证人身安全，打下了坚实的基础。另外，后方人员还可以及时定位部队所在的方位与行进路线，根据现场情况进行决策，从而为救灾行动的高效实施提供保障。

在森林火灾中，许多着火点所处位置偏僻，一般的通信手段会受到距离、环境等的影响而无法发挥作用，这在很大程度上会耽误救火的时机。卫星导航系统的应用，可以对着火位置及时、准确地定位，指挥人员得到详细的位置信息后就能够对有关人员、装备进行及时的调配，尽快扑灭火灾，将损失降到最小。除此之外，卫星导航技术在空难救援、城市建设以及渔业管理等工作中都起到了极为重要的作用。

1.4.2 民事应用

根据《中国卫星导航与位置服务产业发展白皮书(2021)》，2020 年我国卫星导航与位置服务产业总体产值达 4 033 亿元人民币，较 2019 年增长约 16.9%；由卫星导航应用和服务所衍生带动形成的关联产值同比增长约 19.9%，达到 2 738 亿元人民币。

(1) 国家大型测绘项目

国家 A 级和 B 级 GPS 大地控制网分别于 1996 年和 1997 年建成并先后交付使用。A 级网由 30 个点组成，平均边长为 650 km，水平方向重复精度优于 2×10^{-7}，垂直方向不低于 7×10^{-7}。B 级网由 800 个点组成，平均边长为150 km，水平方向重复精度优于 4×10^{-8}，垂直方向不低于 8×10^{-8}。国家 A 级和 B 级 GPS 大地控制网的建成，标志着我国具有分米级绝对精度的三维大地坐标系统已基本建成，从而为我国空间技术和空间基础数据、实时动态定位技术等提供一个精确可靠的参照系。

(2) “一带一路”建设

作为“一带一路”不可或缺的角色，我国 BDS 将空间信息与大数据、云计算、物联网等高新技术完美融合，不断服务于“一带一路”，被称为“太空丝绸之路”。BDS 在“一带一路”沿线近 40 个国家和地区得到了广泛的应用。据最新数据统计，北斗高精度基础产品已输出到全球范围的 90 多个国家和地区，包括近 40 个“一带一路”沿线国家和地区，“一带一路”沿线国家和地区的农业、工业、服务行业等都逐渐使用北斗高精度产品。2014 年，中国北斗卫星导航系统首个海外组网项目——巴基斯坦国家位置服务网(CORS)一期工程完成建设，这是中巴两国在卫星导航领域深入合作的一个典范。

(3) 资源探测

在地质调查和找矿工作中，导航定位技术的应用提高了野外地质调查和找矿工作的定位精度和自动化程度。它与地理信息系统、遥感及计算机等技术相结合，为基础地质研究、地质找矿提供了科学依据。另外，卫星导航定位技术已被用于海洋物探定位和海洋石油钻井平台定位，为发现海底储油构造发挥了关键性作用。在土地资源调查中，导航定位技术也发挥了重要的作用，使得土地资源调查工作实现了质的飞跃。

(4) 大坝、桥梁、高层建筑等变形监测

在三峡工程等大坝变形监测中，卫星导航定位监测精度达到了毫米级。在滑坡检测时，卫星导航定位测量比常规的外观测量在精度、监测速度、时效性、效益等方面都有明显的优势。卫星导航定位在监测和控制地面沉降方面得到了广泛应用，如上海市率先建立了包括卫星导航定位系统在内的健全的地面沉降监测网络，监测和控制地面沉降工作取得了举世瞩目的成绩。

(5) 自然灾害的监测、预报和防治

原国家测绘局、中国地震局、中国科学院等部门基于卫星导航定位技术应用，于 2000 年建成了中国地壳运动观测网络工程，通过该工程对地壳位移的监测，可以科学地判定地震活动趋势。在抗灾救灾中，用卫星导航定位技术可迅速确定受灾地点，为决策提供科学依据。

(6) 交通

卫星导航定位等相关集成技术已能够用于营建智能交通系统和监控系统并得到广泛应用。北斗系统广泛应用于重点运输过程监控、公路基础设施安全监控、港口高精度实时调度监控等领域。截至 2020 年年底，国内超 700 万辆道路营运车辆、超 30 000 辆邮政快递干线车辆、1 400 多艘公务船舶已应用北斗系统，综合交通管理效率和运输安全水平全面提升，重特大事故发生起数下降 93%，死亡率下降 86%。2020 年 6 月，北斗铁路行业综合应用示范工程项目正式启动，推广各型号北斗终端近 8 000 台；约 300 架通用飞行器安装使用北斗系统，占比约为 11%。此外，已有超 10 万只集装箱安装北斗定位终端，超 1 万只应用于中欧班列。

(7) 城市综合服务

北京、上海、深圳、成都、昆明、天津等城市的卫星定位服务系统和香港特别行政区卫星定位参考网已建成,可满足城市规划、城市建设、城市管理、灾害监测、科学研究等多方面的需求。电力、有线电视、城市地下管道已采用卫星导航定位技术布设线路。移动通信、计算机、卫星导航技术相结合的各类移动信息终端日益普及,为位置信息相关服务应用提供了巨大的发展平台。其中的应用产品使导航定位技术从车载向个人终端迈进。

"森林防护+北斗""公安巡逻+北斗"也得到大量应用部署,各地部署手持巡护型终端、北斗应急指挥终端、北斗车载终端用于森林防火;各地部署警用车载终端、移动警务终端用于公安巡逻。

思 考 题

1. 何谓导航和定位?两者有什么关系?
2. 何谓惯性导航系统?有何优缺点?
3. 何谓"一带一路"和"太空丝绸之路"?试举例说明我国BDS在日常生活中的应用。

第 2 章　无线电导航系统

无线电技术的发展已有几百年的历史，迄今为止已为人类的发展做出了巨大贡献。本章将从无线电导航系统的任务出发，介绍无线电导航的基本原理以及一些具有代表性的无线电导航系统。

2.1　无线电导航系统概述

2.1.1　无线电导航系统发展

从 19 世纪末到 20 世纪初，无线电技术开始用于导航中的计时器校准和方位测量，由此进入了无线电导航时代，翻开了导航史上的崭新一页。

无线电导航是 20 世纪一项重大的发明，从第二次世界大战时期至今，由于军用、民用的需求和电子技术的发展，无线电导航成为各种导航手段中应用最广、发展最快的一类，是现今特别重要的导航系统之一。

回顾无线电导航的历史，先后诞生了几十种实用的无线电导航系统，它们一般通过单独或互相配合使用，为运载体提供实时导航信息。到目前为止，在世界上广泛应用的无线电导航系统就有十多种，比如为航空服务的伏尔（Very High Frequency Omnidirectional Range，VOR）系统、地美仪（Distance Measuring Equipment，DME）系统、塔康（Tactical Air Navigation，TACAN）系统、航空无线电信标（Aeronautical Radio Beacon，ARB）、仪表着陆系统（Instrument Landing System，ILS）、微波着陆系统（Microwave Landing System，MLS）、精密进近雷达（Precision Approach Radar，PAR）等；为航海服务的罗兰 C（Loran-C）、航海无线电信标（Maritime Radio beacon）等。目前，无线电导航系统在军用和民用导航中都发挥了巨大的作用。

纵观无线电导航发展历程，可将它分为 3 个阶段：以定向为主的早期阶段，全面展开、日益完善的发展阶段，以及卫星导航应用普及、多导航手段并举的成熟阶段。

（1）早期阶段

早期阶段时间从 20 世纪初到第二次世界大战时期。在这一阶段，无线电测向技术的出现使得导航系统真正成为可用于引导航行的可靠装置，极具划时代意义。

（2）发展阶段

发展阶段时间从第二次世界大战至 20 世纪 60 年代。在这一阶段，由于战争的需要，各种各样的无线电导航系统被研发出来，一些系统得到完善甚至沿用至今。20 世纪 40 年代，以双曲线定位的近程导航系统台站得到广泛使用。为保证夜间和复杂气象条件下飞机的安全着陆，仪表着陆系统随之出现；而为满足航程的需求，出现了远程导航系统，如罗兰（Loran）

系统和欧米伽(Omega)系统等。在这个阶段，多种无线电导航系统和设备的研制，使导航信息的覆盖范围达到了全球，形成了较为完备的导航体系。

(3) 成熟阶段

成熟阶段又称卫星导航阶段，时间从20世纪60年代至今。此前使用的无线电导航系统大多为陆基系统，具有价格低廉、可靠性高、易于推广应用等特点，但一般其导航精度较低、信息更新率不高。而卫星导航的出现，改进了陆基导航的一些不足，卫星导航信号覆盖范围广且具有很高的精度。另外，通过多颗卫星组成的导航星座，可以使用户不必发射无线电信号就能实现二维、三维定位。

综上所述，无线电导航的发展趋势可总结为如下几个方面。

① 应用范围越发广泛。

② 系统功能越来越完善，自动化程度、精度和可靠性不断提高。

③ 不同系统互补、组合使用。

④ 通信与导航综合，使一种系统同时具备通信、导航、识别等多种功能。

简单来说，无线电导航的进一步发展呈“三化”趋势：一是系统化，从注重单体能力向系统整体效能方向发展，导航体系更加完备；二是一体化，导航系统不再局限于被用户使用，而可以直接作为武器系统的组成部分；三是综合化，导航与通信相结合，实现多种功能并存。

2.1.2 无线电导航系统基本任务

利用无线电技术对运载体航行的全部(或部分)过程实施导航，称为无线电导航；能够完成全部或部分无线电导航功能(或任务)的技术装置组合称为无线电导航系统或设备；置于地面、船舰或已知运动轨迹的卫星上，为其他用户提供导航定位功能的无线电导航系统或设备，称为无线电导航台(站)。

无线电导航系统的基本任务就是建立无线电导航信号场，在运载体航行范围以无线电方式提供导航信息(或数据、参量)。从这一角度来说，如果在运载体的整个活动范围内，能够建立无线电导航信号场并能有效地检测和识别，便可以实现对运载体的无线电导航。

无线电导航的任务一般包括以下4方面内容。

① 引导运载体出发并沿着预定航线航行。

② 引导运载体在夜间和各种复杂气象条件下安全着陆或进港。

③ 确定运载体当前所在的空间位置以及航行参量，如航向、速度、加速度等实时运动状态。

④ 为运载体准确、安全地完成航行任务提供所需要的其他导引及情报咨询服务。

在上述任务中，第3项为无线电导航的基本任务，是完成其他各项任务的基础。

2.1.3 无线电导航系统构成

无线电导航系统为运载体提供导航信息(或数据、参量)，其物理基础为无线电信号：

$$e(t) = A\sin(\omega t + \varphi_0) \tag{2-1}$$

式中，A为幅度；ω为角频率；t为时间；φ_0为初相位。

理论上可认为无线电导航系统由3个基本部分构成：数理模型部分、信号格式部分、实现技术部分。

数理模型部分是系统最基础的部分，涉及系统电信号参量与所提供的导航参量(实时位置、速度、航向等)之间的对应或转换关系。该部分包括系统基本的物理基础和几何原理以及基本数学模型。

信号格式部分是指系统电信号波形及其产生和处理的规范。不同的无线电导航系统有其独特的信号形式和规范，代表着不同的信号格式。信号格式与数理模型构成了无线电导航系统体制，确定了无线电导航系统导航方法、辐射电信号的形式，以及电信号产生和处理的规范。

实现技术部分是组成系统的各设备形成过程中采用的电路、工艺、材料以及集成方法等。它是一个系统的原理得以转化从而保证导航功能实现的电子技术基础。

可以看出，无线电导航系统的更新或新系统的产生取决于系统采用的数理模型和信号格式的变化，而实现技术的变化不会对系统更新产生影响。换而言之，不管技术上如何更新，只要系统的数理模型和信号格式不变，其系统体制依旧属于原来的系统类别。

2.1.4　无线电导航系统分类

无线电导航技术是导航定位中占重要地位的一类导航技术，它发展至今已经形成比较完备的理论体系和技术基础，并且具有广阔的应用领域。以下按不同原则对无线电导航系统进行分类。

① 按系统组成情况划分可分为自备式(自主式)导航系统和他备式(非自主式)导航系统。自备式(自主式)导航系统仅依靠运载体上无线电导航设备就能独立产生或得到导航信息。他备式(非自主式)导航系统包括运载体上的无线电导航设备和运载体外的无线电导航台(站)，这两者利用无线电波配合工作得到导航信息。可见，他备式导航系统是由台站和运载体设备共同组成的，这与自备式导航系统明显不同。

② 按无线电导航台(站)安装地点可划分为陆基(地基)、空基和星基 3 种无线电导航系统。其中，陆基(地基)无线电导航系统的导航台(站)安装在地面某一已知位置上；空基无线电导航系统导航台(站)安装在空中某一特定载体上；而星基无线电导航系统导航台(站)安装在人造地球卫星上，又称卫星导航系统。

③ 按所观测电信号参量划分，可分为振幅式、频率式、相位式、脉冲(时间)式和复合式 5 种无线电导航系统。

④ 按无线电导航系统最大作用距离可划分为近程和远程 2 种导航系统。其中，有效作用距离在 500 km 之内的称为近程导航系统；有效作用距离在 500 km 以上，或在地球上任何地点都是该系统的有效作用范围的，称为远程导航系统。

⑤ 按所测量的几何参量(或位置线的几何形状)可划分为测角、测距和测距差 3 种无线电导航系统。

测角无线电导航系统：位置线是与通过导航台的指北线有一定角度的一族半射线(即直线无线电导航系统)。

测距无线电导航系统：位置线是以导航台为中心的一族同心圆(即圆周无线电导航系统)。

测距差无线电导航系统：位置线是运载体与两个地面台成固定距离差的一族双曲线(即双曲线无线电导航系统)。

⑥ 按工作方式划分为有源和无源 2 种工作方式导航系统。

有源工作方式导航系统：用户设备工作时需要发射信号，导航台站与用户设备配合工作得到用户的定位信息。

无源工作方式导航系统：导航台发射信号，用户设备不需要发射信号，运载体上只需装有导航接收机就可以实现定位或定向。

2.1.5 无线电导航系统性能

一般来说，一个无线电导航系统的优劣取决于其性能的好坏。要认识系统的性能，首先要了解其精度、覆盖范围、系统容量、信息更新率、连续性、可用性、可靠性、系统完好性等性能参数。以下给出这些参数的基本定义。

(1) 精度

导航系统的精度，是指系统为运载体所提供的导航参量(角度、距离、位置等)与运载体当时具有的真实参量的误差大小。精度是导航系统特别重要的性能指标之一，通常以导航参量测量误差的大小来反映导航系统精度的高低，误差小则精度高，反之则精度低。由于受到各种因素的影响，如发射信号的不稳定、接收机设备的测量误差、气候及其他物理条件变化对电磁传播媒介的影响，以及用户与导航台的相对几何位置关系等，无线电导航参量测量误差可能会不断变化。因此，导航误差是一个随机变化的量，只能用概率统计的方法来描述，通常用在一定均方根误差或圆概率误差下的位置点分布来衡量。

均方根误差(Root Mean Square Error，RMSE)描述了定位精度所对应的置信椭圆(二维定位)或置信椭球(三维定位)的大小。置信椭圆的长、短半轴分别表示了二维位置坐标分量的标准差，一倍标准差(1σ)的概率值是 68.3%，2σ、3σ 的概率值分别为 95.5%、99.7%。

圆概率误差(Circular Error Probable，CEP)是以真实位置为圆心，偏离圆心概率为50%的二维离散点分布的度量，定义为 $CEP50=0.59(\sigma_\lambda+\sigma_\varphi)$。同理，概率为 95%时有 $CEP95=CEP\times2.08=1.2272(\sigma_\lambda+\sigma_\varphi)$，记作“R95”，表示概率为 95%的二维点位精度；当概率为 99%时，$CEP99=CEP\times2.58=1.5222(\sigma_\lambda+\sigma_\varphi)$。其中，$\sigma_\lambda$ 表示经度标准差，σ_φ 表示纬度标准差。

(2) 覆盖范围

覆盖范围有时也称为作用区域，它指的是导航系统发挥作用的一个面积或立体空间，那里的导航信号能使导航用户以规定的精度确定运载体的位置。通常运载体在进入导航台的覆盖范围时，它的导航设备就能输出可用的导航信息。覆盖范围受电磁波条件、接收机灵敏度、发射信号频率、大气噪声条件、地理地形分布等影响。另外，当运载体与导航台之间的相对几何关系(距离或方位)变化时，许多无线电导航系统的导航精度会变化，即覆盖范围会随着导航系统几何因子的变化而变化。

(3) 系统容量

系统容量是指在导航系统的覆盖范围内，系统可同时提供导航定位服务的用户的数量。随着交通运输的发展和军事任务需要的增加，在一定范围内的运载体数量越来越多，则希望能在覆盖范围内同时为越来越多的有导航需求的用户提供服务。

系统容量首先取决于导航系统的工作方式。对于那些导航台发射信号、运载体只需装有导航接收机就能获得导航信息的无线电导航系统，无论有多少运载体都没有关系，即可以为无限的用户提供导航服务，这种用户设备由于工作时不发射信号，属于无源的工作方式；

而采用有源工作方式的系统其容量会受到限制，系统本身结构体、通道数量、通信速度、数据处理能力等因素都会影响系统容量。对比有源工作方式，无源工作方式若要实现相同定位功能，则需要导航台提供更加复杂的导航信号，或需更多的导航台同时工作。

(4) 信息更新率

信息更新率是指导航系统在单位时间内提供使用数据的次数。对信息更新率的要求与运载体的航行速度和所执行的任务有关。例如，对于航空来说，如果信息更新率不高，在两次提供定位数据之间的时段内，飞机的当前位置与上一次的位置有可能已相差很远，这就会使导航服务的实际精度大打折扣，难以满足实时导航引导的目的，严重时还会影响飞行安全，因此飞机对更新率有较高要求。

(5) 连续性、可用性和可靠性

系统连续性是指运载体在某特定运行阶段，导航系统能够提供规定的定位引导功能而不发生中断的能力，表明了系统可连续提供导航服务的性能。系统的可用性是它为运载体提供不中断导航服务时间占实际运行时间的百分比。可用性是选用导航系统的指标之一。与之相关的另一项指标就是系统的可靠性。系统可靠性是指在一定的使用条件下，在规范时间内、以规定的性能完成其功能的概率，实际上它标志的是系统发生故障的频率。

(6) 系统完好性

运载体在航行过程中最重要的是保证航行安全。因此，导航系统不仅要提供高精度的导航引导信息，还要对导航信息进行独立监测，一旦系统出现故障导致导航信息产生较大误差，就必须通知用户。系统的完好性又称“完善性”、“完整性”或“完备性”，是指导航系统发生故障或导航信息的误差超出允许的范围时，系统能够在规定时间内及时向用户发出告警。对系统的完好性的要求在飞机着陆阶段显得尤为重要，若导航系统发生故障或误差超过了允许范围而用户未及时发觉，继续按指示飞行，极有可能使飞机偏离原来轨道甚至与地面撞击，发生飞行事故。

除了以上介绍的导航系统的性能参数，在无线电导航系统实际应用时还需要考虑导航信息的多值性、导航定位信息的维数等因素。

2.2　无线电导航理论基础

2.2.1　空间坐标系

无线电导航的基本任务是获取运载体在航行过程中的导航参数(位置、速度、方位等)，实现对运载体的导引功能。而这些导航参数是在一定的空间坐标系内定义的，地面或空中一点在空间的位置在不同的坐标系内有不同的表示方式，所以在进行导航前要建立适当的参考坐标系。

建立参考坐标系要考虑以下几个因素：

① 参考坐标系是否能准确、全面、直观地描述运载体的运动状态。

② 参考坐标系是否利于导航参数的数学描述。

③ 参考坐标系是否便于导航解算。

要了解无线电导航常用的空间坐标系，首先需要了解地球的几何形状及其参数。

2.2.1.1 地球几何形状及其参数

人们对地球形状和大小的认识,经过了一个相当长的历史过程。地球自然表面的形状非常复杂,有高山和深谷,崎岖不平。然而从整个地球外表来看,由于地球的体积较大,地球表面的高低与整个地球比较起来,显得非常小。同时地球表面上海洋的面积约占地球总面积的3/4,而且比较平坦,所以在航海方面讨论地球形状时,并不是指地球自然表面的形状,而是指由假想的大地水准面所包围的大地球体的形状。

设想海洋处于静止平衡状态,将它延伸到大陆下面且保持处处与铅垂线正交,由此形成的包围整个地球的封闭水准面,称为大地水准面。被大地水准面所围成的几何体,是理想的地球形状,叫作大地体。在实际应用中,人们采用一个旋转椭球面按照一定的期望指标(如椭球面和真实大地水准面之间的高度差平方和最小)来近似表示大地水准面,我们称之为参考椭球面。大地水准面与椭球面关系如图2-1所示。

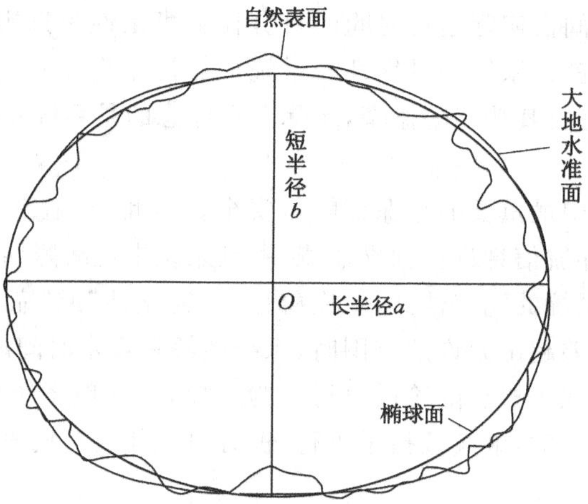

图2-1 大地水准面与椭球面关系

参考椭球面的大小和形状可用两个几何参数来描述,即长半轴 a 和扁率 f。表2-1给出了几个有代表性的椭球元素。其中,CGCS2000是我国BDS采用的椭球参数,克拉索夫斯基是我国1954北京坐标系采用的椭球参数,WGS84是美国GPS和欧盟Galileo采用的椭球参数,PZ-90是俄罗斯GLONASS采用的椭球参数。

表2-1 部分参考椭球元素

参考椭球名称	长半轴长度 a/m	扁率 f
贝塞尔	6 377 397	1∶299.152 812 8
克拉克	6 378 206	1∶294.978 698 2
克拉索夫斯基	6 378 245	1∶298.299 738 1
WGS84	6 378 137	1∶298.257 223 563
CGCS2000	6 378 137	1∶298.257 222 101
PZ-90	6 378 136	1∶298.257 839 303

2.2.1.2 天球与天球坐标系

天球是以地球质心为球心、半径为无限长的一个假想球体，也叫作地心天球。地球自转的延长线称为天轴，天轴与天球南、北的交点分别叫作天球南天极、北天极。天球坐标系是一种以天极和春分点作为天球定向基准的坐标系，如图 2-2 所示。

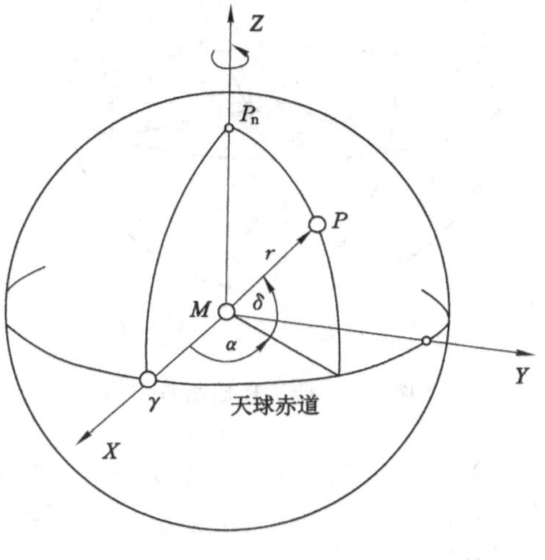

图 2-2 天球坐标系

天球空间直角坐标系统的定义是：原点位于地球质心 M；Z 轴指向天球的北极 P_n；X 轴在天球赤道面内指向春分点 γ；Y 轴垂直于 XMZ 平面，与 X 轴和 Z 轴构成右手坐标系统。

在天球坐标系中，空中一点 P 的天球坐标可表示为球面坐标(α,δ,r)和直角坐标(X,Y,Z)。r 为坐标原点至 P 点的距离，δ 为赤纬，α 为赤经，X、Y、Z 则分别表示 P 点的三个直角坐标分量，不难求得球面坐标与直角坐标之间的关系：

$$\begin{cases} X = r\cos\alpha\cos\delta \\ Y = r\sin\alpha\cos\delta \\ Z = r\sin\delta \end{cases} \tag{2-2}$$

$$\begin{cases} r = \sqrt{X^2 + Y^2 + Z^2} \\ \alpha = \arctan\dfrac{Y}{X} \\ \delta = \arctan\dfrac{Z}{\sqrt{X^2 + Y^2}} \end{cases} \tag{2-3}$$

2.2.1.3 地心地固坐标系

如果将对宇宙天体的研究范围缩小到地球表面附近，就要选择一个相对地球自转静止的坐标系，即建立一个固连在地球上的坐标系，称为地心地固坐标系。

地心地固坐标系的具体定义是：原点位于地球的质心，XOY 平面与地球平赤道面重合，X 轴的指向穿过格林尼治子午线和赤道的交点，Z 轴与地球平极轴重合。地心地固坐标系如图 2-3 所示。

在地心地固坐标系中，地球表层一点 $P(X,Y,Z)$ 与地理坐标系(λ,φ,h)转换关系如下：

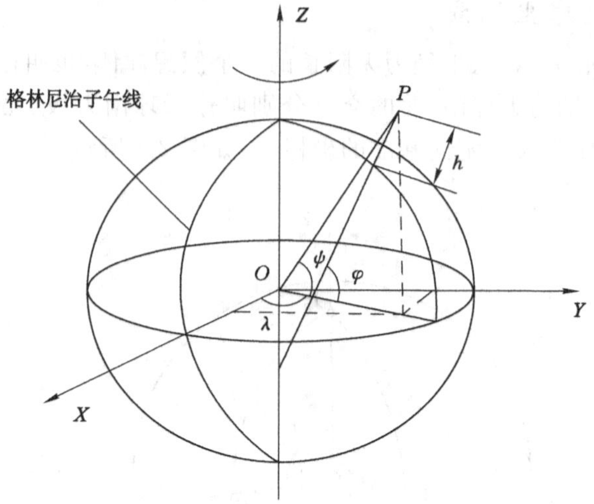

图 2-3　地心地固坐标系

$$\begin{bmatrix} X \\ Y \\ Z \end{bmatrix} = \begin{bmatrix} (R_N + h)\cos\lambda\cos\varphi \\ (R_N + h)\sin\lambda\cos\varphi \\ [R_N(1 - e^2) + h]\sin\varphi \end{bmatrix} \tag{2-4}$$

式中，R_N 为椭球的卯酉圈曲率半径；e 为椭球的第一偏心率；h 为大地高程。

2.2.1.4　载体坐标系

对于车辆、舰船，尤其是飞机这样的载体，它往往伴随着群体活动，特别在飞机协同作战的过程中，需要知道自己的运动速度以及与其他成员的相对位置。建立以载体为中心、固连于载体上的坐标系，称为载体坐标系。载体坐标系的原点位于载体的质心，坐标轴方向根据需要确定。载体坐标系如图 2-4 所示。

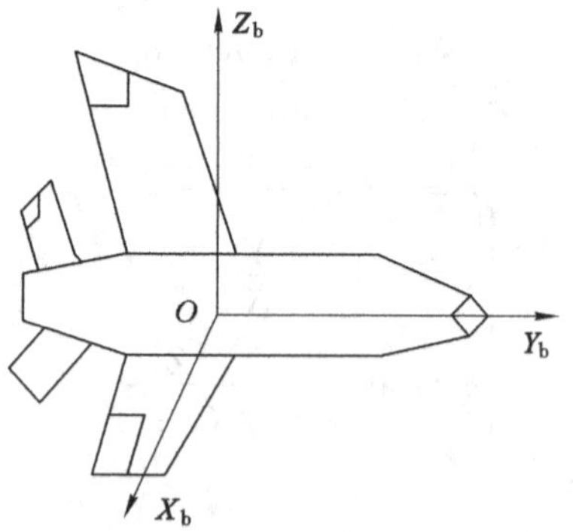

图 2-4　载体坐标系

2.2.2　无线电测量原理

无线电导航实质上是通过测量电磁波在空间传播时的电信号参量，构建一定的机制在测量得到的无线电参量与角度、距离等几何参量之间建立对应关系，再利用几何参数与待解导航参数之间的数学关系，通过解方程或者其他方法求得所需导航参数。几何参量测量原理如图 2-5 所示。以下介绍两种基本几何参量的测量原理。

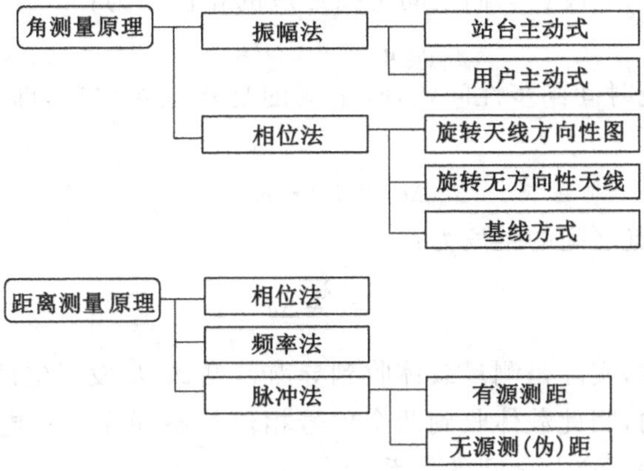

图 2-5　几何参量测量原理

2.2.2.1　角测量原理

(1) 振幅法

振幅法的基本出发点是利用天线的方向性图实现振幅与角度的对应关系，有两种实现方式：一种是导航台用方向性天线发射信号，用户利用无方向天线接收，称为站台主动式；另一种是导航台用无方向天线发射信号，用户利用方向性天线接收，称为用户主动式。

① 站台主动式

站台主动式主要测量载体和导航台的连线与基准方向之间的夹角。当导航台发射一定宽度的定向波束在空间做全方位扫描时，用户与导航台连线方向与基准方向的夹角可由下式求得：

$$\alpha = \omega(t_2 - t_1) \tag{2-5}$$

式中，ω 为导航台发射的在空间做全方位扫描的定向波束的扫描角速度；t_2 为用户收到全向波束信号的时刻；t_1 为发射定向波束的时刻。

② 用户主动式

用户主动式主要测量载体和导航台连线与载体轴向之间的夹角，当用户的方向性图的零点从载体的轴向旋转到载体与导航台站的连线方向时，用户无法接收到导航台的信号，此时就可以测量出载体和导航台连线与载体轴向的夹角。

(2) 相位法

无线电波传播时，相位与角度之间没有直接的对应关系，但可采取一些方法使它们建立起对应关系，比如旋转方向性天线、绕圆周旋转无方向性天线，以及采用基线测量法等。与振幅法不同，相位法并不要求天线有尖锐的方向性，即使采用无方向性天线也可完成角度的测量。

2.2.2.2　距离测量原理

无论是对距离，还是对距离差、距离和的测量，都是以电磁波在均匀介质空间传播的直线性和等速性为条件的，主要有相位、频率和脉冲三种测量距离的方法。

（1）相位法

相位测距是通过测量电磁波在运载体和导航台之间信号相位的变化来确定距离的。设 A、B 两点的距离为 r，则电波在它们之间传播形成的相位差为：

$$\varphi_{AB} = r \cdot \omega / c \tag{2-6}$$

在测距时为了规避时间同步性问题，常常测的是双程相位差，即电波往返于 A、B 两点间的相位差为：

$$\Delta\varphi = 2r \cdot \omega / c \tag{2-7}$$

由此可知 A、B 两点之间的距离为：

$$r = \frac{\lambda_0}{4\pi}\Delta\varphi \tag{2-8}$$

应用相位法测量时，实际是测量载体收到导航台站 A、B 发射电波的相位差。由于导航台站之间是严格同步的，因此载体收到两个信号相位的不同完全是电波传播的行程差引起的。可以得到相位差和距离差之间的关系：

$$\Delta r = r_A - r_B = \frac{\lambda_0}{2\pi}\Delta\varphi \tag{2-9}$$

由于两个台站之间的距离较大，因此相位法测距中常常存在多值性问题，需要采取相应措施消除多值模糊。

（2）频率法

频率法是利用发射信号与反射信号的差频来进行测量的，因此必须有一定的反射面，通常用来进行对地高度或相对水面高度的测量。基于无线电调频信号的频率测高，其原理如图 2-6 所示。

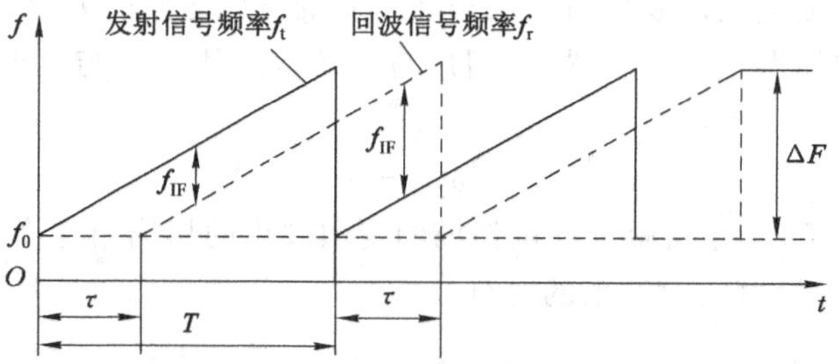

图 2-6 频率测高原理

由图 2-6 可知，发射信号为一线性时间调频信号，其频率变化与时间成正比。由于电波的传播需要一定时间，所以在某一时刻，回波信号的频率与正在发射的信号的频率不相同，它们之间的频率差异将反映信号传播的时间，对应于信号往返的距离或载体的高度。通过测量发射信号与回波信号的差频，就可以计算距离。

（3）脉冲法

脉冲法测距实质是用尖锐的脉冲对时间轴进行标定，然后通过脉冲间隔读取时间来测量距离，通常有有源和无源两种方式。

2.2.3　无线电导航定位原理

无线电导航定位通过无线电波所测量的几何、物理参量来确定用户的导航参量。其中如方位、距离、姿态等导航参量可以较直接地由无线电波测量得到；而用户的位置参量则需要较复杂的导航解算，主要有两种方法：一是通过测量的几何参量与几何位置之间的数学关系进行定位，称为位置线法，二是通过测量的物理参量与几何位置之间的运动学关系确定位置，称为推航定位法。

2.2.3.1　位置线法

导航几何参量一般是空间坐标的标量函数 $u(x,y,z)$，代表空间的标量场，在三维空间中，它们分别对应各种类型的曲面。无线电导航中测得的电参数所对应的几何参量通常是一个固定的数值，对应于标量场中某一个等位面 $u=u(x,y,z)$，称为位置面。两个位置面的交线称为位置线，位置线与另一条位置线或与另外的位置面相交就得到用户的位置，这就是位置线法的基本原理。

通过无线电测量得到三个独立的几何参量，则可以得到三个独立的位置面方程：

$$\begin{cases} u_1 = u_1(x,y,z) \\ u_2 = u_2(x,y,z) \\ u_3 = u_3(x,y,z) \end{cases} \tag{2-10}$$

根据这个方程就能求解载体在空间中的三维位置，然后利用得到的几何参量获取导航参量，主要方法有闭合形式解、迭代及最小二乘解、最优估值解（卡尔曼滤波、神经网络等）。

2.2.3.2　推航定位法

推航定位法是许多自备式导航系统和设备的主要定位方式，其基本原理基本的是运动学方程的积分关系运用，它的主要步骤为：

① 给定用户或载体出发时刻的位置坐标。

② 测定用户在运动过程中的速度参量 $v(v_x,v_y,v_z)$。

③ 利用航姿系统所测量的姿态信息，将测量的载体坐标系中的速度分量转换到地平坐标系。

④ 利用积分运算求出运动的距离，通过计算得到用户的位置坐标。

2.2.4　无线电导航系统的工作区

导航系统的工作区，是指导航系统能够向载体提供既定质量要求（精度、完好性、连续性、可用性等）导航定位服务的空间区域。工作区的范围由系统的几何配置、工作频段、辐射功率、天线的方向性、接收机性能、大气噪声、地理环境条件和影响信号可用性的其他因素共同决定。一般情况下如无特殊说明，导航系统的工作区通常都是指狭义工作区，即由仅满足给定导航精度要求的区域形成的覆盖范围。

无线电导航系统的导航精度不仅与距离有关，而且与载体和导航台的相对几何位置有关，即相同距离上的用户定位精度可能存在较大差别，这是由其定位误差在空间的形状和走向决定的。

2.2.4.1 误差椭圆

所有导航定位功能都是通过直接或间接测量实现的。由于各种噪声、干扰和不可预见因素的存在，测量总会存在误差。通常认为测量误差是随机变量，一般很难通过理论或建模等方法对其进行精确描述。在误差相对较小、影响因素较多的情况下，根据中心极限理论，为了分析方便，假定这些误差都是零均值、平稳、遍历、随机的。当测量的无线电参数有测量误差时，所对应的位置面和位置线都要发生变化，从而导致最终的点位误差。

定位误差具有以下特征：

① 定位误差在每个坐标轴向的误差分量为零均值正态分布。

② 用户的测量定位误差随几何位置的变化而变化。

③ 用户定位误差的三维概率密度函数，其形状为椭球。

2.2.4.2 几何因子

以卫星导航中的伪距定位为例，说明导航系统中与定位精度密切相关的几何因子的定义。对于伪距而言，若要同时完成时空的四维解算，需要同时测量四个独立的伪距，其方程表达式如下：

$$\begin{cases} p_1 = \sqrt{(x-x_{s1})^2+(y-y_{s1})^2+(z-z_{s1})^2}+c\Delta t \\ p_2 = \sqrt{(x-x_{s2})^2+(y-y_{s2})^2+(z-z_{s2})^2}+c\Delta t \\ p_3 = \sqrt{(x-x_{s3})^2+(y-y_{s3})^2+(z-z_{s3})^2}+c\Delta t \\ p_4 = \sqrt{(x-x_{s4})^2+(y-y_{s4})^2+(z-z_{s4})^2}+c\Delta t \end{cases} \tag{2-11}$$

式中，$p_i(i=1,2,3,4)$为第 i 颗卫星与用户的伪距，$(x_{si},y_{si},z_{si})(i=1,2,3,4)$和$(x,y,z)$分别为第 i 颗卫星和用户的坐标，Δt 为用户与卫星系统时的钟差，c 为光速。对式(2-11)方程微分可得到估计误差方程，化为矩阵形式求出协方差矩阵，最后展开可得到用户时空导航参量的估计误差与空间几何因子的关系，定义为几何精度衰减因子(GDOP)。

另外还可定义位置误差几何因子 PDOP、水平位置误差几何因子 HDOP、垂直位置误差几何因子 VDOP 和时钟误差几何因子 TDOP。

2.2.4.3 工作区

系统的定位精度与几何位置有关，即在某些区域内，导航系统的精度下降后不能满足正常导航的需要。由误差椭球概念可知，定位点落在误差椭球面的概率为：

$$\begin{aligned} P(K) &= \iiint_{0\sim K} f(\Delta x,\Delta y,\Delta z)\mathrm{d}v \\ &= 1-\iiint_{K\sim\infty} f(\Delta x,\Delta y,\Delta z)\mathrm{d}v = \int_0^K f(K)\mathrm{d}v \end{aligned} \tag{2-12}$$

通常导航系统可在给定的误差概率 P 的条件下来确定椭球的各个轴的大小，要求误差椭球的半长轴不能超出额定数值，满足这个条件的空间区域就构成了系统的几何工作区。

2.3 伏尔导航系统

伏尔是甚高频全向信标(Very High Frequency Omnidirectional Range，VOR)英文缩写的汉语音译名称。伏尔系统是一种由机载设备直接导出飞机磁方位角的近程无线电相位测角系统，属于他备式主动导航系统。该系统是第二次世界大战后期在美国首先发展起来的，1949年正式作为国际标准的航路无线电导航系统使用。为了克服地面站内地形地物带来的影响，在普通伏尔(CVOR)的基础上又发展了多普勒伏尔(DVOR)，进一步提高了系统的测向精度。目前伏尔系统已是空中交通管制不可分割的一部分，是陆地上无线电进程导航和非精密进近的国际标准系统。

2.3.1　系统组成

伏尔系统由地面设备和机载设备两大部分组成。地面设备是伏尔信标，在108～117.95 MHz的甚高频波段工作，在360°范围内发射方位信号，故又称为全向信标；与之配套的机载设备称为伏尔接收机，采用无方向性接收天线，测量的角度信息用表头指示或输送给机载计算机。图2-7是伏尔系统组成示意图。

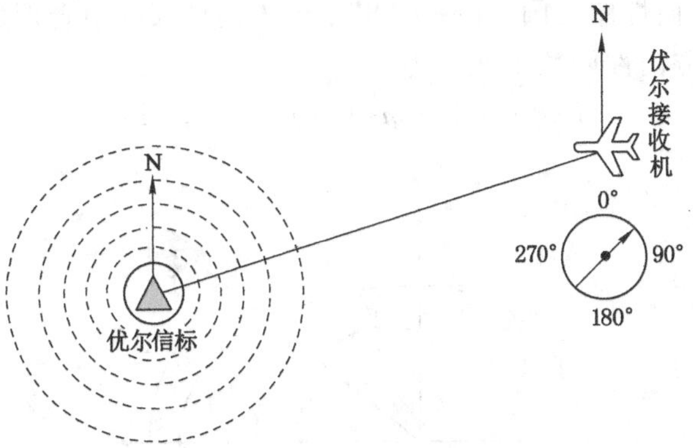

图2-7　伏尔系统组成示意图

伏尔系统通过伏尔接收机接收地面伏尔信标发射的信号，经处理获得飞机相对于伏尔信标的磁方位角，以引导飞机沿着预定的航线飞行。在现代飞机上，可以预先把沿航线的各个伏尔信标的位置、发射频率、应飞的航线等逐项输入管理系统或自动飞行系统，在计算机的控制下，飞机就可按输入的数据自动飞行，并最终到达目的地。该系统通常用于航路导航，也可在机场用于引导飞机归航和非精密进近。

伏尔信标通常架设在某航路点或机场终端区域。伏尔信标从用途上可分为航路伏尔和终端伏尔。航路伏尔(VOR-C)台址通常选在附近区域无障碍物的航路点上，如山顶，以尽量减小因地形效应所引起的测角误差。在一条空中航路上，根据航路的长短、规定的航路宽度和伏尔系统的精度，可以设置多个VOR-C台，每个VOR-C台可辐射无限多的方位线或径向线作为预选航道，飞机沿着预选航道可以飞向或飞离VOR-C台，并指出飞机偏离航向(左或右)的角度，从而实现飞机的安全巡航。VOR-C台还可作为航路检查点，为实行交通管制服务。终端伏尔(VOR-T)安装在机场跑道附近或跑道次着陆端中线延长线上，引导飞机归航和进场着陆。

2.3.2　系统工作原理

伏尔系统是一种近程无线电导航测角系统，采用了相位式测角原理。在同一个甚高频频率上有两个独立的调制信号，分别叫作基准相位信号和可变相位信号，机载设备通过测量这两个信号的相位差来获得飞机的磁方位角。其中，普通伏尔(CVOR)系统采用的是相位式旋转天线方向性图法测角原理，多普勒伏尔(DVOR)系统则采用了相位式旋转无方向性天线法测角原理。

2.3.2.1　普通伏尔系统测角原理

普通伏尔(CVOR)系统采用旋转天线方向性图的相位式测角，即通过旋转伏尔信标发射天线的方向性图，在空中形成包含方位信息的调幅波信号，该调幅波信号就是 CVOR 的可变相位信号，其包络信号电相位与飞机所在的方位角度具有一一对应的关系，在空中 360°范围内的任意一架飞机上的机载伏尔接收机，均可通过对包络信号电相位的测量得到所在方位径线的角度值。以下对旋转天线方向性图的相位式测角原理进行简单介绍。

CVOR 信标天线的方向性图为心脏形，如图 2-8 所示。由图 2-8 可见，心脏形方向性图可由一个全向天线(方向性图为圆)和一个"8"字形方向性天线组合形成。因此，具有水平心脏形方向性图天线的方向性函数表达式为：

$$F(\theta) = 1 + m\sin\theta (0 < m \leqslant 1) \tag{2-13}$$

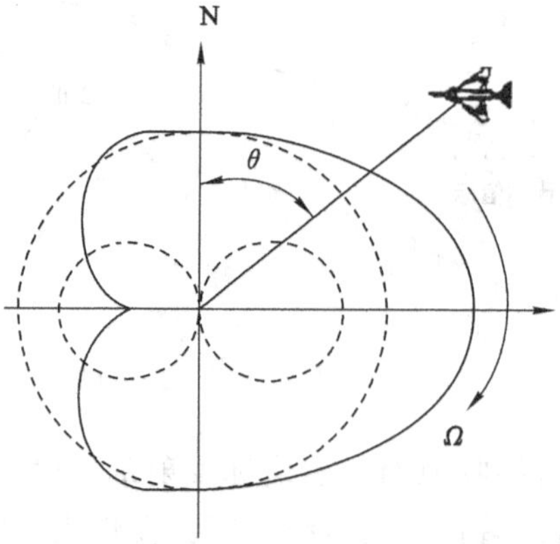

图 2-8　心脏形方向性图

若给该天线馈送一个等幅波信号，则表达式为：

$$e_{\mathrm{T}} = E_{\mathrm{T}}\sin\omega t \tag{2-14}$$

当该天线方向性图静止不动时，它向空中辐射的信号为等幅波信号，不同方向辐射信号的差别主要表现为辐射增益不同。辐射增益由天线的方向函数决定，在 θ 方向辐射信号随时间变化的表达式为：

$$e(t,\theta) = E_{\mathrm{T}}(1 + m\sin\theta)\sin\omega t \tag{2-15}$$

当该天线方向性图以 Ω 角速度顺时针旋转时，则在 t 时刻，它转过了 Ωt 角度，那么该天线在 θ 方向上辐射信号随时间变化的表达式变为：

$$e(t,\theta) = E_{\mathrm{T}}[1 + m\sin(\theta - \Omega t)]\sin\omega t = E_{\mathrm{T}}[1 - m\sin(\Omega t - \theta)]\sin\omega t \tag{2-16}$$

由式(2-16)可知，天线向空中辐射的信号转变为调幅波信号，包络形状由方向性图形状和天线的旋转角速度 Ω 共同决定，不同方向辐射信号的差别主要表现为可变信号(又称包络信号)的初始相位不同，而初始相位与角度 θ 具有一一对应的关系，因此通过对包络信号初始相位的测量即可实现角度 θ 的测量。

为了实现可变相位信号初始相位的测量，信标台还需发射一个相位与方位无关(所有方向上的相位均相同)的基准信号。基准信号采用与天线旋转频率 Ω 相同的正弦信号对一个分载频(9 960 Hz)调频，用调频后的信号对射频信号进行调幅，通过无方向性天线辐射。基准相位信号与正北方向的可变相位信号同相，机载设备通过比较基准相位信号与可变相位信号的相位，可直接实现飞机相对于地面伏尔信标磁方位的测量。飞机在伏尔信标台的东、南、西、北四个典型方位时，伏尔接收机得到的可变相位信号与基准相位信号的相位关系如图 2-9 所示。

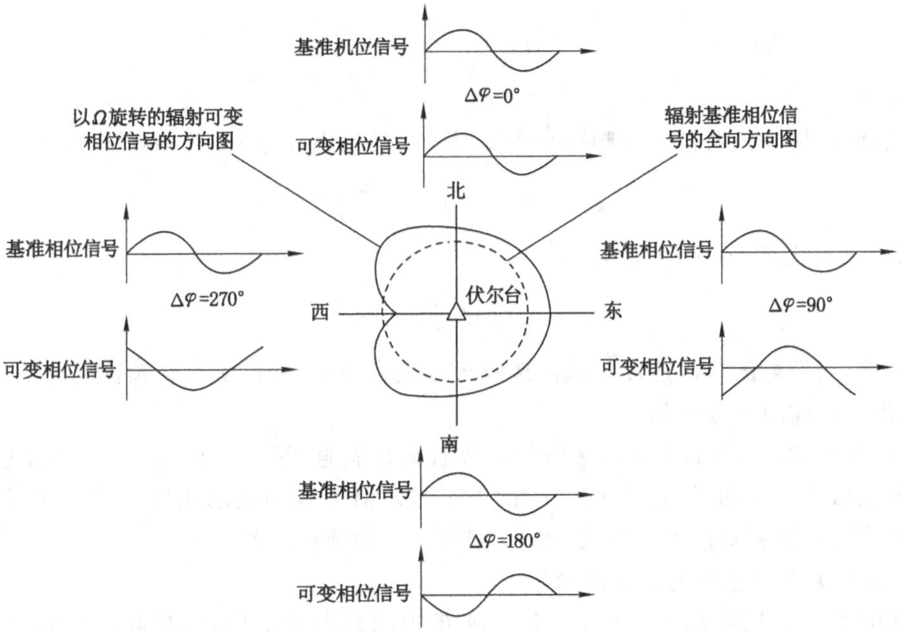

图 2-9　典型方位可变相位信号与基准相位信号的相位关系

2.3.2.2　多普勒伏尔系统测角原理

多普勒伏尔(DVOR)系统是在普通伏尔(CVOR)系统的基础上发展起来的，与 CVOR 对可变相位信号进行调幅不同，DVOR 是利用多普勒效应对可变相位信号进行调频的。相对于 CVOR 系统，DVOR 系统有效降低了场地环境对辐射场型的影响，提高了测角精度。

(1) 多普勒效应

多普勒效应是奥地利物理学家和数学家多普勒(1803—1853)在 1842 年首先提出的。他发现同一星体向着我们和远离我们运动时，所观察的星体颜色不一样。1845 年荷兰气象学家巴洛特通过实验证明，声源向着观察者运动时，声音的频率比远离观察者时高，这样就进一步证明了这种现象的存在。

同样，在无线电通信中也存在多普勒效应。当发射天线与接收天线之间存在相对运动时，接收天线感应的电动势的频率与发射天线馈电的频率将出现一个差值，即产生了多普勒效应，该差值称作多普勒频移。

如图 2-10 所示，设发射天线的馈电频率为 f_T，接收机接收的频率为 f_R。下面介绍当发射天线相对于接收天线做直线运动时，多普勒效应对收发天线之间的信号传输产生的影响。

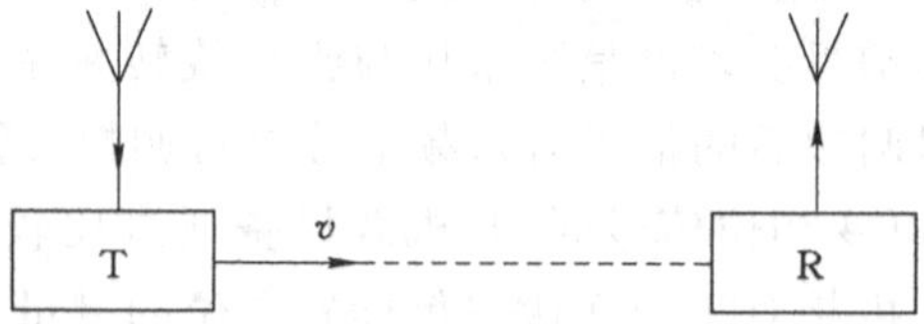

图 2-10　收、发天线做相对运动时的多普勒效应

当发射天线以速度 v 靠近接收天线做进近直线运动时，接收信号频率 f_R 为：

$$f_R = \frac{c}{c-v} f_T \tag{2-17}$$

式中，c 为光速。

可见，此时接收机所接收的频率大于发射天线的馈电频率，多普勒频移 f_d 为：

$$f_d = f_R - f_T = \frac{v}{c-v} f_T \tag{2-18}$$

考虑 $v \ll c$，则式(2-18)可写为：

$$f_d = \frac{v}{c} f_T \tag{2-19}$$

相应地，当发射天线以速度 v 远离接收天线做直线运动时，多普勒频移也可用式(2-19)表示，但须注意此时 v 为负值。

由式(2-19)可以看出，当发射天线靠近接收天线做直线运动时，f_d 为正；当发射天线远离接收天线做直线运动时，f_d 为负。f_d 的大小与发射天线的运动速度 v 成正比，发射天线与接收天线之间的相对速度 v 越大，多普勒频移 f_d 的绝对值就越大。

(2) 旋转无方向性发射天线法测角

DVOR 系统利用收发天线的相对运动所带来的多普勒效应，使接收信号的频率(或相位)受到有规律性的调制，通过鉴频(或鉴相)取得该调制信号，并使其电相位与目标方位建立起对应关系，从而实现角度测量。具体有两种方法，分别是旋转无方向性发射天线的相位式测角和旋转无方向性接收天线的相位式测角。前者具体做法是通过旋转发射信标的无方向性天线，而接收机采用静止的无方向性天线接收信号，通过收发双方的相对运动，产生多普勒效应引起的调频信号，并使调制信号的电相位与角度建立起对应关系实现测角。后者则相反，旋转接收方的无方向性天线，而发射信标的天线静止不动。DVOR 系统采用的是旋转无方向性发射天线的相位式测角体制，下面对这种测角方法的原理进行介绍。

根据上述旋转无方向性发射天线的相位式测角体制的具体做法，先建立一个如图 2-11 所示的简易模型。为便于讨论，现将接收天线置于磁北方向静止不动，而发射天线绕着以 O 为圆心、R 为半径的圆做逆时针运动，运动的线速度为 v，角速度为 Ω，频率为 F，$\Omega = 2\pi F$，即发射天线 1 s 绕圆逆时针旋转 F 圈。

设发射天线的馈电频率为 f_T，接收机接收的频率为 f_R。在零时刻，发射天线从磁北开始逆时针旋转，经过任意时间 t，发射天线处在位置 E，这时，将 v 进行正交分解，分量 v_1 平行于 OA 以靠近接收机方向为正方向，分量 v_2 垂直于 OA。显然，只有 v_1 才会对接收信号的多普勒频移 f_d 做出贡献。

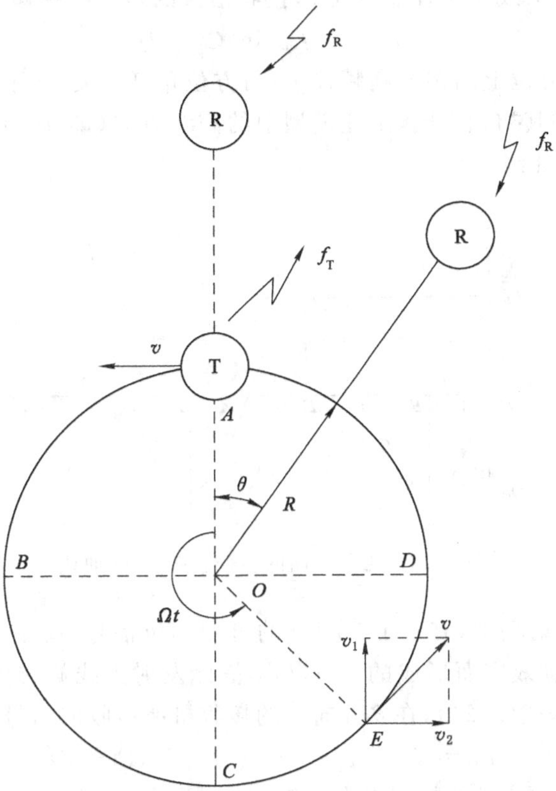

图 2-11　多普勒伏尔系统原理简易模型

如前所述，f_d 与发射天线的运动速度 v 成正比，于是我们可以定性分析磁北方向多普勒频移 f_d 的变化情况，如表 2-2 所示。

表 2-2　磁北方向多普勒频移 f_d 的变化情况

运动轨迹		A	$A \to B$	B	$B \to C$	C	$C \to D$	D	$D \to A$
v_1 变化情况	符号	0	−			0	+		
	$\lvert v_1 \rvert$		逐渐增大	$v_1=v$，达到最大	逐渐减小		逐渐增大	$v_1=v$，达到最大	逐渐减小
f_d 变化情况	符号	0	−			0	+		
	$\lvert f_d \rvert$		逐渐增大	$\lvert f_d \rvert = f_{dm}$，达到最大	逐渐减小		逐渐增大	$\lvert f_d \rvert = f_{dm}$，达到最大	逐渐减小

再定量地分析磁北方向多普勒频移 f_d 的变化。由图 2-11 可知，发射天线处于任意位置 E 时，$v_1 = -v\sin\Omega t$，则由式(2-19)可得：

$$f_d = \left(\frac{v_1}{c}\right) f_T = \frac{-f_T \cdot v}{c}\sin\Omega t = -f_{dm}\sin\Omega t \tag{2-20}$$

式中，$f_{dm} = \dfrac{f_T \cdot v}{c}$，为多普勒频移的最大值。

可以证明,若接收天线位于任意方位 θ,接收信号的多普勒频移 f_d 为:

$$f_d = -f_{dm}\sin(\Omega t + \theta) \tag{2-21}$$

式(2-21)证明,θ 方位上的多普勒频移 f_d 与方位角 θ 有关,在不同的方位上,f_d 的变化均呈现正弦特性,只是其初相不同,由此模型中的磁北方向(即 $\theta=0°$)的多普勒频移可绘出如图 2-12 所示的正弦曲线。

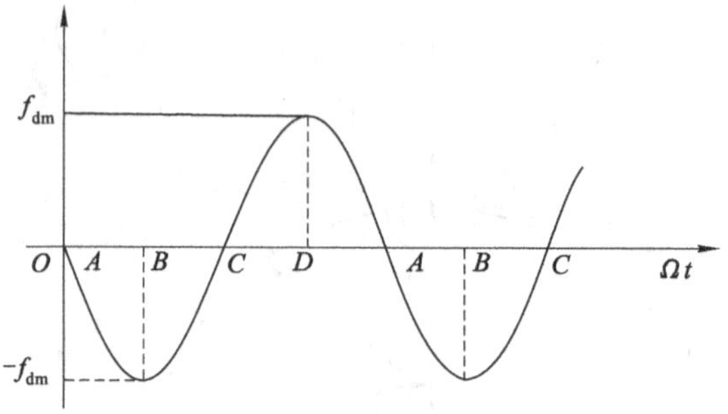

图 2-12　磁北方向的多普勒频移 f_d 曲线

在 DVOR 信标辐射场中,有一个 30 Hz 的可变相位信号,就是通过逆时针旋转无方向性发射天线产生多普勒效应而形成的。DVOR 信标发射天线旋转的频率 $F=30$ Hz,旋转角频率 $\Omega=2\pi F$。根据式(2-21),在 θ 方向上的接收机所接收的信号频率 f_R 为:

$$f_R = f_T + f_d = f_T - f_{dm}\sin(\Omega t + \theta) \tag{2-22}$$

式(2-22)表明,接收信号的频率以发射频率 f_T 为中心频率而变化。因此,接收信号为一调频波,利用中心频率为 f_T 的鉴频器,便可取出调制信号 $-\sin(\Omega t+\theta)$。下面依据接收信号的频率写出接收信号的时域表达式。

现给发射天线馈送一等幅载频信号 $e_T(t)=E_T\sin\omega t$,由于多普勒效应,接收信号将被调频,设在 θ 方向上接收的信号为 $e(t)=E_m\sin\varphi(t)$,则由式(2-22)可得:

$$\begin{aligned}\varphi(t) &= \int_0^t 2\pi f_R \mathrm{d}t = \int_0^t 2\pi[f_T - f_{dm}\sin(\Omega t + \theta)]\mathrm{d}t \\ &= \omega t + \frac{2\pi f_{dm}}{\Omega}\cos(\Omega t + \theta) - \frac{2\pi f_{dm}}{\Omega}\cos\theta\end{aligned} \tag{2-23}$$

考虑式(2-23)中最后一项不随时间变化而变化,它的存在不会影响 $\varphi(t)$ 的变化规律,因而 $\varphi(t)$ 可写成如下形式:

$$\varphi(t) = \omega t + \frac{2\pi f_{dm}}{\Omega}\cos(\Omega t + \theta) = \omega t + \frac{2\pi R}{\lambda}\cos(\Omega t + \theta) \tag{2-24}$$

式中,R 为发射信号运动轨迹圆的半径,λ 为发射信号的波长。

于是,逆时针旋转发射天线,则在 θ 方向的辐射场 $e(t)$ 为:

$$e(t) = E_m\sin\left[\omega t + \frac{2\pi R}{\lambda}\cos(\Omega t + \theta)\right] \tag{2-25}$$

可见,这是一个被 $-\sin(\Omega t+\theta)$ 调制的调频波,该调制信号的初始相位与接收机所在方位 θ 具有一一对应关系,于是通过对调制信号测相即可获得飞机相对伏尔信标台的磁方位角,这就是 DVOR 系统旋转无方向性发射天线产生多普勒效应进行测角的机制。

与 CVOR 系统一样,为了实现可变相位信号初始相位的测量,地面信标也需要发射一个基准相位信号,且基准相位信号的相位应与正北方向的可变相位信号同相。

2.3.3　地面设备与机载设备

前面提到,地面设备与机载设备是伏尔系统的两大组成部分。地面设备主要是伏尔信标,有普通伏尔(CVOR)信标和多普勒(DVOR)伏尔信标两种;机载设备主要由控制盒、天线、伏尔甚高频接收机和指示仪表组成。

2.3.3.1　地面设备

伏尔系统的地面设备是伏尔信标,在 108～117.95 MHz 的甚高频波段工作。VOR 信标向空中辐射的信号包含用于角度测量的可变相位信号与基准相位信号、用于应急通信的语音信号以及用于台识别的识别码信号。伏尔信标根据信号产生的不同方法,又分为普通伏尔(CVOR)信标和多普勒(DVOR)信标,由 CVOR 与 DVOR 系统的信号格式可以看出,它们在空中合成的场型完全相同,其区别在于基准相位信号与可变相位信号的调制方式不同。CVOR 的可变相位信号是调幅的,基准相位信号是调频的,而 DVOR 的可变相位信号是调频的,基准相位信号是调幅的。

2.3.3.2　机载设备

CVOR 和 DVOR 系统采用同一形式的机载接收指示设备,主要包括控制盒、天线、指示仪表和伏尔甚高频接收机。图 2-13 给出了典型伏尔机载设备的基本组成。

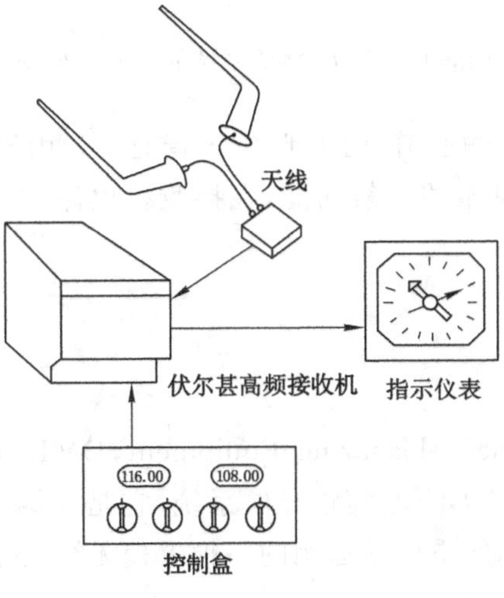

图 2-13　典型伏尔机载设备的基本组成

(1) 控制盒

甚高频导航控制盒一般是伏尔系统(VOR)、仪表着陆系统(ILS)、地美仪系统(DME)共用,用于对机上包括 VOR 在内的甚高频通信、导航设备的工作频率转换和测试检查,主要功能包括频率选择和显示、用测试按钮检查相应设备的工作性能以及音量控制等。

(2) 天线

VOR 天线与 ILS 的航向信标(LOCalizer,LOC)天线一般是共用的,安装在飞机垂直安定面上或机身上部,安装位置应避免机身对电波的阻挡,以提高接收信号的稳定性。

(3) 指示仪表

设置有三种指示器:方位指示器(无线电磁指示器,Radio Magnetic Indicator,RMI)直接产生飞机方位读数,进行飞机的定位和导航;航道偏差指示器(Course Deviation Indicator,CDI)提供运载体相对于给定方向的偏离(左或右)信息、相对于 VOR 信标台的向/背位置(前或后)信息;水平位置指示器(Horizontal Situation Indicator,HSI)可给出运载体偏离预选航道的情况。

(4) 伏尔甚高频接收机

伏尔甚高频接收机主要包括普通外差式接收机、幅度检波器和相位比较器,进行接收和处理 VOR 台发射的方位信息,输出话音、台识别信号、方位信号、航道偏离信号、向/背台信号、警告信息等并将其输送给指示器等设备。图 2-14 为 VOR 接收系统的原理框架图。

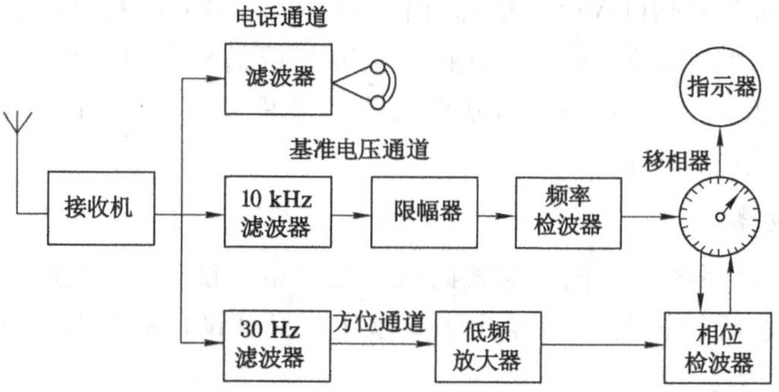

图 2-14 VOR 接收系统的原理框架图

VOR 系统还提供语音传输通道,用于地-空语音通信。由于语音频率主要集中在 300～3 000 Hz 范围内,不会干扰基本的导航功能,在接收机电路中可通过带通滤波器将语音信号筛选出来。

2.4 地美仪系统

地美仪是测距器(Distance Measuring Equipment,DME)英文缩写的汉语音译名称。DME 是一种高精度的他备式无线电测距导航系统,它是在第二次世界大战中随着雷达的出现发展起来的,是目前民用航空广泛运用的一种近程无线电导航系统。

2.4.1 系统组成

DME 是询问/应答式脉冲测距系统,主要包含机载询问器和地面应答器两部分,它们分别是 DME 机载设备和地面设备的核心,其系统组成如图 2-15 所示。

DME 测量飞机相对地面应答器所在位置的距离,其提供的距离导航信息在导航中可有多种用途,例如,可利用 DME 或 DME 与其他导航系统组合为飞机定位以及提供区域导航,也可利用测得的距离信息计算地速和飞行时间,还可为飞机的航路间隔、进场和进近飞行提供服务。

DME 的地面应答器架设在航路点或机场的已知地理位置,为 DME 机载设备提供测距

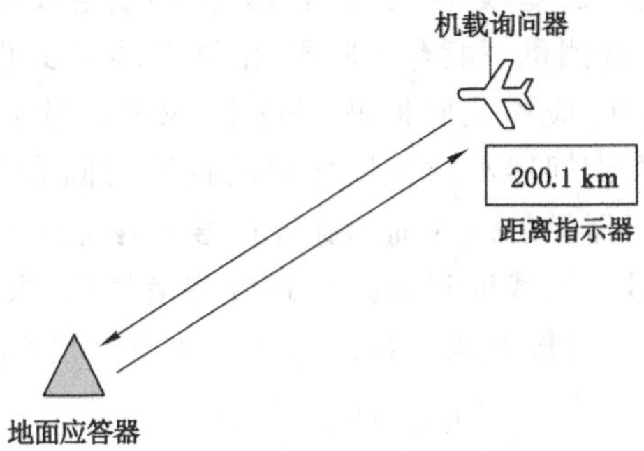

图 2-15　DME 系统组成

应答信号，既可用于航路导航，也可用于机场终端区域的导航。为了某些特殊用途，DME 应答设备还可安装在大型军舰（如航空母舰、大型驱逐舰等）或大型飞机（如空中加油机）上。

2.4.2　系统工作原理

DME 测量的是飞机与地面应答器之间的斜距 R，如图 2-16 所示。

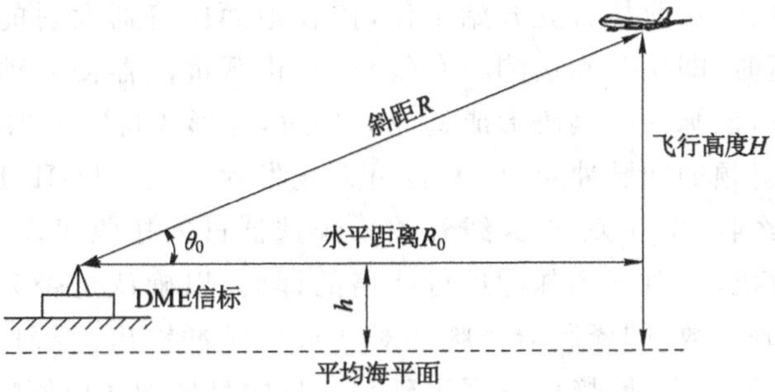

图 2-16　飞机与地面信标之间的斜距 DME 测量

由于飞机有一定的飞行高度，DME 所测得的斜距 R 与飞机相对于地面台的水平距离 R_0 并不相等，但当 $\theta_0 < 8°$ 时，则可认为 $R \approx R_0$，其误差不会超过 1%。通常，大型飞机的飞行高度在 30 000 ft（1 ft≈0.3 m）左右，当飞机与地面点的距离大于 35 n mile（1 n mile≈1.85 km）时，所测得的斜距与平距的误差不会超过 1%；当飞机在进近着陆过程中离 DME 地面台的距离小于 35 n mile 时，其飞行高度通常也已降低，所测得的斜距与平距的误差仍不会超过 1%；只有在飞机以较高的飞行高度接近 DME 地面台时，斜距 R 与平距 R_0 才会出现明显的差别。综上所述，在精度要求不高的情况下，飞机与 DME 地面台之间的斜距 R 可近似看作水平距离 R_0。

在现代应用中，一般都将 DME 所测得的斜距转化为水平距离来进行相应的导航计算，转化公式为：

$$R_0 = \sqrt{R^2 - (H - h)^2} \tag{2-26}$$

式中，H 和 h 分别为飞机的飞行高度和 DME 地面台天线的标高。

无线电导航测距是依据无线电波在均匀介质中匀速直线传播这一特性来进行测距的。由于无线电波在空间的传播速度已知(近似为光速),只要测量电波在空间的传播时间就可实现对指定目标的距离测量。距离测量一般有脉冲式、相位式、频率式以及码相关式等多种方式。

DME 采用的是一种询问/应答式脉冲测距技术,又称二次雷达测距技术,这种技术是通过测量无线电脉冲信号在询问器和应答器之间的往返时间来获得距离信息的。DME 的地面应答器接收到机载询问器发射来的询问脉冲信号后,经过一个固定延时,又向机载询问器发射一个相应的应答信号。机载询问器接收到应答信号后,根据它发射询问信号和接收应答信号之间的时间间隔,就可按下式计算出飞机和地面应答器之间的距离,即

$$R = \frac{1}{2}(t - t_0)c \tag{2-27}$$

式中,t 为机载询问器获得的发射与接收信号之间的时间间隔;t_0 为地面应答器的固定延时,一般为 50 μs;c 为电波传播速度,近似为光速 3×10^8 m/s。

上式没有考虑发射询问信号和接收应答信号时飞机位置的变化,这是因为飞机速度相对于无线电波的传播速度而言是相当缓慢的,在信号传播的短时间内,飞机位置变化对计算精度的影响与所允许的测距精度相比较是可以忽略不计的。

2.4.3 地面应答器与机载询问器

DME 的机载询问器接收机首先开始工作,接收地面应答器发射的脉冲信号,当接收的脉冲数目大于一定值时,即认为到达测距有效范围,机载询问器便启动发射机,向地面应答器发射测距询问脉冲,该脉冲经编码形成询问脉冲对,并形成特定要求的钟形脉冲对发射机载频进行调制,形成射频询问脉冲对,放大后由天线发射出去。DME 地面应答器接收到机载测距询问脉冲对,经收/发开关(或天线开关)、预选器进入接收机。应答器中的接收机是外差式脉冲信号接收机,它对视频脉冲进行严格的译码,以确认是否为询问信号,如果符合 DME 规定的信号编码参数,则译码器将脉冲对变成单脉冲输出,否则译码器无输出。测距应答脉冲经系统规定的固定延时(设置固定延时的目的是使地面应答器有信号处理时间,也使机上设备有可能进行零千米测距)送入编码器重新编成脉冲对,并形成钟形应答脉冲对应答器发射机载频进行调制,再由放大器放大,经天线发出相应询问的应答射频脉冲对。该应答信号传到机载询问器,接收机接收此应答信号,通过视频信号译码,将接收到的全部脉冲对序列变成单脉冲序列送到测距单元。测距单元利用询问和应答的同步关系和询问重复频率的频闪效应对应答信号进行搜索,并采用闭环自动控制原理对应答信号进行跟踪,实现距离数据的测量,且通过指示器的方式予以显示,或直接送往飞行管理计算机。DME 工作流程如图 2-17 所示。

2.4.3.1 地面应答器

DME 的地面应答器主要由天线、接收机和发射机组成。其中,接收机包括预选器、混频器、中频放大单元、视频处理单元和译码单元;发射机包括编码单元、调制单元、射频产生单元和放大单元。地面应答器组成如图 2-18 所示。

天线通过一个 T 型同轴接头与接收机和发射机相连,T 型同轴接头在收/发公用天线时能够隔离收/发信号,将接收的信号送到接收机,发射的信号送到天线。此后,接收的询问信号馈送给一个高 Q 值调谐带通滤波器,即预选器,使收/发信号得到进一步的隔离。高放单元用来改善接收机的噪声系数,它对整个接收机的灵敏度起主要作用,因此高放应具有高

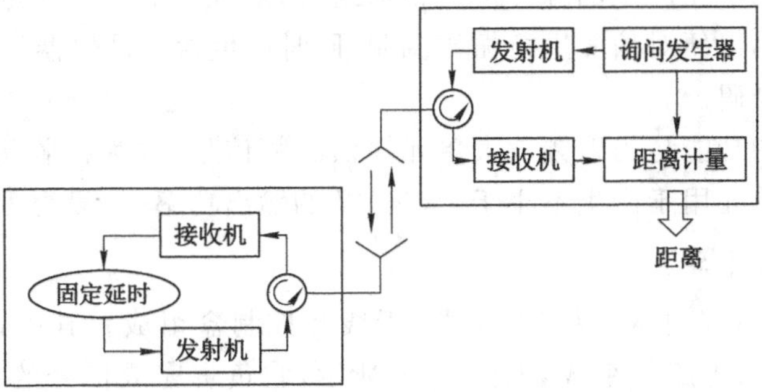

图 2-17　DEM 工作流程

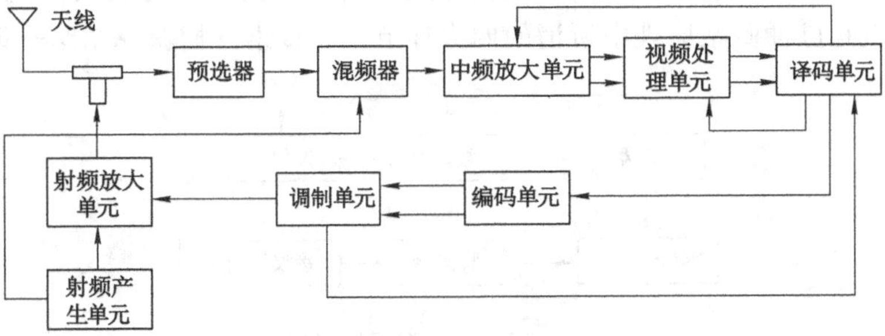

图 2-18　地面应答器组成

增益低噪声特性；高放输出的询问信号被送至第一混频器，混频后得到 63 MHz 的中频信号。

中频放大单元由前置中放和主中放级构成，它有两个输出，一个是经过检波的对数视频信号，另一个是未经检波但经过限幅的 63 MHz 中频信号。其中对数视频信号加到视频处理单元，同时通过直流放大器对前面两级中放进行自动增益控制。而 63 MHz 中频信号则经过中放内的第二混频器混频，得到 8.75 MHz 的第二中频信号，该信号再馈入由高 Q 值谐振器组成的信道滤波器，其输出信号经检波变成通道视频信号后也加入视频处理单元。

视频处理单元从中放单元接收检波后的视频信号，完成三个基本功能：一是产生重复频率自动控制的一部分控制电压，这一部分控制电压使得发射机的最低发射重复频率不得低于 1 000 对/s；二是产生译码驱动脉冲并送至译码单元，由译码单元根据所要求的脉冲间隔对进行译码；三是产生回波抑制脉冲，在一个特定的时间内封闭接收机，以防止可能对多路径的反射回波进行译码。

译码单元的作用有：对视频处理单元输出的具有一定间隔的询问脉冲对和噪声脉冲对进行译码，将产生编码器的触发信号送到编码单元；将产生的另一部分重复频率控制电压施加到中放（即中频放大单元），控制发射机发射的最大重复频率不超过 2 700 对/s；产生几个封闭信号，控制译码门，禁止某些虽已译码但不应答的信号（如反射回波脉冲对）到达编码单元。

编码单元为调制单元产生调制脉冲对，以便对射频放大器进行振幅调制，最后由天线辐射出去。编码单元的输出可以是应答脉冲、台识别脉冲或随机脉冲。

调制单元对编码单元产生的脉冲进行整形组合，形成具有适当形状和间隔的转发脉冲对，加到调制器上去，以便对信号进行振幅调制，同时产生封闭译码器的负脉冲，以保证应答器的发射脉冲不被译码。

射频产生单元的功能是为射频放大单元提供载频信号，并为接收机第一混频器提供本振信号。射频放大单元用于产生不小于 1 000 W 的输出功率(一般为 1 250 W)。

2.4.3.2 机载询问器

DME 机载设备由询问器、距离指示器、天线和控制盒组成。其中，机载询问器由发射机、接收机和距离测量电路等组成，如图 2-19 所示，它负责完成信号的发射、接收和距离的计算。由于 DME 机载询问器在测距时不仅会收到本机询问的应答信号，而且还会收到其他飞机的应答信号，为了从这些信号中确认自己的应答信号，测距电路需要具有对自身应答信号的搜索、捕获和跟踪能力，并且在实现跟踪后，当应答信号暂时丢失时还要具有一定的记忆能力，这就是脉冲测距原理中所谓的四大环节——搜索→捕获→跟踪→记忆。

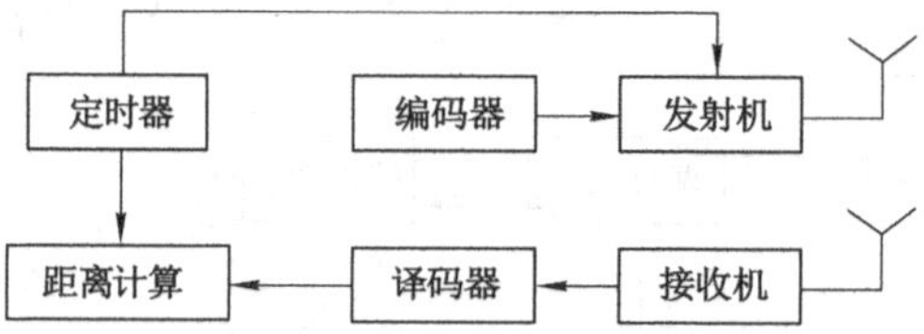

图 2-19 机载询问器组成

飞机在飞行过程中，机载询问器将频率调到所需的信标台工作频率后，开始接收来自信标台的辐射信号，此时询问器为自动等待状态。当询问器每秒收到的脉冲对超过 450 对时，询问器进入搜索状态。然后，询问器开始不断发射询问信号用以搜索地面应答器对自己询问信号的应答信号，搜索时间一般小于 1 s，询问脉冲重复频率为 90 对/s。当搜索到地面信标台后，询问器便转入跟踪状态，开始测距。为充分利用地面信标台的工作容量，跟踪状态询问脉冲重复频率为 22.5 对/s，以便允许更多的飞机进行询问。当自己的应答脉冲丢失时，询问器进入记忆状态，距离计算电路根据信号丢失前已知的距离变化率连续更新数据，一旦信号重新获得，询问器便由记忆状态转为跟踪状态，如果记忆状态持续 4～12 s 仍不能重新获得有效的对自己的应答信号，询问器将转为搜索状态，重新开始测距过程。

2.5 塔康系统

塔康是战术空中导航(Tactical Air Navigation，TACAN)英文缩写的汉语音译名称，是 1955 年美国研制成功并投入使用的近程无线电导航系统。其特点是只需要一个导航台，除了可以安置在地面固定位置(机场、航路点)外，还可以安置在运动着的运载体(如舰船、飞机)上，有很大的机动灵活性，特别符合军事方面的要求。

2.5.1 系统组成

塔康系统一般包括两个基本设备，即塔康信标和机载设备。完善的塔康系统除配置信标和机载设备外，还配有信标监测器、信标模拟器和塔康指示控制设备等。塔康系统组成示意图如图 2-20 所示。

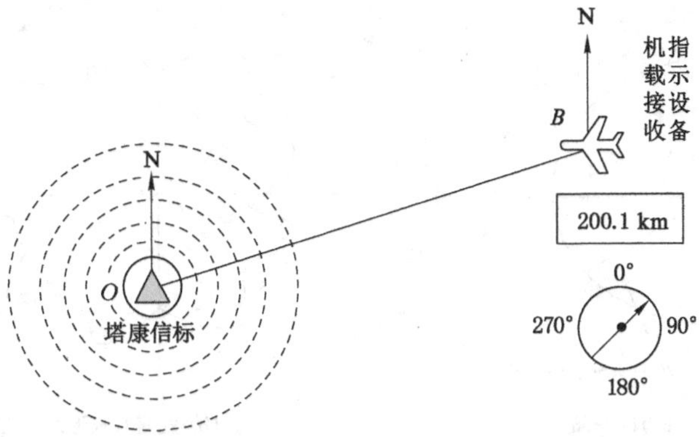

图 2-20　塔康系统组成示意图

塔康信标以旋转天线方向性图的形式向作用空域发射无线电信号，为安装有塔康机载设备的飞机提供方位测量信息，同时作为测距应答机，接收并应答机载设备发来的测距询问信号。塔康机载设备接收塔康信标发射的方位信号，实现飞机方位角或电台方位角的测量，同时作为测距询问机发射和接收测距信号，实现距离数据测量。所测得的方位和距离数据既可以通过机载设备指示器直观显示，也可以通过导航计算机解算获得位置坐标数据以供显示或助航。

塔康系统的功能是为飞机提供方位角和距离导航信息，实现为飞机指向和极坐标定位，可用于建立航线、归航、空中战术机动，可作为位置坐标传感器。

塔康信标通常架设在机场或航路点的已知地理位置，为塔康机载设备提供方位信号及测距应答信号，所以常称为塔康地面信标。为了某些特殊用途，塔康信标还可装在大型军舰（如航空母舰、大型驱逐舰等）、大型飞机（如空中加油机）上，分别称为舰载塔康信标、机载塔康信标。

2.5.2　系统工作原理

塔康系统从导航参量看属于测角-测距系统，它是采用极坐标方式来定位的。在图 2-20 中，O 点为塔康信标，B 点为装载了机载设备的飞机。在 B 点，以磁北 N 为参考方向沿顺时针方向测量出飞机方位角，再测量出 O、B 两点之间的距离，即可获得以信标为参考点的圆位置线和直线位置线从而确定飞机的位置。其中方位角测量采用的是相位式旋转天线方向性图法测角原理，距离测量采用的是询问/应答式脉冲测距原理。

2.5.2.1　测角原理

塔康系统测角采用的是相位式旋转天线方向性图法测角原理，这与普通伏尔系统非常类似，即采用将方向性图加以旋转的方法实现角度的测量。

在本章第 3 节伏尔系统介绍中我们已经知道，当向具有如图 2-21(a)所示水平心脏形方向性图的天线馈送一等幅波信号，且使得该心脏形方向性图以角速度 Ω 顺时针旋转时，该天线在 θ 方向的辐射信号随时间变化的表达式为：

$$e(t,\theta) = E_{\mathrm{T}}[1 - m\sin(\Omega t - \theta)]\sin \omega t$$

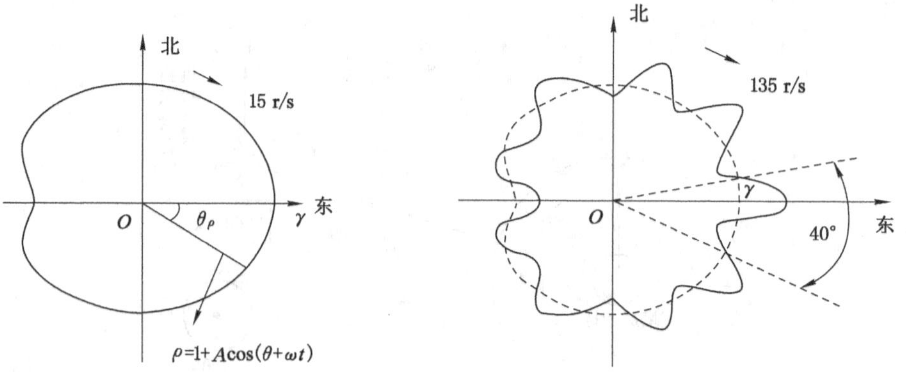

(a) 心脏形方向性图　　(b) 九瓣心脏形方向性图

图 2-21　塔康测角原理

即天线向空中辐射的信号转变为调幅波信号，包络形状由方向性图形状与天线旋转的角速度 Ω 共同决定，不同方向辐射信号的差别主要表现为包络信号的初始相位不同，且初始相位与角度 θ 具有一一对应的关系，通过对包络信号的初始相位的测量即可实现角度 θ 的测量。

为了实现可变相位信号初始相位的测量，信标台还需发射一个相位与方位无关(所有方向上的相位均相同)的基准相位信号。基准相位信号与正北方向的可变相位信号同相，机载设备通过比较基准相位信号与可变相位信号的相位，可直接实现飞机相对于地面伏尔信标磁方位的测量。

塔康系统为了提高测角精度，实际工作中采用了粗测和精测两种环路。

(1) 粗测

粗测是使正弦包络调制信号一个周期(360°电相位)与地理方向(360°)建立 1∶1 的比例对应关系，并用测量的电相位表示地理方位的一种方法。具体实现方法是，塔康信标天线通过在水平面内以每秒 15 周(f=15 Hz)顺时针旋转的心脏形方向性图[图 2-21(a)]向周围空间发射信号，此时接收端形成的正弦方位包络信号一个周期的电相位(360°)和地理方位(360°)是以 1∶1 的比例对应的，即如果对电相位的测量误差为 1°，那么所带来的地理方位误差也是 1°。显然，这样的测量精度不高，因此叫作粗测。

(2) 精测

精测与粗测原理相似，都是采用相位式测角原理，区别在于它们在用电相位表示地理方位时采用的比例关系不同。粗测的电相位测量误差按 1∶1 的比例关系转变为方位误差，而精测法采用的比例关系为 9∶1，即用 9°电相位表示 1°地理方位。从而，精测法将精度提高到了粗测法的 9 倍。具体实现方法是，在信标天线方向性图粗测单一心脏形的基础上又附加一个九瓣调制，构成了九瓣心脏形方向性图，如图 2-21(b)所示。当心脏形方向性图旋转一周扫掠某架飞机时，九个小瓣也逐次地扫掠飞机(相当于一个小的心脏形方向性图转了 9 圈)。此时，机载设备接收的方位包络信号中不仅包含一个 15 Hz 的正弦信号，还包括一个频率为 15×9＝135 Hz 的正弦信号，精测就是测量此 135 Hz 正弦信号的相位。由于 135 Hz 正弦信号一个周期(360°)对应 40°的地理方位，即 9°电相位表示 1°地理方位，所以在相同的电相位测量误差条件下能提高地理方位测量的精度。

测量15 Hz和135 Hz包络信号的初始相位都需要基准相位信号，为了便于区分，将粗测基准称为主基准，将精测基准称为辅基准。规定当粗测环路（心脏形方向性图）的最大值处于正东方向时地面信标发射主基准信号，当精测环路（九瓣心脏形方向性图）的每瓣最大值处于正东方向时地面信标发射辅基准信号。图2-22给出了飞机位于塔康信标正北方向时主、辅基准的关系。

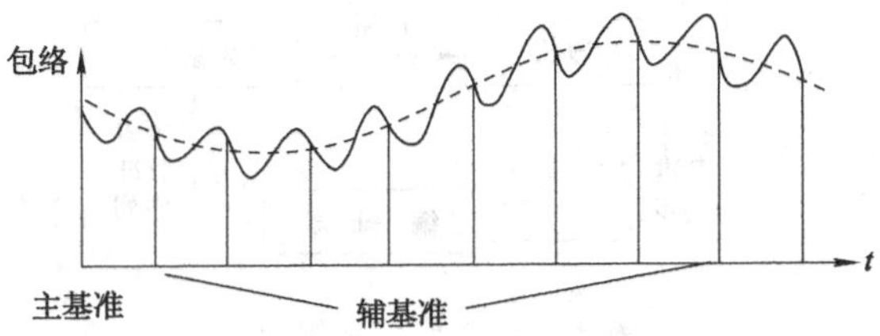

图2-22 飞机位于塔康信标正北方向时主、辅基准的关系

分析粗测和精测的原理我们可以发现，精测的突出优点是精度高，但也有缺点，就是存在多值性，由于135 Hz包络信号的一个周期（360°电相位）对应一个40°的地理方位区，而哪一个周期对应哪一个40°地理方位区并没有区别标记。因此，精测虽然精度高，但存在多值性，难以独立完成测向。粗测虽然精度低，但它一个确定的电相位数值只对应一个确定的地理方位数值，不会产生多值性。因此，塔康系统的粗测与精测优势互补、相辅相成，既提高了测角的精度又保证了结果的单值性。

2.5.2.2 测距原理

塔康系统距离测量采用的是询问/应答式脉冲测距技术，这与上一节所阐述的DME测距原理完全相同。机载设备以80～120 Hz（搜索状态）或20～30 Hz（跟踪状态）的频率发射询问脉冲对信号，地面信标接收到询问脉冲信号后，经过一个固定延时，向机载设备发射应答脉冲对信号。机载设备接收到地面信标发射的信号后，经过识别，选择出自己的测距应答脉冲对，并测量出询问脉冲与应答脉冲之间的时间间隔，利用这个时间间隔换算出机载设备与地面信标之间的距离。

2.5.3 塔康信标与机载设备

2.5.3.1 塔康信标

塔康信标一般由天线系统、发射机、接收机、编/译码器等组成，其组成如图2-23所示。

天线系统由天线阵和形成天线方向性图及旋转扫描所需的控制驱动电路（即天线低频调制器）、环形器等组成。天线阵形成九瓣心脏形方向性图，并以恒定15 Hz的频率顺时针旋转，天线方向性图形成及其旋转的方式可以是传统的机械扫描，也可以是相位控制的电子扫描。

塔康信标发射机可保证大功率发射和有较好的频谱特性；接收机有较高的灵敏度及具有对数控制特性的自动增益控制（Automatic Gain Control，AGC）电路，能保证为远、近距离塔康机载设备的测距询问信号提供可靠的延迟应答。发射和接收使用同一副天线，由环形器负责收发信号隔离和收发信号控制，保证发射信号安全地馈送给天线，并将接收信号单向

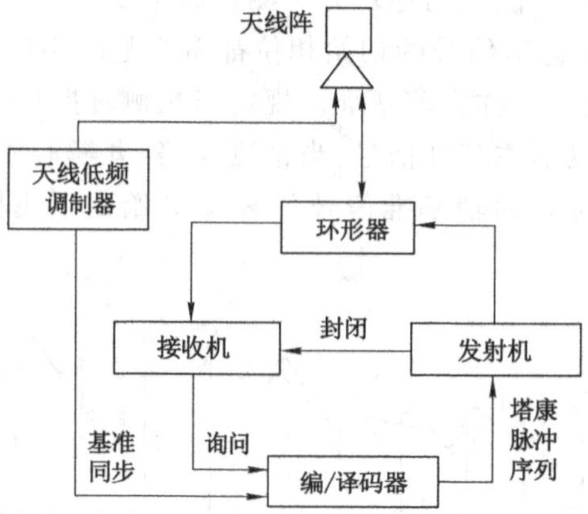

图 2-23　塔康信标组成

馈送给接收机。

编/译码器的作用是完成对塔康信标接收机输送来的测距询问脉冲进行译码，并对各种输出信号进行脉冲编码，经过固定延时形成应答脉冲及其序列。编/译码器的输入信号包括基准同步脉冲、接收输送来的询问脉冲以及随机噪声信号产生器输送来的随机填充触发脉冲，另外还有识别信号触发脉冲。编/译码器的输出信号是脉冲序列，包括基准编码脉冲群、测距应答编码脉冲、随机填充编码脉冲、台识别编码脉冲(含平衡脉冲)。编/译码器按优先权等级输出、封闭各类脉冲。

2.5.3.2　机载设备

塔康系统的机载设备与塔康信标结合，构成基本的塔康系统。机载设备利用塔康信标的信号可测出塔康信标方位角或飞机方位角以及飞机到信标台的距离，并予以显示。

塔康系统的机载设备由天线系统、发射机、接收机、方位测量电路、距离测量电路及控制盒等组成，如图 2-24 所示。

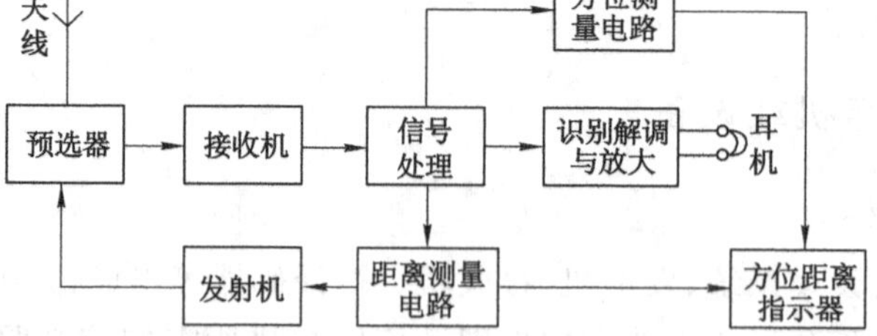

图 2-24　塔康系统的机载设备组成

塔康系统的机载设备使用的是“刀”字形天线，它实际上是一个半波振子天线，其水平方向性图为圆，全向不均匀度小于 3.5 dB，垂直方向性图扇区为 50°～60°，最大值方向为 30°左右，轴向盲区约为 30°。通常飞机上安装两副天线，机头蒙皮上一副，机腹部一副。机载设备工作时，只与一副天线接通，当工作中的天线上接收的信号弱或没有信号时，通过双天线转换开关，机载设备自动搜寻信号足够强的那副天线继续工作。设备的发射和接收用同一副天线。为了使发射信号和接收信号互相隔离，利用环形器使发射信号和接收信号各行其道，隔离度达 20 dB。

接收机按外差方式工作，中频频率为 63 MHz，接收前端有波道预选电路，带宽为 6～8 MHz。为了保证接收机输出的视频信号调制包络不失真，即 15 Hz 和 135 Hz 正弦调制分量为线性，从接收的最弱信号 AGC 到最强信号 AGC 的线性控制范围不应低于 50 dB。

方位测量电路包括粗测通道、精测通道、判别/控制/转换电路三个部分。首先将主基准脉冲从接收的视频信号中识别出来，并与 15 Hz 正弦信号的正负斜率拐点进行相位比较，解算出精方位，经过平滑处理后送显示器显示。

距离测量电路包括询问脉冲产生、应答信号提取、距离数据运算以及测距器工作控制与转换等部分。电路中的多谐振荡器产生的 80～120 Hz 脉冲，首先被晶体振荡器产生的某个时钟脉冲同步，然后根据测距器当时所处搜索或跟踪状态产生询问脉冲对（搜索状态是 80～120 Hz，跟踪状态是 20～30 Hz），送发射机调制和功率放大，经天线发射给塔康信标。正确提取应答脉冲信号是测距器正常工作的基础，其工作原理是：由于某架飞机到信标的距离是确定的，即使飞机高速飞行，在连续询问的几个周期内，距离变化也不大，这就是说，飞机发出测距询问脉冲之后到接收到应答脉冲的时间是确定的，其他填充脉冲就不存在这种规律。因此，测距器可设计一个具有 4～5 μs 宽度的应答脉冲提取闸门，使每次询问后的地面应答脉冲都可靠地落在该闸门之内。其他填充脉冲只偶尔落在闸门之内，再根据多数判决原则，就可准确提取出应答脉冲信号。

2.6　罗兰 C 系统

“罗兰”一词是远程导航（Long Rang Navigation，LORAN）英文缩写的汉语音译名称。罗兰 C 系统是美国在 20 世纪 50 年代研发的远程陆基无线电导航定位系统，采用脉冲-相位式测距差原理进行定位，兼顾了脉冲和相位两种体制的优点，属于低频、脉冲-相位式、双曲线型精密远程无线电导航定位系统。

2.6.1　系统组成

罗兰 C 系统主要由地面设备和用户设备两部分组成。地面设备的核心是发射台链，发射台链是由一组发射台形成的网络，用于向用户提供无线电导航信号。用户设备包括各种类型的接收机，接收来自发射台的导航信号，进而获取位置信息和其他导航信息。

罗兰 C 系统利用沿地表传播的电波信号（地波），通过测量两个基台之间的距离差来确定以两个基台为焦点的双曲线，得到两条这样的双曲线就实现了双曲线相交定位。罗兰 C 系统具有作用距离远、导航定位精度高、无多值性、抗干扰强、成本低等显著优点，可作军用，也可作民用，适用于航海、航空、陆上、水下等多种环境的导航定位，还具备高精度授时能力，且不受时间限制，隐蔽性好，操作简便。

罗兰 C 系统的发射台链中的发射台具有共同的时间基准并位于同一地理区域。至少要有 3 个发射台才能组成 1 个双曲线台链。台链中的 1 个发射台为主台，其余各台为副台。主台和每个副台都组成 1 个台对，台链中副台的数量一般不超过 5 个。台链中各发射台之间的位置关系，包括发射台间的距离和方位，称作台链的配置。台链的配置根据实际应用时的服务范围、精度等具体要求确定，常见的台链配置有三角形、Y形和星形三种，如图2-25所示。三角形的台链配置是最简单的一种，也叫作一个台组，在Y形和星形配置中，一个台链包含了若干个台组。

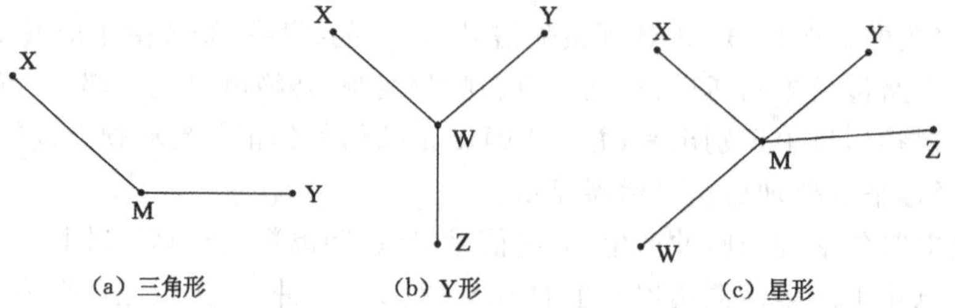

图 2-25　台链配置示意图

目前，拥有罗兰C系统的国家有美国、俄罗斯、中国、加拿大、沙特阿拉伯、日本、韩国和法国等。截至2009年，全球共有26个罗兰台链在工作。我国对罗兰C系统的研究工作早在20世纪60年代初就已开始。1979年，我国正式批准建立罗兰C系统，即“长河二号”工程，该工程的目的是在我国沿海建立一种能被我国独立控制的远程无线电导航系统，以满足各类海上用户的导航定位需求。它设计有6个地面发射台、3个系统工作区监测站和3个台链控制中心，分布在吉林、山东、上海、安徽、广东、广西6个省份。6个地面发射台相互链接，构成3个台链，其覆盖范围北起日本海，东至太平洋，南达南沙群岛，在我国沿海形成了较为完整的罗兰C系统覆盖网。

2.6.2　系统工作原理

罗兰C系统是一种双曲线无线电导航系统。它的基本工作原理是：工作区内某点接收同一罗兰C台链两个发射台（一个主台、一个副台）的信号，计算两个信号到达的距离差，具有相同距离差的点的轨迹是以发射台为焦点的一条双曲线[见图2-26(a)]。该点接收主台与另一个副台的信号就可以得到另一条双曲线，两条双曲线的交点就是要确定的目标点的位置[见图2-26(b)]。

显然，对于图2-26(b)中的这两条双曲线的曲线方程式，目标点$P(x,y)$都满足，于是联立以下方程组，即可解算出P点坐标。

$$\begin{cases}\left[\sqrt{(x_1-x)^2+(y_1-y)^2}-\sqrt{(x_2-x)^2+(y_2-y)^2}\right]^2=d_{21}^2\\\left[\sqrt{(x_1-x)^2+(y_1-y)^2}-\sqrt{(x_3-x)^2+(y_3-y)^2}\right]^2=d_{31}^2\end{cases}\tag{2-28}$$

由罗兰C系统测距差（双曲线）定位原理可以看出，关键技术要点就是要测出目标点到主、副台两个发射台的距离差。目前测量距离差的方法主要有脉冲式、相位式和脉冲-相位式。

(1) 脉冲式测距差

脉冲式测距差指测定两个发射台发送的脉冲信号到达用户接收机的时间间隔，以此算出相应的距离差值。

现有一主台M，一副台X，用户接收机P到两个发射台的距离分别为R_m、R_x，如图2-27所示。

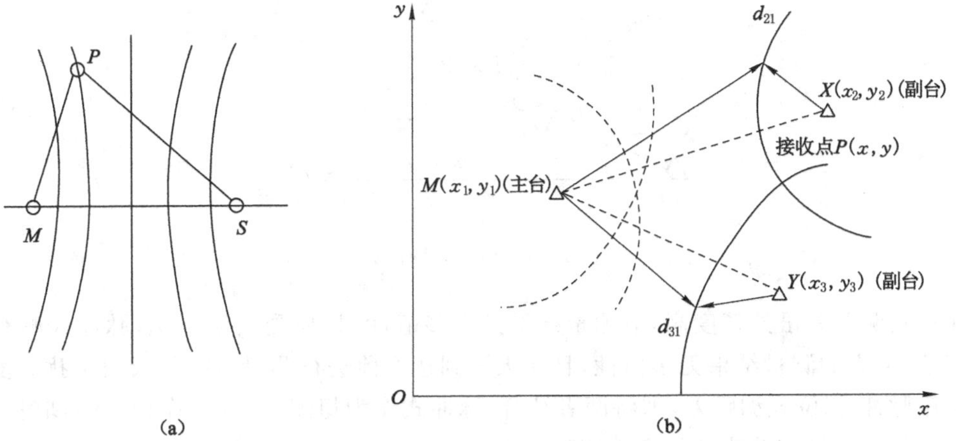

图 2-26　罗兰 C 系统双曲线定位原理

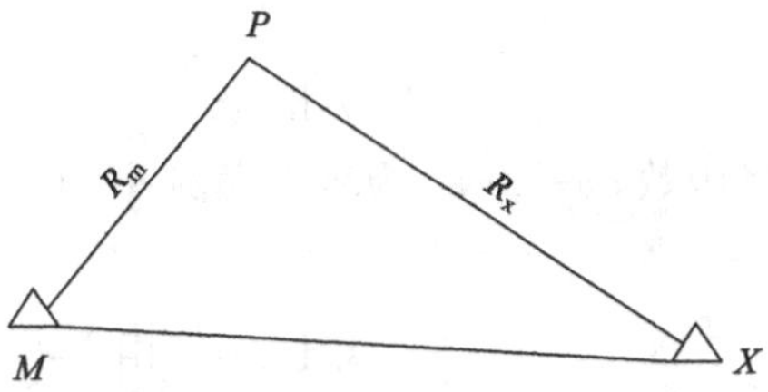

图 2-27　脉冲式测距差

若主、副两个发射机在 t_0 时刻同时发射脉冲信号，由于距离差 $\Delta R=R_x-R_m$ 的存在，在 t_m 时刻和 t_x 时刻，两脉冲先后到达接收机 P 处。已知电波传播速度 $c=3\times10^8$ m/s，根据电波在均匀介质中可匀速直线传播的特性，距离差 ΔR 可用脉冲到达时间差 Δt 来表示，换算关系式为：

$$\Delta R = R_x - R_m = c(t_x - t_0) - c(t_m - t_0) = c(t_x - t_m) = c\Delta t \tag{2-29}$$

由于双曲线的对称性，时间差是有正、负值的(即 P 点可能靠近 M，也可能靠近 X)，而接收机实测时只能测出绝对值，造成定位结果存在双值性。为避免这种情况，实际工作时引入一个发射延迟 e，保证在工作区内任一点上主台信号总是先于副台信号到达。

(2) 相位式测距差

相位式测距差是测量两个发射台发射的信号到达用户接收机的相位差，以此算出相应的距离差值。

如图 2-28 所示，两个发射台为 A 和 B，它们以相同的频率发射等幅正弦波信号。假设发射的信号在起始时刻的相位是相同的，分别经过距离 R_a 和 R_b 而到达 P 点时，由于距离差 $\Delta R=R_a-R_b$ 的存在，它们的相位不再相同，即产生相位差：

$$\Delta\varphi = \varphi_a - \varphi_b = 2\pi\frac{R_a}{\lambda} - 2\pi\frac{R_b}{\lambda} = 2\pi\frac{R_a - R_b}{\lambda} = 2\pi\frac{\Delta R}{\lambda} \tag{2-30}$$

式(2-30)显示了相位差 $\Delta\varphi$ 与距离差 ΔR 的关系。

(3) 脉冲-相位式测距差

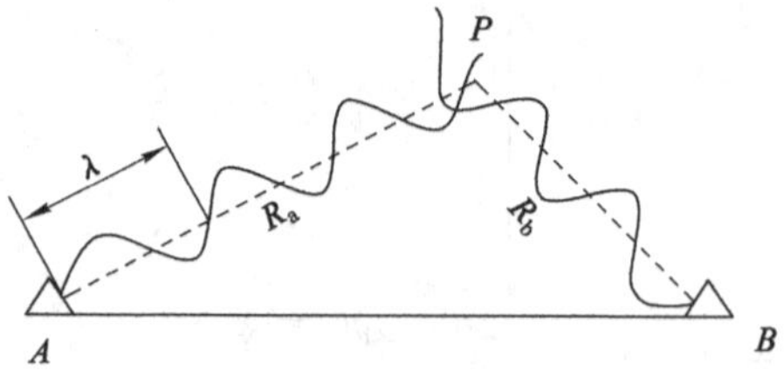

图 2-28　相位式测距差

相位式测距差虽然精度高，但测量结果具有多值性，且易受天波干扰；脉冲式测距差虽然精度低，但它的测量结果无多值性，且在天波到达之前进行测量可排除天波干扰。罗兰C系统采用脉冲-相位式测距差，即将两者结合，脉冲式作为粗测，相位式作为精测，取长补短，可达到测量结果具有单值性和高精度的效果。

与脉冲式、相位式一样，脉冲-相位式也需要通过两个发射台建立一簇双曲线，如图2-29所示，M 为主台，S 为副台，基线长度为 d，接受点 P 到两台距离为 R_m 和 R_s。则主台辐射脉冲信号为：

$$e_m = U(t)\sin \omega t \tag{2-31}$$

式中，$U(t)$ 为脉冲信号的包络函数；$\omega=2\pi F$，为载波角频率，其中 F 为脉冲信号的频率。

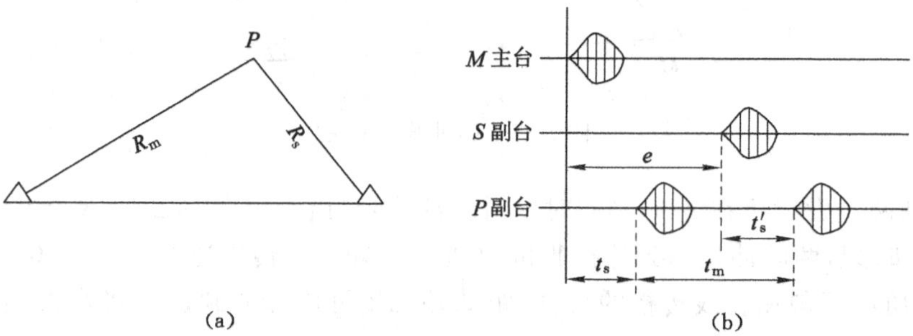

图 2-29　脉冲-相位式测距差

副台 S 在收到主台信号后，经过一个编码延迟 Δ 后再发射形状与主台相同的脉冲信号，即

$$e_s = U(t-e)\sin(t-e) \tag{2-32}$$

式中，$e=\beta+\Delta$，为发射延迟，这里 $\beta=d/c$，为主台发出的信号在基线上的传播时间。

为了保证测距差的精度，主、副台信号发射必须在时间上或相位上保持某种严格的特定关系，称为同步。

不考虑信号传播过程中的衰减，接收点 P 收到的主、副台信号分别为：

$$e'_m = U(t-t_m)\sin \omega(t-t_m) = U(t-t_m)\sin \varphi_m \tag{2-33}$$

$$e'_s = U(t-e-t_s)\sin \omega(t-e-t_s) = U(t-e-t_s)\sin \varphi_s \tag{2-34}$$

式中，$t_m=R_m/c$、$t_s=R_s/c$，为主、副台信号传播到点 P 的时间；$\varphi_m=\omega(t-t_m)$、$\varphi_s=\omega(t-e-t_s)$，为 P 点收到主、副台信号的载频全相位。

接收点 P 测量到的主、副台信号包络前沿的时间差为：

$$\Delta t = t_s - t_m + e = \frac{R_s - R_m}{c} + e \tag{2-35}$$

接收点 P 测量到的主、副台信号载频的相位差为：

$$\Delta\varphi = \varphi_m - \varphi_s = \omega(t_s - t_m + e) \tag{2-36}$$

显然，$\Delta\varphi = \omega\Delta t$，可见测量包络前沿所得到的时差与测量载波相位所得到的时差是一致的，都表示了接收点 P 测量到的主、副台的距离差。

但是相位是周期性函数，故相位差可写为：

$$\Delta\varphi = 2N\pi + \varphi, N = 1,2,3,\cdots \tag{2-37}$$

φ 是 $\Delta\varphi$ 中不足 2π 的余数部分，于是有：

$$\Delta t = \frac{2N\pi}{\omega} + \frac{\varphi}{\omega} = NT + t_\varphi \tag{2-38}$$

式中，$T=2\pi/\omega$，为载波周期；$t_\varphi=\varphi/\omega$，为 Δt 中不足一个载波周期的余数部分。

在测量相位差时，只能精确测出不足一周的余数部分 t_φ，整周期部分 NT 无法测出，这就造成了多值性。若测量包络前沿的时差 Δt，则可以确定整数部分 $N=(\Delta t-t_\varphi)/T$（可按四舍五入法取整），这就消除了多值性。测量结果以 $\Delta t=NT+t_\varphi$ 表示，由 t_φ 的测量精度决定时差的测量精度。由此，再根据电波在均匀介质中可匀速直线传播的特性将时间差转换为距离差。这就是脉冲-相位式测距差系统工作的基本原理。

2.6.3　地面设备与用户设备

2.6.3.1　地面设备

罗兰C系统的地面设备包括发射台链、工作区监测站和台链控制中心。

(1) 发射台链

发射台链由若干地面发射台组成。地面发射台由时频分系统、发射机分系统、发射天线和同步监测系统组成，其主要功能是定时发射特定信号格式的大功率低频导航信号，通过同步监测系统实时监测系统发射信号的质量，并根据监测结果对发射信号进行控制调整，以满足定位性能的需要。地面发射台组成如图2-30所示。

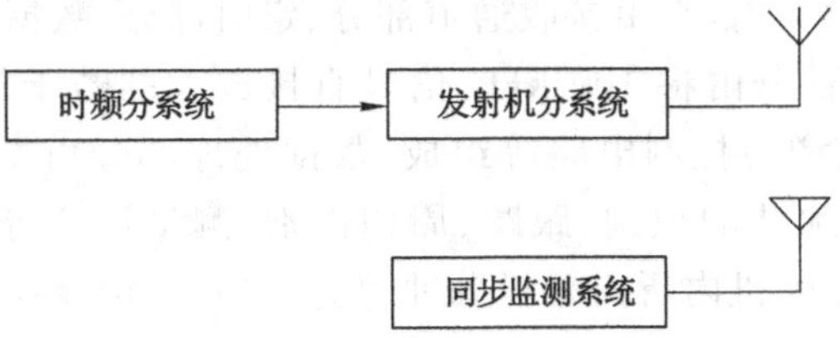

图2-30　地面发射台组成

根据系统工作原理，为了精确测出时间差，系统主、副台之间的信号必须保持一定的同步关系。罗兰C系统采用自由同步方式工作，各地面发射台均有自己独立的时频分系统，各时频分系统利用铯原子钟为发射系统提供高稳定性的时间频率基准，以保持发射台链中各发射台的发射信号准确同步。

罗兰C信号的形成和功率合成均在发射机分系统中完成。发射机分系统的功能包括接收时频分系统输出的 5 MHz 的信号，形成发射台本地的时间基准；产生规定格式的大功率标准罗兰 C 信号；具有自动控制环路，以确保信号稳定、精确和严格同步，天线可以自动调谐；具有遥控功能，以接受远方状态查询、在线转换和本地相位调整等指令。

发射系统通过发射天线将发射机输出的大功率脉冲信号转化为电磁场，并以相应形式的电磁波辐射到空间。罗兰 C 系统天线辐射体可采用单塔天线或者辐射功率更大的四塔天线。此外，罗兰 C 系统的发射天线还搭载了天线绝缘子、地网、避雷装置等。

同步监测分系统包括主台同步监测分系统和副台同步监测分系统，分别设在主台和副台。其主要任务一是监测远方发射台与本地发射台基准间的时间差，二是监测主、副台工作频标之间的频率差。这种监测对于保持台链内部各台站的时频同步、实现高精度的时间测量非常重要。

(2) 工作区监测站

每个罗兰 C 台链需要配置一个或几个工作区监测站，其任务是监测台链的同步状况和发射台的信号质量，包括连续监测各基线的时差、各发射台信号的振幅和各发射台信号的包周差等，并将测得的信息由通信线路送至台链控制中心。监测站的配置主要取决于台链发射台的配置和工作区的自然地理环境。

(3) 台链控制中心

台链控制中心可以单独选地设置，也可以设置在某个发射台或监测站，其主要任务是负责收集并处理整个台链的工作数据，向各发射台发布状态查询或控制调整指令。台链控制中心可以通过遥控方式来控制及调整主、副台发射机和工作区监测站监测接收机的工作状态，并且可以复制其实时的面板显示数据。

2.6.3.2 用户设备

罗兰 C 系统用户设备包括各种类型的接收机，用户利用它们可以接收来自发射台的导航信号，进而获取位置信息与其他导航信息。

接收机由天线、天线耦合器和接收指示器三大部分组成。天线和天线耦合器连在一起安装在舱外较高的部位，接收指示器与天线耦合器之间由专用馈线电缆连接，天线收到的信号经天线耦合器滤波、放大、阻抗变换送至接收指示器。

接收指示器安装在舱室内，它由接收通道部分、定时部分、数据处理部分、键盘和显示面板组成。其中，接收通道部分由将 100 kHz 信号直接放大的若干放大器及若干滤波、限波和限幅、检波、导出包络、增益控制电路等组成；数据处理部分由微处理器及其外围电路组成，负责信号搜索以及天地波的识别、跟踪、周期识别、测量计算等；定时部分由晶振、分频器、编码器等组成，产生接收机内所需采样脉冲等有关信号；键盘供操作使用；显示面板可显示各种导航定位数据。

思 考 题

1. 无线电导航的基本任务是什么？无线电导航系统有哪些组成部分？
2. 无线电导航系统的性能有哪些？请简要叙述。
3. 导航中为什么要建立坐标系？建立坐标系的原则有哪些？
4. 简述距离测量的方法，并说出它们各自的优缺点。

5. 说明位置线与位置面的定义及它们与定位的关系。

6. CVOR 系统和 DVOR 系统的测角原理分别是什么？指出两者有何异同。

7. 试分析 DVOR 系统较之 CVOR 系统能够提高测角精度的原因。

8. 画出 DME 系统的组成图，简述其工作过程。

9. 在 DME 系统地面应答器产生应答脉冲过程中为什么设置一个固定延时？

10. 塔康系统测向、测距的基本原理与伏尔和地美仪系统有何异同？

11. 罗兰 C 系统从位置线的角度看属于什么导航系统？从测量电参量的角度看又属于什么导航系统？为什么这种系统至少要有三个地面发射台才能定位？

12. 罗兰 C 系统发射台链如何实现同步？怎样区分不同发射台链以及同一发射台链内主、副台信号？

13. 请简述罗兰 C 系统作为 GNSS 备份系统的可行性。

第3章 卫星导航定位系统

全球导航卫星系统(GNSS,又称全球卫星导航系统)在经济建设、国防建设和日常生活中得到了越来越广泛的应用。本章主要对卫星导航定位的基本原理进行介绍。首先概述GNSS的发展、系统组成及其应用,其次介绍GNSS的坐标系统和时间系统;最后介绍利用GNSS进行定位和导航的基本原理。

3.1 绪论

3.1.1 卫星导航定位技术简介

3.1.1.1 空间定位技术的发展

20世纪上半叶,大地测量处于低潮,它的复苏始于20世纪50年代。使大地测量走出低谷的动力是第二次世界大战期间及之后电子学的发展。1957年10月4日,苏联在拜科努尔发射场用P-7洲际导弹改装的“卫星”号运载火箭把世界上第一颗人造地球卫星“斯普特尼克1号”送入轨道,揭开了人类向太空进军的序幕,激发了世界各国研制和发射卫星的热情。我国于1970年4月24日成功地发射了第一颗人造地球卫星“东方红一号”。

第一颗人造地球卫星的成功发射,开创了人类航天新纪元,为大地测量带来了崭新的面貌,各国开始利用人造地球卫星进行地面点定位以及测定地球形状、地球大小和地球重力场,即开展卫星大地测量工作。卫星大地测量方法刚一出现,就显示出了其非凡能力。首先由短期的观测数据求定了精确的地球扁率,接着推证了南北半球的不对称性。

20世纪70年代初,卫星多普勒技术(Satellite Doppler Technology,SDT)得到了广泛的应用,使得大地测量定位发生了巨大的变革;海洋卫星测高(Satellite Altimetry,SA)技术,为大地测量应用于海洋学研究开辟了道路;卫星激光测距(Satellite Laser Ranging,SLR)技术,不仅可用于高精度定位,还可以测定地球自转参数和板块运动,推动了地球动力学的发展;激光测月(Lunar Laser Ranging,LLR)技术可精确测定地球自转参数、月历表偏差、月球天平动参数、引力理论参数等。进入20世纪80年代,全球定位系统(Global Positioning System,GPS)得到了全面发展,具有用途广泛、定位精度高、观测简便及经济效益显著等特点,使得大地测量发生了一场深刻的技术革命。以上这些卫星测量技术,形成了大地测量学的一个新的分支学科——卫星大地测量学。

20世纪60年代出现了甚长基线干涉测量(Very Long Baseline Interferometry,VLBI)技术,同SLR技术一样,可以测定地球自转参数和板块运动,更重要的是,它能以高精度提供地球监测网同准惯性天球参考坐标系的联系。

卫星大地测量技术和VLBI技术均是应用于大地测量的空间定位技术,因此人们又提出了空间大地测量学(Space Geodesy)这一术语,其内容是卫星大地测量技术与VLBI技术的结合,其主体是卫星大地测量技术。

大地测量领域中出现的空间大地测量技术,使经典大地测量学进入空间大地测量学的新时代。空间大地测量技术,无论是测量精度还是作用范围,都大幅度超过了经典大地测量技术。空间大地测量学的兴起,丰富了大地测量学的内容,并展示了新的发展方向。它不仅为测量学科的理论、技术和方法注入了新的内容,而且拓宽了大地测量的用途。它增强了与地球物理学、地质学和天文学的联系,并相互渗透,形成了地球外部与深部、区域与全球、时间与空间相结合的新科学。

60多年来,人造地球卫星技术在军事、通信、气象、资源勘查、导航、遥感、大地测量、地球动力学、天文等众多领域得到了广泛的应用,推动了科学技术的迅猛发展,丰富了人类的科学文化生活。

3.1.1.2 GPS系统的发展

1973年12月,美国国防部批准海陆空三军联合研制新的卫星导航系统——授时与测距导航系统/全球定位系统(Navigation Satellite Timing and Ranging/Global Positioning System,NAVSTAR/GPS),简称GPS系统。该系统是以卫星为基础的无线电定位系统,具有全能性(陆地、海洋、航空和航天)、全球性、全天候、连续性和实时性的可导航、定位和定时的功能,可以向全球用户提供连续、实时、高精度的空间位置、三维速度和时间信息。

GPS发展计划分为三个阶段实施:方案论证阶段(1974—1978年)、系统论证阶段(1979—1987年)、生产实验阶段(1988—1993年)。该计划投资超过200亿美元,整个系统分为卫星星座、地面控制和监测站、用户接收设备三大部分。第一颗可运行的原型卫星于1978年发射,1993年7月进入轨道可正常工作的Block Ⅰ试验卫星和Block Ⅱ、Block ⅡA型工作卫星的数量已达24颗,系统已具备了初步运行能力,GPS系统在此基础上不断完善。1995年4月GPS系统宣布具备完全运行能力。1997年,美国开始发射GPS Block ⅡR卫星。2000年5月1日美国开通了GPS卫星民用信道,民用GPS的定位精度达到了平均6.2 m的实用化水平,从而掀起了GPS产业的应用热潮。自2005年开始,美国不断推进GPS现代化,扩展二代改进型GPS卫星的军事用途。美国于2018年推出第三代卫星导航定位系统,配备更高性能的GPS Ⅲ卫星,彻底实现军码和民码的分离,第三代GPS卫星可提供高达0.63 m的定位精度。截至2022年2月20日,在轨GPS卫星共有31颗,其中工作卫星30颗,1颗卫星不可用。31颗卫星中有ⅡR-M型卫星7颗、Ⅱ-F型卫星12颗、Ⅱ-R型卫星7颗,Ⅲ-A型卫星5颗。

3.1.1.3 GLONASS系统的发展

GLONASS系统是苏联开发的现由俄罗斯继承拥有的卫星导航系统,是继GPS系统后第二个具备完全运营服务能力的卫星导航定位系统,由俄罗斯联邦国防部科学信息中心操作运行,旨在为海上、陆地、空中的各种类型用户在全球或近地空间的任何地点提供全天候的三维定位、测速和授时服务。

GLONASS的起步晚于GPS,第一颗GLONASS卫星于1982年10月12日由苏联发射进入轨道,到1996年年初,13年多的时间内历经周折,虽然遭遇了苏联的解体,由俄罗斯接替部署,但始终没有终止或间断GLONASS卫星的发射。1995年年初只有16颗GLONASS

卫星在轨工作，1995年进行了3次成功发射，将9颗卫星送入轨道，完成了24颗工作卫星加1颗备用卫星的布局。经过数据加载、调整和检验，于1996年1月18日，整个系统正式运行。截至2022年2月20日，在轨的GLONASS卫星共有25颗，其中，22颗卫星处于工作状态、2颗卫星处于维护状态、1颗卫星处于测试状态。

3.1.1.4 BDS系统的发展

北斗卫星导航系统是我国正在实施的自主研发、独立运行的卫星导航系统，其目标是在全球范围内全天候、全天时为各类用户提供高精度、高可靠性的定位、导航、授时服务，与GPS系统不同的是，它还兼具短报文通信能力。

北斗卫星导航系统建设，在“质量、安全、应用、效益”的总要求和“自主、开放、兼容、渐进”的发展原则下，按照国家制定的“三步走”发展战略稳步推进，总体发展遵循“先区域、后全球”的思路：

第一步，推动北斗卫星导航试验系统建设。中国于1994年正式启动建设北斗卫星导航试验系统；2000年发射2颗北斗导航试验卫星，标志着试验系统初步建成；2003年发射第3颗北斗导航试验卫星，进一步增强北斗卫星导航试验系统性能。

第二步，提供北斗卫星导航系统区域服务。在北斗卫星导航试验系统的基础上，我国于2004年启动北斗卫星导航系统工程建设，并于2007年4月14日成功发射第一颗中地球轨道(Medium Earth Orbit，MEO)组网卫星，标志着我国自主研制的北斗卫星导航系统迎来新的发展阶段。至2012年年底已部署完成了由5颗GEO卫星、5颗倾斜地球同步轨道(Inclined Geosynchronous Satellite Orbit，IGSO)卫星(2颗在轨备份)和4颗中地球轨道卫星组成的区域星座，初步具备了区域服务能力。

第三步，2020年北斗卫星导航系统全面建成，并具备全球服务能力。北斗卫星导航系统除了保留试验系统的有源定位、双向授时和短报文通信等服务功能，在此基础上于2011年12月27日起又增加了可向我国及周边区域提供无源定位、导航和授时等服务功能，并从2012年12月27日开始正式提供区域服务。我国首颗用于全球组网的新一代北斗导航卫星于2015年3月30日正式发射升空，标志着北斗卫星导航系统由区域运行向全球拓展。

2020年6月23日9时43分，我国在西昌卫星发射中心用长征三号乙运载火箭成功发射北斗系统第五十五颗导航卫星，暨北斗三号最后一颗全球组网卫星，至此北斗三号全球导航卫星系统星座部署比原计划提前半年全面完成。其中，北斗三号成功发射了37颗卫星，包括27颗MEO卫星(中圆轨道卫星，因小巧灵活被亲切地称为“萌星”)、4颗GEO卫星(地球静止轨道卫星，被称为“吉星”)和6颗IGSO卫星(倾斜地球同步轨道卫星，被称为“爱星”)。2020年7月31日上午，北斗三号全球导航卫星系统建成暨开通仪式在北京举行。

北斗卫星导航系统采用CDMA扩频通信体制，其区域星座卫星在B1(1 561.098 MHz)、B2(1 207.14 MHz)和B3(1 268.52 MHz)三个频点上播发卫星导航信号。

3.1.1.5 Galileo系统的发展

伽利略卫星导航系统(Galileo Navigation Satellite System，Galileo)是欧洲正在实施的一项重大民用航天项目，于20世纪90年代由欧盟委员会和欧洲航天局共同发起，其目标是建成欧洲自主的民用全球导航卫星系统，并与美国GPS和俄罗斯GLONASS导航系统兼容。在使欧洲获得工业和商业效益的同时，它将为建立欧洲共同安全防务体系提供基础条件。

伽利略计划预计投资额为 36 亿欧元。整个卫星星座将由 30 颗卫星组成（包括 27 颗工作卫星和 3 颗在轨的备用卫星）。这些卫星将均匀地分布在三个倾角为 56°的轨道面上，每个轨道面上均分布 9 颗工作卫星和 1 颗备用卫星。卫星离地面的高度为 23 616 km，运行周期为 14 h 4 min，地面跟踪的重复时间为 10 d。卫星的设计寿命为 20 a，质量为 680 kg，功耗为 1.6 kW。每颗卫星上均配备 2 台氢原子钟和 2 台铷原子钟，1 台应用，其余备用。

伽利略卫星信号采用 4 种位于 L 波段的频率发射（E1：1 575.42 MHz，E5a：1 176.45 MHz，E5b：1 207.14 MHz，E6：1 278.75 MHz），该系统除了具有全球导航定位功能外，还具有全球搜索救援等功能，并可以向用户提供公开服务、安全服务、商业服务、政府服务等不同模式的服务。其中公开服务和安全服务是供全体用户自由使用的，而其他服务模式则需要经过特许，有控制地使用。2021 年 12 月 5 日，欧洲发射第 27 颗和第 28 颗伽利略卫星。伽利略系统的建立对 GNSS 的完善起到了积极的推动作用。

3.1.1.6　GNSS 系统简介

全球导航卫星系统 GNSS 泛指所有的卫星导航系统，包括全球的、区域的系统，如美国的 GPS 系统、俄罗斯的 GLONASS 系统、中国的 BDS 系统、欧洲的 Galileo 系统，以及相关的增强系统，如美国的广域增强系统（Wide Area Augmentation System，WAAS）、俄罗斯的差分校正和监测系统（System of Differential Correction and Monitoring，SDCM）、欧洲的地球静止导航重叠服务（European Geostationary Navigation Overlay Service，EGNOS）、日本的准天顶卫星系统（Quasi-Zenith Satellite System，QZSS）和多功能卫星星基增强系统（Multi-functional Satellite Augmentation System，MSAS）、印度的区域导航卫星系统（Indian Regional Navigation Satellite System，IRNSS）和 GPS 辅助静地轨道增强导航系统（GPS Aided Geo Augmented Navigation，GAGAN）、加拿大的广域增强系统（Canada Wide Area Augmentation System，CWAAS）、尼日利亚的 NIG-GOMSAT-1 等，还涵盖在建和以后要建设的其他卫星导航系统。国际 GNSS 系统是个多系统、多层面、多模式的复杂组合系统，未来全球导航卫星数量还会增多，定位精度、定位速度和可靠性都将大幅度提高。

3.1.2　卫星导航定位系统组成

卫星导航定位系统由卫星星座（空间部分）、地面监控系统（地面控制部分）和信号接收机（用户设备部分）三个部分组成。本节以 GPS 系统为例，介绍其构成。

3.1.2.1　卫星星座

GPS 系统的空间部分的标准配置由 21 颗工作卫星和 3 颗在轨备用卫星组成，记作（21＋3）GPS 星座。该 24 颗卫星均匀分布在 6 个轨道平面内，轨道倾角为 55°，各个轨道平面之间相距 60°，即轨道的升交点赤经各相差 60°。每个轨道平面内各颗卫星之间的升交角距相差 90°，任一轨道平面上的卫星比西边相邻轨道平面上的相应卫星超前 30°。卫星轨道近于圆形，长半径为 26 560 km，最大偏心率为 0.01。卫星轨道高度约为 20 200 km，运行周期约为 12 恒星时（11 h 58 min）。对于地面观测者来说，每天将提前 4 min 见到同一颗 GPS 卫星。

GPS 卫星这一分布方式，保证了地面上任何时间、任何地点至少可同时观测到 4 颗卫星；同一观测站上每天出现的卫星分布图形相同，只是每天提前约 4 min；每颗卫星每天约有 5 h 在地平线以上，同时位于地平线以上的卫星数目视时间和地点而定，最少为 4 颗，最多可达 12 颗。在利用 GPS 信号进行导航定位时，为了解算测站的三维坐标，至少需要观测 4 颗 GPS 卫星，称为定位星座。

GPS 卫星主要部件包括高精度的时钟、导航电文存储器、双频发射和接收机以及微处理机。每颗卫星装有 4 台高精度原子钟（2 台铷钟和 2 台铯钟），这是卫星的核心设备。它可以发射标准频率信号，为 GPS 测量提供高精度的时间标准。每颗卫星都以两个 L 波段频率发射载波无线电信号（L_1＝1 575.42 MHz，波长约为 19 cm；L_2＝1 227.60 MHz，波长约为 24 cm）。在载波上测距用 P 码（精码，码长约为 30 m）和 C/A 码（粗码，码长约为 300 m），P 码专供美国军方和特许用户使用，C/A 码提供民用的标准定位服务。此外，在载波上还调制了每秒 50 bit 的数据码和导航电文，内容包括卫星星历、电离层模型系数、状态信息、时间信息和卫星钟偏差以及漂移信息等。

在 GPS 系统中，GPS 卫星的作用如下：

① 向广大用户连续不断地发射卫星导航定位信号（简称 GPS 信号），并用导航电文报告自己的现势位置以及其他在轨卫星的概略位置。

② 当飞越注入站上空时，接收由地面注入站发送到卫星的导航电文和其他有关信息，并通过 GPS 信号形成电路，适时发送给广大用户。

③ 接收地面主控站通过注入站发送到卫星的调度命令，如适时地改正运行偏差，或者启用备用时钟等。

④ 星载高精度原子钟可提供精确的时间标准，使各 GPS 卫星处于同一时间标准——GPS 时。

3.1.2.2 地面监控系统

对于卫星导航定位系统来说，卫星是空中高速运动的动态已知点，其位置是根据卫星发射的星历——描述卫星运动及其轨道的参数计算得到的，而每颗卫星所播发的星历是由地面监控系统提供的。卫星上的各种设备是否正常工作，以及卫星是否一直沿着预定轨道运行，都要由地面设备监测和控制。地面监控系统的另一个重要作用是保持各颗卫星处于同一时间标准——GPS 时间系统。

GPS 系统的地面监控系统包括 1 个主控站、3 个注入站和 5 个监测站。主控站设在美国本土科罗拉多·斯平士（Colorado Springs）的联合空间执行中心，3 个注入站分别设在印度洋的狄哥·伽西亚（Diego Garcia）、南大西洋的阿松森岛（Ascension）和南太平洋的卡瓦加兰（Kwajalein）。五个监测站除布置在主控站和注入站外，还在夏威夷（Hawaii）设立了一个监测站。

主控站除协调和管理所有地面监控系统的工作外，其主要任务还包括：① 根据本站和其他监测站的所有观测资料推算编制各卫星的星历、卫星钟差和大气层的修正参数等，并把这些数据传送到注入站。② 提供全球定位系统的时间基准。各监测站和 GPS 卫星的原子钟均应与主控站的原子钟同步或测出钟差，并把这些同步或钟差信息编成导航电文送到注入站。③ 调整偏离轨道的卫星，使之沿预定的轨道运行。④ 启用备用卫星以代替失效的工作卫星。

注入站的主要设备包括一台直径为3.6 m的天线，一台C波段发射机和一台计算机。注入站的主要任务是在主控站的控制下，将主控站推算和编制的卫星星历、钟差、导航电文和其他控制指令等注入相应卫星的存储系统，并监测注入信息的正确性。注入站每天注入3次，每次注入14 d的星历。此外，注入站能自动向主控站发射信号，每分钟报告一次工作状态。

监测站是在主控站直接控制下的数据自动采集中心，站内设有双频GPS接收机、高精度原子钟、计算机各一台以及若干台环境数据传感器。接收机对GPS卫星进行连续观测，采集数据和监测卫星的工作状况，原子钟提供时间标准，环境传感器收集当地的气象数据。所有观测资料由计算机进行初步处理（如计算对流层、电离层、天线相位中心、相对论效应改正数等），每15 min平滑一次观测数据，以此推算出每2 min间隔的观测值，并存储和传送到主控站，用以确定卫星的轨道。

整个GPS系统的地面监控部分，除主控站外均无人值守。各站间用现代化的通信系统联系起来，在原子钟、计算机的驱动和精确控制下，各项工作实现了高度的自动化和标准化。

GPS系统现代化的计划之一是地面控制系统的升级改造。为了提高控制精度和适应GPS系统现代化的需要，GPS系统地面控制站已经增加到12个，并最终达到19个，分布在世界各地，以保证在全球范围内至少有两个站对每颗在轨卫星实施实时跟踪观测。

3.1.2.3　信号接收机

全球定位系统的空间部分和地面控制部分，是用户广泛利用该系统进行导航和定位的基础，而用户只有通过信号接收机（用户设备）才能实现利用GNSS系统进行导航和定位的目的。

(1) 信号接收机的作用

GPS信号接收机是一种能够接收、跟踪、变换和测量GPS卫星信号的接收设备，其作用包括以下2点：

① 当GPS卫星在用户视界升起时，信号接收机能够捕获到按一定卫星截止高度角所选择的待测卫星，并能够跟踪这些卫星的运动。

② 信号接收机对所接收到的GPS信号具有变换、放大和处理的功能，以便测量出GPS信号从卫星到接收机天线的传播时间，解译出GPS卫星所发射的导航电文，实时计算出测站的三维位置，甚至三维速度和时间，从而实现导航和定位。

能同时接收GPS、GLONASS、BDS、Galileo等卫星信号的接收机，简称GNSS接收机。GNSS接收机具有以下优点：

① 可增加接收卫星数。使用GPS接收机时，接收到的卫星数一般为5～11颗；而使用GNSS接收机时，目前一般可接收到的卫星数可达20～30颗，非常有利于在山区或城市等有障碍物的地区作业。

② 可提高效率。GNSS接收机可观测到的卫星数增加，所以求解整周模糊度的时间缩短，从而可减少野外观测时间，提高生产效率。

③ 可提高定位的可靠性和精度。观测到的卫星数增加，用于定位计算的卫星数增加，卫星几何分布（DOP值）更好，所以可提高定位的可靠性和精度。

(2) 信号接收机的分类

GNSS导航与定位技术的迅速发展和应用领域的不断开拓，使得世界各国对GNSS接收机的研制与生产都极为重视。目前世界上 GNSS 接收机的生产厂家有数十家,型号超过数百种。根据不同的观点,GNSS 接收机可以有多种不同的分类。

① 按接收机可接收到的载波频率,可分为单频接收机(Single Frequency Receiver)、双频接收机(Double Frequency Receiver)和多系统接收机。

② 按接收机的用途,可分为导航(Navigation)型接收机、测地(Survey)型接收机和授时(Time)型接收机。测地型接收机主要用于精密大地测量和精密工程测量,该类接收机主要采用载波相位观测值进行相对定位,定位精度高。

③ 按接收机的通道数,可分为多通道(Multi-Channel)接收机、序贯通道(Sequential-Channel)接收机和多路复用通道(Multiplex-Channel)接收机。

④ 按接收机的工作原理,可分为码相关型接收机(Code-Correlating Receiver)、平方型接收机(又称无码接收机,Codeless Receiver)和混合型接收机(Hybrid Receiver)。目前在测量工作中广泛使用的接收机多为混合型接收机。

3.1.3 GNSS 技术特点及其应用

3.1.3.1 GNSS 技术特点

与经典大地测量技术相比,GNSS 技术具有以下优点:

① 选点灵活,不需通视。GNSS 测量不要求观测站之间通视,因而不再需要建造觇标。该优点可减少测量工作的成本(通常减小 30%~60%)和时间,同时使点位的选择变得十分灵活,但要求净空。

② 定位精度高。现已完成的大量试验表明,目前在小于 50 km 的基线上其相对定位精度可达$(1\sim2)\times10^{-6}$,而在 100~500 km 的基线上可达 $10^{-6}\sim10^{-7}$。随着观测技术与数据处理方法的改善,有望在大于 1 000 km 的距离上相对定位精度达到或优于 10^{-8}。

③ 观测时间短。目前利用经典的静态定位方法,完成一条基线的相对定位所需要的观测时间,根据要求的不同精度,一般为 1~3 h。为了进一步缩短观测时间,提高作业速度,近年来发展的短基线(如不超过 20 km)快速相对定位法,其观测时间仅需数分钟。

④ 提供三维坐标。GNSS 在精确测定观测站平面位置的同时,可以精确测定观测站的大地高程。GNSS 测量的这一特点,不仅为研究大地水准面的形状和确定地面点的高程开辟了新途径,还为其在航空物探、航空摄影测量及精密导航中的应用提供了重要的高程数据。

⑤ 操作简便。GNSS 测量的自动化程度很高,在观测中测量员的主要任务只是安装并启闭仪器、量取仪器高度、监视仪器的工作状态和采集环境的气象数据,而其他观测工作,如卫星的捕获、跟踪观测和记录等均由仪器自动完成。另外,GNSS 接收机一般重量较轻、体积较小,因此携带和搬运都很方便。

⑥ 全天候作业。GNSS 观测工作,可以在任何地点、任何时间连续地进行,一般不受天气的影响。

3.1.3.2 GNSS 技术应用

20 世纪 70 年代后期,有关单位在从事多年理论研究的同时,引进并试制成功了各种人造卫星观测仪器。根据多年的观测实践完成了全国天文大地网的整体平差,建立了 1980 西安坐标系，进行了南海群岛的联测。

20世纪80年代初，我国一些院校和科研单位已开始研究GPS技术。在之后的十多年内，我国的测绘工作者在GPS定位基础理论研究和应用开发方面做了大量工作。20世纪80年代中期，我国引进了GPS接收机并应用于各个领域，同时着手研究建立我国自己的卫星导航系统。

在大地测量方面，利用GPS技术开展国际联测，建立全球性大地控制网，提供高精度的地心坐标，测定和精化大地水准面。组织各部门(10多个单位，30多台GPS双频接收机)参加1992年全国GPS定位大会战。国家A级和B级GPS大地控制网分别于1996年和1997年建成并先后交付使用。A级网由30个点组成，平均边长为650 km，水平方向重复精度优于2×10^{-7}，垂直方向不低于7×10^{-7}，绝对精度(相对地心)不低于±0.1 m。B级网由800个点组成，平均边长为150 km，水平方向重复精度优于4×10^{-8}，垂直方向不低于8×10^{-8}，绝对精度(相对地心)不低于±1 m。国家A级和B级GPS大地控制网的建成，标志着我国具有分米级绝对精度的三维大地坐标系统已基本建成，为我国空间技术和空间基础数据、实时动态定位等技术提供了一个精确可靠的参照系。

在工程测量方面，应用GNSS静态相对定位技术布设精密工程控制网，可用于城市、固体矿区、油田的地面沉降监测，大坝变形监测，高层建筑变形监测，隧道贯通测量等精密工程。CORS RTK可用于测绘各种比例尺地形图和用于工程建设中的施工放样。

在航空摄影测量方面，GNSS技术可用于航测外业控制测量、航摄飞行导航、机载GNSS航测等航测成图的各个阶段。

在地球动力学方面，GNSS技术用于全球板块运动监测和区域板块运动监测。我国已开始用GPS技术监测南极洲板块运动、青藏高原地壳运动、四川鲜水河地壳断裂运动，建立了中国地壳形变观测网、三峡库区形变观测网、首都圈GPS形变监测网等。

此外，在军事国防、智能交通、邮电通信、地矿、煤矿、石油、建筑以及农业、气象、土地管理、环境监测、金融、公安等部门和行业，在航空航天、测时授时、物理探矿、姿态测定等领域，都开展了GNSS技术的研究和应用。

BDS系统全面融入生产生活，产业蓬勃发展。2020年，北斗系统已全面服务于交通运输、公共安全、救灾减灾、农林牧渔、城市治理等行业领域，融入电力、金融、通信等基础设施，广泛进入大众消费、共享经济和民生领域，深刻改变着人们的生产生活方式，产生了显著的经济和社会效益。北斗系统已在全球许多国家和地区得到应用，向广大用户提供服务。基于北斗的土地确权、精准农业、数字施工、车辆船舶监管、智慧港口解决方案在东盟、南亚、东欧、西亚、非洲等地区得到成功应用。

3.2 坐标系统和时间系统

GNSS导航定位的基本实质是以卫星为空间高速运动的已知点，以测量接收机到4颗以上卫星的空间距离为观测量，采用空间距离后方交会的方式确定接收机的空间位置。卫星和接收机的空间位置不仅与坐标系统有关，而且与时间系统密不可分，因此坐标系统与时间系统(有时将两者统称时空系统)是描述卫星运动、处理观测数据和表达观测站位置的数学与物理基础。所以，掌握GNSS导航定位中的一些常用坐标系统和时间系统，是较为重要的。本节主要介绍天球坐标系与地球坐标系、GNSS 坐标系统，以及有关时间系统的概念。

在 GNSS 测量中，通常采用两类坐标系统。

一类是在空间上固定的坐标系统（简称空固系）。该类坐标系统与地球自转无关，对于描述卫星的运行位置和状态极为方便。严格说来，卫星的运动理论是根据牛顿引力定律在惯性坐标系统中建立起来的，而惯性坐标系统在空间的位置和方向应保持不变，或仅做匀速直线运动。但是，实际上严格满足这一条件是困难的。在天体测量中，惯性参考系一般都是通过基本星表坐标系统来近似实现的。

另一类是与地球体固连的坐标系统（简称地固坐标系）。这类坐标系统对于表达地面观测站的位置和处理 GNSS 观测成果尤为方便。它在经典大地测量学（Geodesy）中具有多种表达形式和极为广泛的应用。

应该指出，坐标系统是由原点（Origin）位置、坐标轴（Coordinate Axis）的指向和尺度（Scale）所定义的。在 GNSS 测量中，坐标系的原点一般取地球的质心（the Mass Center of the Earth），而坐标轴的指向具有一定的选择性。为了使用上的方便，国际上都通过协议来确定某些全球性坐标系统的坐标轴指向，这种共同确认的坐标系通常称为协议坐标系（Conventional Coordinate System）。

3.2.1 天球坐标系与地球坐标系

天球及天球坐标系、地心地固坐标系的基本知识已在第 2 章中介绍，本节重点介绍协议天球坐标系和协议地球坐标系的建立。

3.2.1.1 协议天球坐标系

（1）岁差与章动

天球坐标系的建立，基于假设地球为均质的球体，且没有其他天体摄动力影响的理想情况，即假定地球的自转轴在空间的方向是固定的，因而春分点在天球上的位置保持不变。但是，实际上地球的形体接近于一个赤道隆起的椭球体，因此，在日月引力和其他天体引力对地球隆起部分的作用下，地球在绕太阳运行时，自转轴的方向不再保持不变，而是使春分点在赤道上产生缓慢的西移，这种现象在天文学中称为岁差。在岁差的影响下，地球自转轴绕北黄极产生缓慢的旋转（从北天极上方观察为顺时针方向，下同），因而北天极以同样的方式在天球上绕北黄极旋转。

地球自转轴在空间中的方向变化，主要是日月引力共同作用的结果，其中又以月球的引力影响为最大。由于太阳距地球较月球距地球远，太阳引力影响仅为月球引力影响的 0.46 倍。如果月球的引力及其运行的轨道都是固定不变的，同时忽略其他行星引力的微小影响，那么日月引力的影响，仅使北天极绕北黄极以顺时针方向缓慢地旋转，构成一个如图 3-1 所示的圆锥面；这时，在天球上，北天极的轨迹近似构成一个以北黄极 Π_n 为中心，以黄赤交角 ε 为半径的小圆。在这个小圆上，北天极每年西移约 50.371″，周期大约为 25 729 年。4500 年前，天轴（地球自转轴）指向天龙 α 星；现在则指向北极星；12 000 年后，将指向织女星。此外，行星对地球的引力会造成地球轨道面的旋转，这也会引起春分点的移动（但不会引起地轴的进动），这称为行星岁差，它使春分点每年沿赤道移动 0.13″。

在天球上，这种规律性运动的北天极，通常称为瞬时平北天极（或简称平北天极），而与

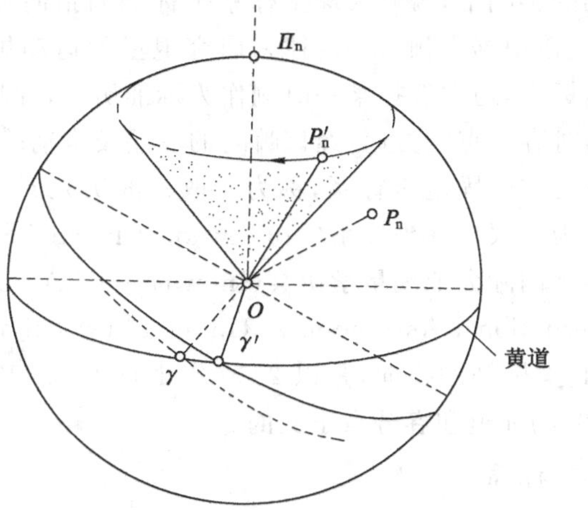

图 3-1　岁差影响

之相应的天球赤道和春分点，称为瞬时天球平赤道和瞬时平春分点。

在太阳和其他行星引力的影响下，月球的运行轨道以及月地之间的距离都是不断变化的，所以，北天极在天球上绕北黄极旋转的轨迹实际上复杂得多。如果把观测时的北天极称为瞬时北天极（或称真北天极），而与之相应的天球赤道和春分点称为瞬时天球赤道和瞬时春分点（或称真天球赤道和真春分点），那么在日月引力等因素的影响下，瞬时北天极将绕瞬时平北天极产生旋转，轨迹大致呈椭圆形，其长半径约为 9.2″，周期约为 18.6 年（图 3-2）。这种现象称为章动。

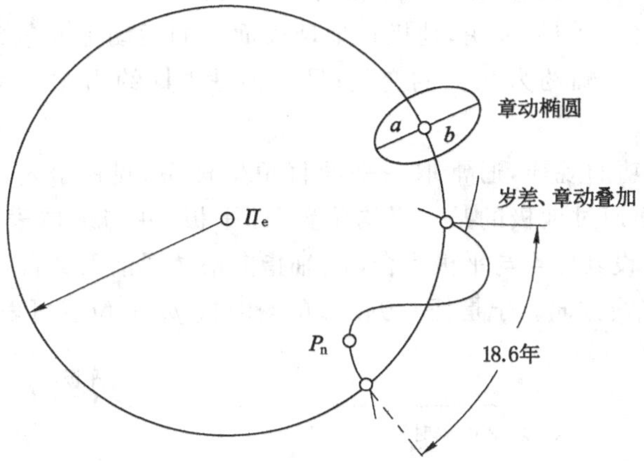

图 3-2　章动影响

因此，为了描述天体在天球上的运动，通常把这种复杂的运动分解为两种有规律性的运动：一个是平北天极绕北黄极的运动，这就是上面介绍的岁差；另一个是瞬时北天极绕平北天极顺时针的转动，即章动。在岁差和章动的共同影响下，瞬时北天极绕北黄极旋转的实际轨迹如图 3-2 所示。

（2）协议天球坐标系

由于在岁差和章动的影响下，瞬时天球坐标系坐标轴的指向在不断地变化。在这种非惯性坐标系统中，不能直接根据牛顿力学定律来研究卫星的运动规律。为了建立一个与惯性坐标系统相接近的坐标系，通常选择某一时刻作为标准历元，并将此刻地球的瞬时自转轴（指向北极）和地心至瞬时春分点的方向，经该瞬时的岁差及章动改正后，分别作为 z 轴和 x 轴的指向。由此所构成的空间固定坐标系，称为所取标准历元 t_0 时刻的平天球坐标系（或协议天球坐标系），也称为协议惯性坐标系（Conventional Inertial System，CIS），天体的星历通常都在该系统中表示。国际大地测量学协会（International Association Geodesy，IAG）和国际天文学联合会（International Astronomical Union，IAU）决定，从 1984 年 1 月 1 日后启用的协议天球坐标系，其坐标轴的指向，是以 2000 年 1 月 15 日 TDB（太阳质心力学时）为标准历元（标以 J2000.0）的赤道和春分点定义的。

3.2.1.2 协议地球坐标系

（1）地极移动

在介绍天球坐标系时，所关心的主要问题是地球自转轴在空间的指向及其变化。因为天球坐标系与地球的自转无关，所以这时地球自转轴相对地球体本身的变化与否并不重要；而对于与地球体固连的坐标系来说，情况就完全不同了，这时地极点作为地球坐标系的一个重要基准点，自然希望它在地球上的位置是固定的，否则地球坐标系的 z 轴方向将有所改变，也就是说，地球赤道面和起始子午面的位置均将有所改变，从而引起地球上点的坐标变化。

事实上，人们早已发现地球自转轴相对地球体的位置并不是固定的，地极点在地球表面上的位置是随时间变化的。这种现象称为地极移动，简称极移。观测瞬间地球自转轴所处的位置，称为瞬时地球自转轴，而相应的极点称为瞬时极。

大量观测资料的分析结果表明，地极在地球表面上的运动主要包含两种周期性的变化，一种是周期约为一年，振幅约为 0.1″的变化；另一种是周期约为 432 天，振幅约为 0.2″的变化（张德勒周期变化）。

为了描述地极移功的规律，通常取一平面直角坐标系（见图 3-3）来表达地极的瞬时位置。为此，假设该平面通过地极的某一平均位置（即平极）并与地球表面相切。在此平面上取直角坐标系（$x_p y_p$），设其原点与平极重合，x_p 轴指向格林尼治天文台，y_p 轴指向格林尼治零子午面以西 90°的子午线方向。于是任一历元 t 的瞬时极 p_n 的位置可表示为（x_p，y_p）。

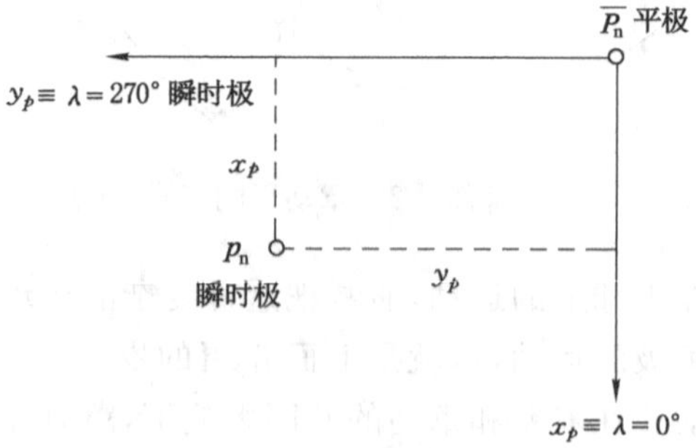

图 3-3 地极坐标系

(2) 协议地球坐标系

地极的移动将使地球坐标系坐标轴的指向发生变化，这会对实际工作造成许多困难。因此，国际天文学联合会和国际大地测量学协会早在 1967 年便建议，采用国际上 5 个纬度服务站(参见表 3-1)，以 1900—1905 年的平均纬度所确定的平均地极位置作为基准点。

表 3-1　国际纬度服务站分布

站址	纬度 φ	经度 λ
卡洛福特(Carloforte，意大利)	39°08′09″	8°18′44″
盖瑟斯堡(Gaithersburg，美国)	39°08′13″	−77°11′57″
基斯布(Kitab，苏联)	39°08′02″	66°52′51″
水泽(Muzusawa，日本)	39°08′04″	141°07′51″
尤凯亚(Ukiah，美国)	39°08′12″	−123°12′35″

平极的这个位置是 1900—1905 年间地球自转轴的平均位置，通常称为国际协议原点(Conventional International Origin，简称 CIO)。其相应的地球赤道面称为平赤道面或协议赤道面。在实际应用中，普遍采用 CIO 作为协议地极(Conventional Terrestrial Pole，CTP)。以协议地极为基准点的地球坐标系，称为协议地球坐标系(Conventional Terrestrial System，简称 CTS)，而与瞬时极对应的地球坐标系，称为瞬时地球坐标系。

在上述地极平面坐标系中，地极的瞬时坐标(x_p，y_p)是由国际地球自转服务组织根据所属台站的观测资料进行推算并定期出版公报向用户提供的。

极移现象引起了地球瞬时坐标系相对协议地球坐标系的旋转(见图 3-4)。如果用$(X,Y,Z)_{\text{CTS}}$和$(X,Y,Z)_t$ 分别表示协议地球空间直角坐标系和观测历元 t 的瞬时地球空间直角坐标系，那么它们之间的关系为：

$$\begin{cases}\begin{bmatrix}X\\Y\\Z\end{bmatrix}_{\text{CTS}}=\boldsymbol{M}\begin{bmatrix}X\\Y\\Z\end{bmatrix}_t\\ \boldsymbol{M}=R_2(-x_p)R_1(-y_p)\end{cases} \tag{3-1}$$

考虑地极坐标为微小量，如果仅取至一次微小项，则有：

$$\boldsymbol{M}=\begin{bmatrix}1 & 0 & x_p\\ 0 & 1 & -y_p\\ -x_p & y_p & 1\end{bmatrix} \tag{3-2}$$

3.2.2　GNSS 坐标系统

在卫星导航定位系统中，用于计算卫星位置的轨道数据通常是在一个地心地固系(Earth-Centered Earth-Fixed，ECEF)下给出的，用户将利用这些轨道数据计算卫星在观测时刻的位置，并将这些位置作为空间已知点，用于确定用户的位置。亦即，在 GNSS 测量定位中，直接的定位结果(单点定位或相对定位的结果)与进行数据处理时所采用的轨道数据同属一个坐标系。GPS、BDS、GLONASS、Galileo 四大导航定位系统的坐标系统不同，以下分别进行介绍。

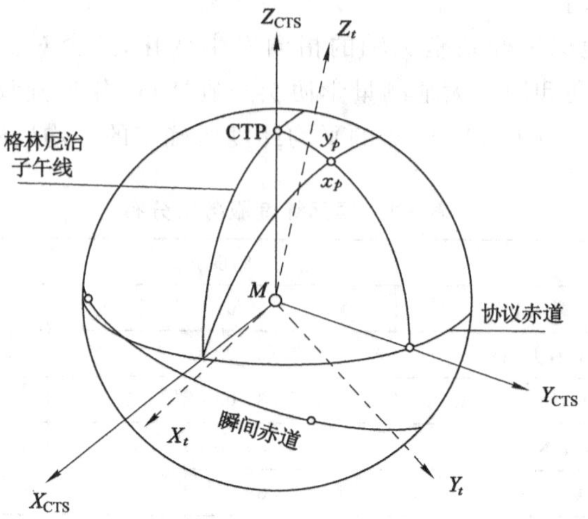

图 3-4 地球瞬时坐标系与协议坐标系

3.2.2.1 GPS 坐标系

世界大地坐标系(World Geodetic System,WGS)是美国建立的全球地心坐标系,曾先后有过 WGS60、WGS66、WGS72 和 WGS84 等不同的版本,其中 WGS84 于 1987 年取代 WGS72 而成为全球定位系统广播星历所采用的坐标系。如图 3-5 所示,WGS84 大地坐标系的几何定义为:原点位于地球质心,Z 轴指向国际时间局(Bureau International de Heare,BIH)BIH 1984.0 定义的协议地球极方向,X 轴指向 BIH 1984.0 的零子午面和 CTP 卫赤道的交点,Y 轴与 X 轴、Z 轴构成右手坐标系。对应于 WGS84 大地坐标系有 WGS84 椭球。

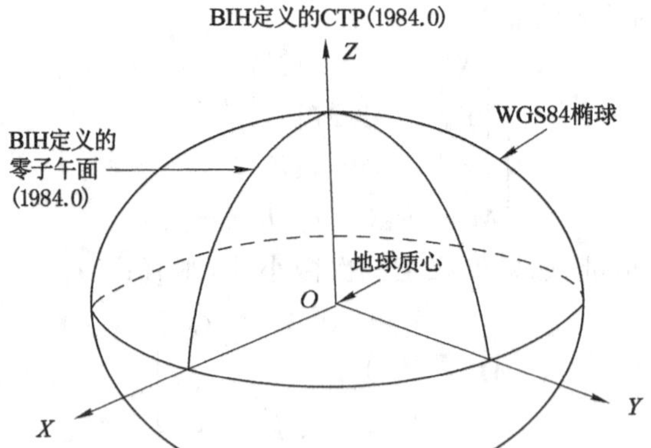

图 3-5 WGS84 坐标系

WGS84 椭球及其有关参数采用国际大地测量协会 IAG 和国际大地测量与地球物理联合会(International Union of Geodesy and Geophysics,IUGG)第 17 届大会大地测量常数的推荐值。这 4 个基本参数如表 3-2 所示。

表 3-2　WGS84 椭球 4 个基本参数

参数项	参数值
长半径 a/m	6 378 137±2
地心引力常数(含大气层)GM/(m^3/s^2)	$(3\ 986\ 005\pm0.6)\times10^8$
正常化二阶带谐系数 $\bar{C}_{2,0}$	$-484.166\ 85\times10^{-6}\pm1.30\times10^{-9}$
地球自转角速度 ω/(rad/s)	$(7\ 292\ 115.67\pm0.1500)\times10^{-11}$

利用以上 4 个基本参数，可以计算出其他的椭球参数，即第一、第二偏心率 e^2、e'^2 和扁率 f 分别为：

$$e^2 = 0.006\ 694\ 379\ 990\ 13$$

$$e'^2 = 0.006\ 739\ 496\ 742\ 27$$

$$f = 1/298.257\ 223\ 563$$

WGS84 大地水准面高 N 等于 GPS 定位测定的点的大地高 H 减该点的正高 $H_{正}$。N 值可以利用球谐函数展开式和 WGS84 地球重力场模型系数计算得出；也可以用特殊的数学方法精确计算局部大地水准面高 N。一旦大地水准面高 N 确定之后，便可利用 $H_{正}=H-N$ 计算各 GPS 点的正高 $H_{正}$。

为了提高 WGS84 框架的精度，美国国防制图局利用全球定位系统 GPS 卫星跟踪站的观测资料，以及部分 IGS 站的 GPS 观测资料进行联合解算。解算时将 IGS 站在 ITRF 框架中的站坐标当作固定值，重新求得其余站点的坐标，从而获得更为精确的 WGS84 框架。截至 2004 年 8 月，WGS84 进行了 3 次修正（分别是 1994 年、1996 年和 2001 年），分别表示 WGS84(G730)、WGS84(G873)和 WGS84(G1150)。括号中的 G 表示用 GPS 观测计算出的，G 后面的数字表示 GPS 周数。

3.2.2.2　BDS 坐标系

我国北斗卫星导航定位系统采用的坐标系为 2000 国家大地坐标系（China Geodetic Coordinate System 2000，CGCS2000），该坐标系是由 2000 国家 GPS 大地控制网、2000 国家重力基本网及用常规大地测量技术建立的国家天文大地网联合平差获得的三维地心坐标系统。

2000 国家大地坐标系参考历元为 2000.0，该坐标系的定义如下：

① 原点：包括海洋和大气的整个地球的质量中心。

② Z 轴：由原点指向国际地球自转服务(International Earth Rotation Service，IERS)组织定义的参考极(IERS Reference Pole，IRP)方向。

③ X 轴：IERS 定义的参考子午面(IERS Reference Meridian plane，IRM)与通过原点且同 Z 轴正交的赤道面的交线。

④ Y 轴：与 Z 轴、X 轴构成右手直角坐标系。

⑤ 尺度：采用广义相对论意义下的尺度。

2000 国家大地坐标系采用 CGCS2000 椭球，这 4 个基本椭球参数如表 3-3 所示。

表 3-3　CGCS2000 椭球 4 个基本参数

参数项	参数值
长半径 a/m	6 378 137
地心引力常数(含大气层)GM/(m^3/s^2)	$3.986\ 004\ 418\times10^{14}$
地球动力形状因子 J_2	0.001 082 629 832 258
地球自转角速度 ω/(rad/s)	$7.292\ 115\ 0\times10^{-5}$

利用以上 4 个基本椭球参数，可以计算出其他的椭球参数，即第一、第二偏心率 e^2、e'^2 和扁率 f 分别为：

$$e^2=0.006\ 694\ 380\ 022\ 90$$

$$e'^2=0.006\ 739\ 496\ 775\ 48$$

$$f=1/298.257\ 221\ 01$$

2000 国家大地坐标系是全国统一采用的大地基准。国家平面坐标系统采用的是高斯-克吕格投影的平面坐标系，并以经度差 6°或 3°分带。

CGCS2000 是国家三维地心大地测量基准，几何与物理参数统一。CGCS2000 是采用最小二乘平差、抗差估计和方差分量估计相结合的现代数据处理技术，提高了成果的精度和可靠性。根据《中华人民共和国测绘法》，经国务院批准，我国自 2008 年 7 月 1 日起，启用 2000 国家大地坐标系。

按当前测量技术的精度水平（坐标测量精度为 ±1 mm，重力加速度测量精度为 $\pm1\times10^{-6}\ \mathrm{m\cdot s^{-2}}$），由 WGS84 椭球和 CGCS2000 椭球的扁率差异引起的同一点在 WGS84 和 CGCS2000 坐标系内的重力变化和坐标变化是可以忽略的，两个坐标系是相容的，可以认为同一点的 WGS84 坐标和 CGCS2000 坐标是一致的。

3.2.2.3　GLONASS 坐标系

GLONASS 系统所采用的坐标系是 PZ-90 地心地固系，其几何定义为：原点位于地球质心，Z 轴指向 IERS 推荐的协议地球极（CTP）方向，X 轴指向地球赤道与 BIH 定义的零子午线交点方向，Y 轴与 X 轴、Z 轴构成右手坐标系。PZ-90 大地坐标系采用的地球椭球的 4 个基本参数如表 3-4 所示。

表 3-4　PZ-90 椭球 4 个基本参数

参数项	参数值
长半径 a/m	6 378 136
地心引力常数(含大气层)GM/(m^3/s^2)	$3.986\ 004\ 418\times10^{14}$
地球动力形状因子 J_2	0.001 082 625 7
扁率 f	1/298.257 839 303
地球自转角速度 ω/(rad/s)	$7.292\ 115\ 0\times10^{-5}$

PZ-90 大地坐标系与 WGS84 坐标系在地球表面的坐标差异可达 20 m。近年来，利用地面点在两个坐标系中的坐标或者卫星在两个坐标系中的坐标求解转换参数，求取了不少组转换参数。1997 年，俄罗斯任务控制中心（Mission Control Center，MCC）利用全球激光跟踪测轨数据，采用从控制中心获取的 GLONASS 精密星历，在卫星轨道确定中顾及地球极移的影响，计算了由 PZ-90 转换为 WGS84 较为精确的转换参数，它们分别为：

① 三个平移参数：−0.47 m，−0.51 m，−1.56 m。

② 一个尺度比参数：22×10^{-9}。

③ 三个旋转角参数：0.076×10^{-6} rad，0.017×10^{-6} rad，-1.728×10^{-6} rad。

3.2.2.4　Galileo 坐标系

Galileo 系统所采用的坐标系是基于 Galileo 地球参考框架（Galileo Terrestrial Reference Frame，GTRF）的 ITRF96 大地坐标系，其几何定义为：原点位于地球质心，Z 轴指向 IERS 推荐的协议地球原点（CTP）方向，X 轴指向地球赤道与 BIH 定义的零子午线交点，Y 轴与 X 轴、Z 轴构成右手坐标系。表 3-5 列出了 ITRF96 采用的椭球的 4 个基本参数。

表 3-5　ITRF96 采用的椭球的 4 个基本参数

常数	数值
长半径/m	6 378 137
扁率	1/298.257 222 101
地心引力常数（含大气层）/(m^3/s^2)	$3.986\ 004\ 418\times10^{14}$
地球自转角速度/(rad/s)	$7.292\ 115\ 146\ 7\times10^{-5}$

3.2.3　时间系统

在 GNSS 全球导航卫星定位中，时间系统有着重要意义。首先，对观测者而言，卫星的位置和速度都在不断地变化，若要使定轨误差小于 1 cm，则时间精度至少要求达到 2.6×10^{-6} s。其次，GNSS 接收机接收并处理卫星发射的信号，测定接收机至卫星之间的信号传播时间，再乘以光速换算成距离，进而确定测站的位置。如果要使距离误差小于 1 cm，则信号传播时间的测定误差应小于 0.03 ns。最后，惯性坐标系和地固坐标系之间的坐标转换需要精确的时间尺度。

时间测量包括绝对时间测量和相对时间测量。测量时间，必须建立一个测量的基准，即时间的单位（尺度）和原点（起始历元）。其中时间的尺度是关键，而原点可以根据实际应用加以选定。

从理论上来说，任何一个可观察的周期运动，只要其运动是连续的，其周期是充分稳定的，并且在任何地方和任何时间都可以通过观测和实验复现的，都可以作为时间尺度。实际上，我们所能得到的（或实用的）时间尺度在一定的精度上可以满足这一理论要求。随着观测技术的发展和更加稳定的周期运动的发现而不断趋近这一理论要求。在实践中，我们所选的上述周期运动现象不同，便产生了不同的时间系统。在 GNSS 定位中，常用到的时间系统有恒星时、平太阳时、世界时、原子时、协调世界时等。

3.2.3.1　时间系统简介

(1) 恒星时(Sidereal Time,ST)

以春分点为参考点,由春分点的周日视运动所确定的时间,称为恒星时。春分点连续两次经过本地子午圈的时间间隔为一个恒星日,含 24 个恒星小时。以恒星时为基础均匀分割,从而获得恒星时系统中的"小时"、"分"和"秒"。恒星时在数值上等于春分点相对于本地子午圈的时角。由于恒星时是以春分点通过本地子午圈为起始点的,所以它是一种地方时。

由于岁差和章动的影响,地球自转轴在空间的方向是不断变化的,故春分点有真春分点和平春分点之分。相应的恒星时也有真恒星时和平恒星时之分。

格林尼治恒星时为春分点相对于格林尼治子午面的时角,分为格林尼治平恒星时 GMST 和格林尼治真恒星时 GAST。两者之间的关系式为:

$$\mathrm{GAST} = \mathrm{GMST} + \delta\varphi \cdot \cos \varepsilon \tag{3-3}$$

式中,$\delta\varphi$ 为黄经章动;ε 为讨论时刻真赤道相对于黄道的夹角。

地面某点真恒星时(或平恒星时)与格林尼治真恒星时(或平恒星时)之差等于地面该点的经度 λ。也可以说地面两点之间的恒星时之差等于两点之间的经度之差。

(2) 平太阳时(Mean Solar Time,MT)

在日常生活中,人们已经习惯用太阳来确定时间,安排工作和休息。由于地球的公转轨道为一椭圆,由天体运动的开普勒定律可知,太阳的视运动速度是不均匀的。如果以真太阳作为观察地球自转运动的参考点,那将不符合建立时间系统的基本要求。人们便设想用一个假太阳来代替真太阳。这个假太阳和真太阳一样在做周年视运动,但有两点不同:第一,其周年视运动轨迹位于赤道平面而不是黄道平面;第二,它在赤道上的运动角速度是恒定的,等于真太阳的平均角速度。我们称这个假太阳为平太阳。

平太阳时是以太阳中心为参考点,太阳连续两次通过某地方上子午圈的时间间隔为一真太阳日。以地球自转为基础,以上述的平太阳中心作为参考点,由平太阳的周日视运动所定义的时间系统为平太阳时系统。其时间尺度为:平太阳连续两次经过本地子午圈的时间间隔为一平太阳日,一平太阳日分为 24 平太阳时。平太阳时以平太阳通过本地上子午圈时刻为起算原点,因此,平太阳时在数值上等于平太阳相对于本地子午圈的时角,平太阳也具有地方性。

1925 年,国际天文学联合会(IAU)决定,改平太阳时由平子夜开始,即平子夜为 0 时,平正午为 12 时,简称平时或民用时。

(3) 世界时(Universal Time,UT)

平太阳时是一种地方时,同一时刻,位于不同经线上的平太阳时是不同的。为了日常生活和工作中使用方便,需要一个统一的标准时间。1884 年在美国华盛顿召开的国际子午线会议决定,将全球分为 24 个标准时区。从格林尼治零子午线起,向东西各 7.5°为 0 时区,然后向东每隔 15°为一个时区,分别记为 1、2、…、23 时区。在同一时区,统一采用该时区中央子午线的平太阳时,称为区时(Zone Time)。

以平子夜为零时起算的格林尼治平太阳时称为世界时。世界时与平太阳时的尺度基准相同,其差别(12 h)仅在于起算点不同。1956 年以前,秒被定义为一个平太阳日的 1/86 400。

世界时系统是以地球的自转为基础的。随着科学技术的发展,人们发现,地球自转轴在地球内部的位置并不是固定的，即有极移现象并且地球的自转速度也不均匀，它不仅包含长期的减缓趋势，而且还具有一些短周期的变化和季节性的变化，情况甚为复杂。这样一来，地球自转的不稳定性就破坏了上述建立时间系统的基本条件。为了弥补这一缺陷，从 1956 年开始，在世界时 UT 中引入极移改正，得到世界时 UT1；在 UT1 中加入地球自转速度的季节性改正得到世界时 UT2。

$$\mathrm{UT1} = \mathrm{UT0} + \Delta\lambda \tag{3-4}$$

$$\mathrm{UT2} = \mathrm{UT1} + \Delta T \tag{3-5}$$

其中，$\Delta\lambda$ 为极移改正，ΔT 为地球自转速度季节性改正。计算公式如下：

$$\Delta\lambda = \frac{1}{15}(X_p \sin\lambda - Y_p \cos\lambda)\tan\varphi \tag{3-6}$$

$$\begin{aligned}\Delta T = {} & 0.022'' \cdot \sin(2\pi t) - 0.012'' \cdot \cos(2\pi t) - \\ & 0.006'' \cdot \sin(4\pi t) + 0.007'' \cdot \cos(4\pi t)\end{aligned} \tag{3-7}$$

式中，X_p、Y_p 为极移的两个分量，由 IERS 测定并公布；λ、φ 分别为天文经度和天文纬度；t 为白塞尔年。

但 UT2 受地球自转速度长期变化和不规则变化的影响，所以世界时 UT2 仍不是一个严格均匀的时间系统。1956 年国际上采用新的秒长定义，即历书时(Ephemeris Time，ET)秒等于回归年长度的 1/31 556 925.974 7。就时间系统而言，世界时已被历书时 ET 所代替，之后，又于 1976 年为原子时所取代。但是，UT1 在卫星测量中仍被广泛使用，只是它不再作为时间尺度，而是因它数值上表征了地球自转相对恒星的角位置，故用于天球坐标系和地球坐标系之间的转换计算。

(4) 原子时(Atomic Time，AT)

随着空间科学技术和现代天文学与大地测量学新技术的发展和应用，对时间准确度和稳定度的要求不断提高，以地球自转为基础的世界时系统已难以满足要求。为此，人们从 20 世纪 50 年代，便建立了以物质内部原子运动的特征为基础的原子时间系统。

因为物质内部的原子跃迁所辐射和吸收的电磁波频率，具有很高的稳定性和复现性，所以由此而建立的原子时，便成为当代最理想的时间系统。

原子时秒长的定义为：位于海平面上的铯原子基态 C_s^{133} 两个超精细能级，在零磁场中跃迁辐射振荡 9 192 631 770 周所持续的时间，为 1 原子时秒。该原子时秒作为国际制秒(SI)的时间单位。

原子时原点取 1958 年 1 月 1 日 UT2 零时，即在该时刻原子时与世界时对齐，但由于技术方面的原因，事后发现在这一瞬间原子时 AT 与世界时 UT2 并未精确对准，两者间存在 0.003 9 s 的差异，即

$$\mathrm{AT} = \mathrm{UT2} - 0.003\,9(\mathrm{s}) \tag{3-8}$$

原子时出现后得到了迅速的发展和广泛的应用，许多国家都建立了各自的地方原子时系统，但不同的地方原子时之间存在差异。国际上大约有 100 座原子钟，国际通过比对、数据处理，推算出了统一的原子时系统，称为国际原子时(International Atomic Time，ATI)。

原子时是通过原子钟来守时和授时的。因此，原子钟振荡器频率的准确度和稳定度便决定了原子时的精度。

当前，常用的几种频率标准(即频标)的特性如表 3-6 所列。

表 3-6　常用几种频标的特性

特征值		振荡器的种类			
		晶体振荡器	铷汽泡	铯原子束	氢原子激射器
相对频率稳定性	1 s	$10^{-6}\sim10^{-12}$	$2\times10^{-11}\sim5\times10^{-12}$	$5\times10^{-11}\sim5\times10^{-13}$	5×10^{-13}
	1 d	$10^{-6}\sim10^{-12}$	$5\times10^{-12}\sim5\times10^{-13}$	$10^{-13}\sim10^{-14}$	$10^{-13}\sim10^{-14}$
钟误差达 1 μs 的时间		1 s～10 d	1～10 d	7～30 d	7～30 d
相对频率再现性		必须校准	10^{-11}	$10^{-11}\sim2\times10^{-12}$	5×10^{-13}
相对频率漂移		10^{-9}/d～10^{-11}/d	10^{-11}/月	5×10^{-13}/d	5×10^{-13}/a

(5) 协调世界时(Coodinated Universal Time,UTC)

在许多应用部门,如大地天文测量和空间飞行器的跟踪定位等部门,当前仍需要以地球自转为基础的世界时。但是,由于地球自转速度具有长期变慢的趋势,近二十年来,世界时每年比原子时约慢 1 s,两者之差逐年积累。为了避免发播的原子时与世界时之间产生过大的偏差,从 1972 年起便采用了一种以原子时秒长为基础,在时刻上尽量接近于世界时 UT1 的一种折中的时间系统,这种时间系统称为协调世界时(UTC),或简称协调时。

协调时的秒长严格等于原子时的秒长,采用闰秒(或跳秒)的办法使协调时与世界时 UT1 的时刻相接近。当协调时与世界时的时刻误差超过±0.9 s 时,便在协调时中引入闰秒(正或负),闰秒一般在 12 月 31 日或 6 月 30 日末加入。具体时间由国际时间局安排并通告。

为了使采用世界时的用户得到精度较高的 UT1 时刻,时间服务部门发播协调时(UTC)时号的同时,还给出 UT1 与 UTC 的差值 ΔT,这样用户便可容易地由 UTC 得到相应的 UT1:

$$T_{\mathrm{UT1}} = T_{\mathrm{UTC}} + \Delta T \tag{3-9}$$

目前,几乎所有国家时号的发播均以 UTC 为基准。时号发播的同步精度约为±0.2 ms。UTC 是均匀但不连续的时间尺度,它广泛地被国际科学和商业界采用为时间和频率的实用标准。

3.2.3.2　GNSS 时间系统

GNSS 系统是测时测距系统,时间在 GNSS 测量中是一个基本的观测量。为了满足精密导航和定位的需要,GPS、BDS、GLONASS、Galileo 四大导航定位系统建立了各自专用的时间系统,以下分别进行介绍。

(1) GPS 时间系统

GPS 时(GPS Time,GPST)是 GPS 建立并使用的一种时间系统,是由 GPS 主控站的原子钟维持的一种原子时,秒长即原子时秒长,原点定于 UTC 时间 1980 年 1 月 6 日 0 h 0 m 0 s,此时 GPST 与 UTC 所给出的时间相同。GPST 启动后不跳秒,保持时间的连续。由于 UTC 存在跳秒,在 1980 年 1 月 6 日,UTC 与国际原子时 TAI 之间已相差 19 s 整,且 TAI 与 GPST 同为原子时,都不跳秒,所以理论上 GPST 与 TAI 在任意瞬间均有一偏差常量:

$$\mathrm{TAI}-\mathrm{GPST}=19\ (\mathrm{s}) \tag{3-10}$$

GPS 时间系统在表示时间时所采用的最大时间单位为周(Week,即 604 800 s),其表示时间的方法是，从 1980 年 1 月 6 日 0 时开始起算的周数加上被称为周内时间的从每周周六/周日子夜开始起算的秒数。例如，“1980 年 1 月 6 日 0 时 0 分 0 秒”用 GPS 表示法可记为“第 0 周第 0 秒”；“2018 年 5 月 16 日 8 时 30 分 35 秒”用 GPS 时间表示法则记为“第 2 001 周第 289 835 秒”。

TAI 是由国际计量局(Bureau International des Poids et Mesures，BIPM)根据全球约 240 台原子钟共同维持的时间，而 GPST 是由全球定位系统中的数十台原子钟维持的一种局部原子时，故而实际上这两种时间系统除了相差若干整数秒之外，还会存在微小的差异 C_0，即

$$\mathrm{TAI}-\mathrm{GPST}=19\ (\mathrm{s})+C_0 \tag{3-11}$$

$$\mathrm{UTC}-\mathrm{GPST}=n\ \text{个整数秒}+C_0 \tag{3-12}$$

由于 GPST 已被广泛应用于时间比对，国际上有专门单位测定并公布 C_0 值，其数值一般可以保持在 10 ns 以内，用户通过上述关系即可获得高精度的 UTC 或 TAI 时间。

(2) BDS 时间系统

BDS 系统的时间基准为北斗时(BDS time，BDT)。BDT 采用国际单位制(SI)秒为基本单位连续累计，不闰秒，起始历元为 UTC 的 2006 年 1 月 1 日 UTC 0 时，采用周和周内秒计数。BDT 将中国科学院国家授时中心(National Time Service Center，NTSC)维持的 UTC 与国际 UTC 建立联系，使 BDT 与 UTC 的偏差保持在 100 ns 以内。BDT 与 UTC 之间的闰秒信息在导航电文中播报。在 BDT 起始历元，UTC 闰秒了 14 次，故 BDT 比 GPST 慢了 14 s：

$$\mathrm{BDT}=\mathrm{GPST}-14\ (\mathrm{s}) \tag{3-13}$$

(3) GLONASS 时间系统

GLONASS 的时间系统(GLONASS Time，GLOT)是基于苏联世界协调时[The Universal Time Coordinated of Russia，UTC(SU)]建立的，并且以莫斯科时间为参考，包含闰秒，与国际时间局 BIH 闰秒一致，GLOT 与 UTC 之间存在 3 h 的偏差，其主体的转换关系式为：

$$\mathrm{UTC}+3(\mathrm{h})=\mathrm{GLOT}+C_1 \tag{3-14}$$

值得注意的是，在接收机自主交换格式(Receiver Independent Exchange Format，RINEX)3.0 版本中，对 GLONASS 的时间记录已经取消了 3 h 的时区差。与 GPS 时间一样，更精确的计算参数可以从 GLONASS 导航文件中提取，除去跳秒影响和 3 h 的地区时间偏差，GPS 时间与 GLONASS 时间的差异为 100 ns 或数百纳秒级别。

(4) Galileo 时间系统

Galileo 的时间系统(Galileo System Time，GST)是一个连续的时间系统，与国际原子时保持同步，同步标准差小于 33 ns，且在全年 95%的时间内小于 50 ns。为了提高与 GPS 的兼容性和互用性，GST 的起算时间设为 1999 年 8 月 22 日 0 时 0 分 0 秒(UTC)。GST 将以周数和从周六到周日午夜开始计算的周内时间方式计算，满 4 096 周再重新开始计。GST 与 TAI 整周时间的关系式如下：

$$\mathrm{GST}-\mathrm{TAI}=13\ (\mathrm{s}) \tag{3-15}$$

GST 和 GPST 之间相差 1 024 周和一个很小的偏差(GPS to Galileo Time Offset，GGTO)。值得注意的是，在 RINEX 文件中习惯将 Galileo 周数设为与 GPS 周数相同。

3.3 卫星位置计算

GNSS卫星作为空中高速运动的已知点，其瞬时位置是确定用户接收机位置（或观测站坐标）和制订观测计划的依据。本节将在介绍卫星运动轨道的基础上介绍描述卫星运动状态的广播星历和精密星历，为后续卫星的在轨瞬时位置计算提供基础。

3.3.1 卫星轨道的描述

卫星在空间中运行的轨迹称为轨道，而描述卫星轨道位置和状态的参数称为轨道参数。

人造地球卫星在空中绕地球运行，受地球重力场、太阳引力、月球引力和其他天体引力，以及太阳光压、大气阻力和地球潮汐等因素的影响。因此，卫星实际运行的轨道极其复杂。为了工作研究和实际应用方便，通常均把作用于卫星上的各种力，按其影响程度分为两类。

一类是假设地球为均质球体的中心引力（质量集中于球体的中心），称为中心力。它决定着卫星运动的基本规律和特征，此时卫星的运动称为无摄运动，由此所决定的卫星轨道可视为理想的轨道，又称为卫星的无摄运动轨道。这是我们分析卫星实际轨道的基础。

另一类是摄动力，也称为非中心力，包括地球非球形对称的作用力、日月引力、大气阻力、光辐射压力以及地球潮汐力等。摄动力的作用，是使卫星的运动产生一些小的附加变化而偏离上述的理想轨道，同时，这种偏离量的大小随时间改变。在摄动力作用下的卫星的运动称为受摄运动，由此所决定的卫星轨道称为卫星的受摄运动轨道。摄动力与中心力相比仅为10^{-3}量级。

研究卫星运行的基本方法：考虑摄动力的影响相对较小，因此研究卫星运动规律一般分为两步。首先，在上述理想的地球引力场中，只考虑地球质心引力的作用来研究卫星的无摄运动规律，并描述卫星轨道的基本特征；其次，研究各种摄动力对卫星运动的影响，并对卫星的无摄运动轨道加以修正，从而确定卫星受摄运动轨道的瞬时特征。下面主要介绍卫星无摄运动轨道。

卫星的无摄运动一般可通过一组适宜的参数来描述，但是，这组参数的选择并不是唯一的。其中一组应用广泛的参数，称为开普勒轨道参数，或称为轨道根数，现将这组参数介绍如下（参照图3-6）。

由开普勒定律可知，卫星运行的轨道是地心平面上的椭圆，且椭圆的一个焦点与地心重合。要确定某一瞬间卫星在空间的位置可采用以下三组参数：

（1）确定卫星运行轨道椭圆的形状和大小

根据椭圆的长半径a_s及其偏心率e_s（或椭圆的短半径b）来确定。

（2）确定卫星运行轨道平面与地球体之间的相对关系

此相对关系可表达为确定开普勒椭圆在天球坐标系中的位置和方向。由于轨道椭圆的一个焦点与地球的质心重合，所以为了确定该椭圆在上述坐标系中的方向，尚需三个参数。

Ω——升交点的赤经，即在地球赤道平面上，升交点与春分点之间的地心夹角；升交点即当卫星由南向北运行时，其轨道与地球赤道面的一个交点。

i——轨道面的倾角，即卫星轨道平面与地球赤道面之间的夹角。

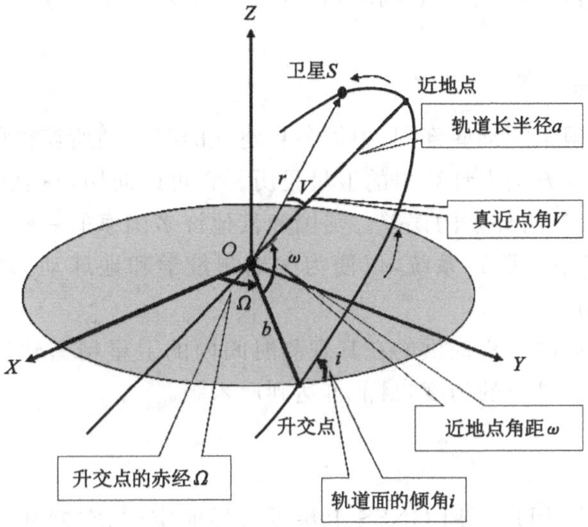

图 3-6　卫星轨道参数

Ω 和 i 这两个参数，唯一确定了卫星轨道平面与地球体之间的相对定向。

ω——近地点角距，即在轨道平面上升交点与近地点之间的地心夹角。这一参数表达了开普勒椭圆在轨道平面上的定向。

(3) 确定卫星在轨道椭圆上的位置

V——卫星的真近点角，即在轨道椭圆上，卫星与近地点之间的地心角角距。该参数为时间的函数，它确定了卫星在轨道上的瞬时位置。

以上 6 个参数 a_s、e_s、Ω、i、ω 和 V 所构成的坐标系统，通常称为轨道坐标系统，广泛地用于描述卫星的运动。在该系统中，当 6 个轨道参数一经确定，卫星在任一瞬间相对于地球体的空间位置及其速度便可唯一确定。

3.3.2　卫星星历

卫星的星历就是用于描述有关卫星运行轨道的信息。利用卫星进行导航和定位，就是根据已知的卫星轨道信息和用户观测资料，通过数据处理来确定接收机的位置及其载体的航行速度。因此，精确的轨道信息是精密导航定位的基础。卫星星历的提供方式，一般有两种：广播星历（预报星历）和精密星历（后处理星历）。

3.3.2.1　广播星历

广播星历又称为预报星历，是通过卫星发射的含有轨道信息的导航电文传递给用户的，用户接收机接收到这些信号，经过解码便可获得所需要的卫星星历。卫星的广播星历，通常均包括相对某一参考历元的开普勒轨道参数和必要的轨道摄动改正项参数。相应参考历元的卫星开普勒轨道参数，也叫参考星历，是根据 GNSS 地面监控系统（监测站）约一周的观测资料推算的。

GPS、BDS、Galileo 和 QZSS 用户通过广播星历，可以获得的有关卫星星历参数共有 17 个，其中包括 2 个时间参数、6 个相应参考时刻的开普勒轨道参数和 9 个反映摄动力影响的参数。根据上述数据，便可外推出观测时刻 t 的轨道参数，从而计算出卫星在不同参考系中的相应坐标。

3.3.2.2 精密星历

精密星历是一些国家的某些部门，根据各自建立的跟踪站所获得的精密观测资料，应用与确定广播星历相似的方法而计算出的卫星星历。它可以向用户提供在用户观测时间内的卫星星历，避免了预报星历外推的误差。美国和其他许多国家的一些民用单位，已建立了全球性或区域性的 GPS 卫星跟踪系统，以便为大地测量学和地球动力学领域的精密定位工作，提供所需要的星历。

这种星历是在事后向用户提供的在其观测时间内的卫星精密轨道信息，因此称为精密星历或后处理星历。该星历的精度，目前可达到厘米级。

3.3.3 卫星信号

信号和导航电文是用户利用 GNSS 卫星进行导航定位、掌握基本算法的基础，本节主要介绍 GPS 系统的卫星信号的主要特性和内容，以对卫星信号的产生、分类、结构和特点有基本的了解。

GPS 卫星信号是 GPS 卫星向广大用户发送的用于导航定位的调制波，包含载波、测距码和数据码。时钟基本频率为 10.23 MHz。

3.3.3.1 测距码

测距码是用于测定卫星到接收机间距离的二进制编码，其实是一种伪随机噪声码。由于采用其作为测距信号，所以又被称为测距码。测距码是按照一定规律编排的可复制的周期性二进制序列，且有类似于随机噪声码的自相关特性。

(1) 随机码

码是用以表达某种信息的二进制数的集合，是一组二进制的数码序列。每一进制位都占用 1 比特(bit)，比特是码的度量单位。在二进制信息传输过程中，每秒所传输的比特数，即数码率，用来表示数据信号传输的速率，单位为 bit/s 或简称 bps。

数码序列又可以表达成以 0 和 1 为幅度的时间函数，假设一组码序列为 $u(t)$，对于任一时刻 t，码元取值 1 或 0 完全是随机的(概率各占 50%)，这种码元幅度完全无规律的码序列，称为随机码序列，如图 3-7 所示。它是一种非周期性、无法复制的，但具有良好的相关性。

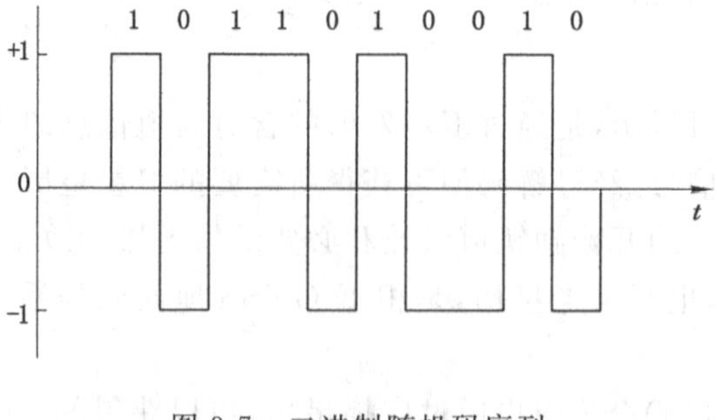

图 3-7 二进制随机码序列

随机码序列 $u(t)$ 的自相关函数 $R(\tau)$ 具有如下性质：

$$\begin{cases} R(\tau)=1 & \tau=0 \\ R(\tau)=0 & |\tau|>t_0 \\ R(\tau)=1-\tau/|t_0| & -t_0<\tau<t_0 \end{cases} \tag{3-16}$$

式中，τ 为将 $u(t)$ 平移码元的个数；t_0 为码元宽度。

二进制随机码序列 $u(t)$ 的自相关函数为：

$$R(\tau)=\frac{A-D}{A+D} \tag{3-17}$$

式中，A 为 $u(t)$ 与 $u(t-\tau)$ 对应元素模二相加等于 0 的数目；D 为其等于 1 的数目。模二相加常用符号 $\oplus$ 表示，其运算规则为：$1\oplus1=0$，$0\oplus0=0$，$1\oplus0=1$，$0\oplus1=1$。

如果 GPS 卫星发射的是一个随机码序列 $u(t)$，地面用户的导航接收机同时复制出结构与 $u(t)$ 完全一致的伪随机序列 $\tilde{u}(t)$。由于受卫星到接收机的信号传播时间延迟的影响，被接收的 $u(t)$ 和复制的 $\tilde{u}(t)$ 之间的码元互相错开 τ 位。若通过一个时间延迟器来对 $\tilde{u}(t)$ 进行移动，即平移后使它与 $u(t)$ 的码元完全对齐，此时 $R(\tau)=1$，于是可以从时间延迟器中测出卫星信号到达接收机的准确传播时间，最后根据光速确定卫星到接收机的几何距离。因此，导航卫星的伪距测量是基于伪随机码的自相关特性进行的，以上即测距码测距的基本原理。

(2) 伪随机噪声码

虽然随机码具有较好的相关性，但由于其非周期性的特性，无法复制使用，所以在 GPS 应用中采用了一种同时具有自相关特性与周期性的随机码序列，称为 PRN(Pseudo Random Noise)，又叫伪随机码或伪码，它是具有一定周期性取值为 0 和 1 的离散序列。它具有接近于白噪声的自相关性，但是又具有周期性，可以复制。自相关性对于提高利用 GPS 卫星码测距的精度极其重要。

实际应用中，伪随机码可由“多级反馈移位寄存器”产生。图 3-8 是四级反馈移位寄存器工作原理示意图，其中包括四级移位寄存器，模二相加反馈电路及脉冲发生器。

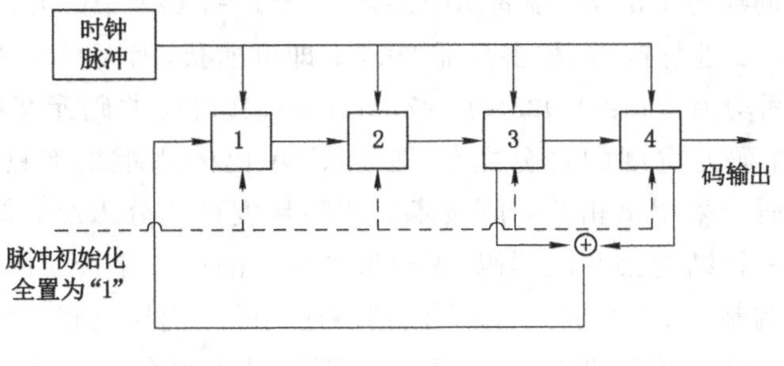

图 3-8　四级反馈移位寄存器工作原理示意图

其工作过程为：移位寄存器在开始工作时将脉冲全部置为“1”；当钟脉冲加到移位寄存器上时，每个码元都顺序地向下一个单元移位，而最后一个码元便输出，并与某几个存储单元的码元经模二相加，再反馈给第一级存储单元；重复该过程，经过 15 个脉冲后，4 个寄存器又出现全“1”状态，由第 4 级寄存器输出的是一个周期为 $15t_0$ 的二进制码序列。

(3) 粗码

粗码(Coarse/Acquisition code,C/A 码)又称捕获码,是用于进行粗略测距和捕获精码的伪随机噪声码。GPS 的 C/A 码是由两个周期性的二进制码序列 G1 和 G2 进行模二相加形成,G1 和 G2 每个周期中均含有 1 023 个码元,各自由一个 10 级移位寄存器产生,初始状态全置为 1,然后在频率 10.23 MHz 时钟脉冲驱动下产生码序列,两个移位寄存器分别产生码长为 1 ms 的序列 G1 和 G2。将等价平移后的 G2 序列与 G1 序列模二相加,从而得到 C/A 码,如图 3-9 所示。由于 G2 序列有 1 023 种平移序列,所以与 G1 序列进行模二相加后有 1 023 种 C/A 码序列。由于 C/A 码是由两个相同码长和数码率,但结构不同的码序列相乘得到的组合码,又被称为 Gold 序列。

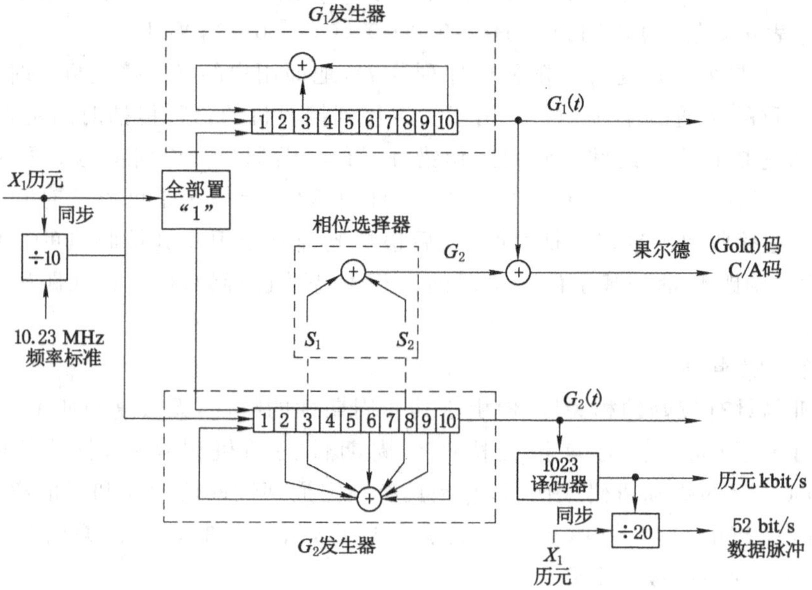

图 3-9　C/A 码构成示意图

由于 C/A 码的周期为 1 ms,一个周期中共含 $2^{10}-1=1\ 023$ 个码元,即码长为 1 023 bit。若以每秒 50 bit 的速度进行搜索,最多只需 20.5 s 即可捕获,因而 C/A 码也被称为捕获码。每个码元持续的时间均为 1 ms/1 023=0.977 517 μs,其对应的码元宽度为 293.05 m。若认为测距精度为一个码元宽度的百分之一,那么 C/A 码的测距精度只能达到 2.93 m,故 C/A 码也被称为粗码。采用窄相关间隔技术后测距精度可达分米级,与精码的测距精度大体相当。C/A 码是一种结构公开的明码,供全世界所有的用户免费使用。

C/A 码最早只调制在 L1 载波上,故无法精确地消除电离层延迟。2005 年 9 月 26 日开始在卫星 Block Ⅱ R-M 上增设调制了 C/A 码的第二民用频率 L2C 后,可通过双频组合进行电离层延迟消除。同时,在 L1 和 L2 上各增设了一个新的军用伪噪声码(M 码),GPS 卫星测距码由原来的 3 个(C/A 码、P 码、M 码)增加到了 5 个。2010 年 8 月 1 日发射的 Block ⅡF 卫星,增加了第三频率(L5),形成了由 3 个 GPS 信号进行导航定位的格局。2015 年发射的 GPS Ⅲ卫星,在 L1 上增加了民用测距码 L1C 码,从而使用户能够利用的信号扩展为 3 个载波信号(L1、L2、L5)和 4 个民用测距码(C/A、L2C、P、L1C)。

(4) 精码

用于精确测定GPS卫星至接收机距离的测距码称为精码。P码是由X1和X2两个二进制码序列模二相加后产生的复合伪噪声码。X1和X2均由12级线性反馈移位寄存器产生。由于P码的码速率为C/A码的10倍，达到了10.23 Mbps，其码元宽度仅为29.3 m。同样，如果测距精度为码元宽度的百分之一，P码的测距精度为0.293 m。为防止敌对方对GPS信号进行电子干扰和电子欺骗，美国从1994年1月31日起实施了反电子欺骗(Anti-Spoofing，AS)政策。具体做法是将P码与绝密的W码进行模二相加以形成保密的Y码。Y码的结构是完全保密的，只有美国及其盟国的军方用户以及少数经美国政府授权的用户才能使用Y码。由于P(Y)码的码元宽度仅为C/A码的1/10，而且该测距码又同时调制在L1和L2两个载波上，可较完善地消除电离层延迟，故用它来测距可获得较精确的结果。

实施AS政策后，未经美国政府允许的用户就不能使用精码来测距，从而给高精度导航和GPS测量的数据处理带来不少麻烦。为了克服这种情况，GPS接收机厂家和卫星大地测量工作者做了大量的工作，Z跟踪技术就是解决上述问题的一个有效方法。Z跟踪技术的核心是打破Y码，将其重新分解为P码和W码，然后利用P码来测距。

Z跟踪技术的基本原理是：P码的码速率为10.23×10^6 bps，W码的码速率则为512×10^3 bps。也就是说，一个W码大约要和20个P码相对应。换言之，当进行模二相加时，大约有20个P码是与同一个W码相加的。

根据模二相加的法则：

$$\begin{cases}1 \oplus 0 \rightarrow 1\\ 0 \oplus 0 \rightarrow 0\\ 1 \oplus 1 \rightarrow 0\\ 0 \oplus 1 \rightarrow 1\end{cases} \tag{3-18}$$

由式(3-18)可以看出，当P码与W码相同时，形成的Y码为“0”，当P码与W码不同时，所形成的Y码为“1”。

如果把积分间隔限制在W码的一个码元内，此时会出现两种情况：

① 当W码为“0”时，积分间隔中的Y码即P码，接收机只需要产生P码就能与它进行相关处理或者说就能用P码测距了。

② 当W码为“1”时，积分间隔中的Y码即－P码(或者说倒相)，序列中的“0”变成“1”，“1”变成“0”。此时，如果与接收机产生的P码进行相关处理，“对齐”时其相关系数$R\rightarrow -1$。采用上述方法就可“估计”出W码，并用P码进行测距。但由于积分间隔小，参加比对的码元数少，所以采用Z跟踪技术后虽然仍可用P码测距，但测距精度仍比实施AS政策前有所降低。

3.3.3.2 载波

可运载调制信号的高频振荡波称为载波。一方面由于频率过高时，传播信号受水汽吸收和氧气吸收谐振严重，另一方面当频率过低时，残余的电离层延迟较大，所以卫星导航定位通常都采用L波段的无线电信号作为载波。目前，GPS卫星常用的载波有三个，由于它们均位于电磁波的L波段，故分别称为L1载波、L2载波和L5载波。GPS卫星上的原子钟产生基准频率f_0(f_0= 10.23 MHz)，L1载波是基准频率f_0倍频154倍后形成的，即$f_1=154\times f_0=1\ 575.42$ MHz，其波长λ_1约为19.03 cm；L2载波是由基准频率f_0倍频120倍后形成的，即 $f_2 = 120 \times f_0 = 1\ 227.60$ MHz，其波长 λ_2 约为 24.42 cm；L5 载波是基准频率 f_0 倍频 115 倍后形成的，即 $f_5 = 115 \times f_0 = 1\ 176.45$ MHz，其波长 λ_5 约为 25.48 cm。

GPS 现代化之前(Block Ⅱ卫星、BlockⅡA 卫星、BlockⅡR 卫星)，卫星只发射 L1 载波和 L2 载波信号，在 L1 载波上调制 C/A 码和 P(Y)码，在 L2 载波上调制 P(Y)码。GPS 现代化之后，在 GPS Block ⅡR-M 卫星中增加另外三种新的民用信号 L2C 信号，以及新的军用信号(将 M 码分别叠加在 L1 和 L2 载波上，构成 L1M 和 L2M 信号)；在 Block ⅡF 卫星中增加了新的 L5 民用信号。另外在新一代的 Block Ⅲ卫星中还计划在 L1 频率上增加一个现代化的民用信号 L1C。采用多个载波频率的主要原因是能够组成更多的线性组合观测值，从而较好地消除电离层延迟。

在无线电通信中，为了更好地传送信息，往往将这些信息调制在高频的载波上，然后将这些调制波播发出去，而不是直接发射这些信息。在一般的通信中，当调制波到达用户接收机解调出有用信息后，载波的任务便宣告完成。但在全球定位系统中情况有所不同，载波除了能更好地传送测距码和导航电文这些有用信息外(担当起传统意义上载波的作用)，在载波相位测量中它又被当作一种测距信号使用。其测距精度比伪距测量的精度高 2～3 个数量级。因此，载波相位测量在高精度定位中得到了广泛的应用。

3.3.3.3 GPS 信号调制

信号调制，就是把信号转换成适合在信道中传输的形式的过程。在无线通信等领域，调制通常指载波调制，就是用调制信号去控制载波的参数的过程，使载波的某一个或某几个参数按照调制信号的规律而变化。

调制方式很多，主要包括模拟连续波调制(简称模拟调制)、数字连续波调制(简称数字调制)、模拟脉冲调制、数字脉冲调制等。对卫星导航来说，主要采用数字调制方式。

调制之前的载波相位可用下式表示：

$$e_{\mathrm{BPSK}}(t) = A\cos(\omega t + \varphi_0) \tag{3-19}$$

式中，A 为振幅值；ω 为载波角频率；φ_0 为初始相位。

当数字信号为 0 时，φ_0 为 0，载波相位为余弦函数；当数字信号为 1 时，φ_0 为 π，载波相位为正弦函数。因此，数字调制可表述为一个矩形脉冲序列与正弦波相乘。

由于伪随机码的振幅值只取 0 或 1，如果数字信号为 0 时，对应的码状态为＋1；而数字信号取 1 时，对应的码状态为－1。载波和相应伪随机码相乘后，便实现了载波的数字调制，此时伪随机码就被加到载波上去了。载波的数字调制过程如图 3-10 所示，当码位从 0 变为 1，或从 1 变为 0 时，都将使载波相位改变 180°。

L1 载波、L2 载波和 L5 载波上的信号结构具体表达式为：

$$s_{\mathrm{L1}}(t) = a_1 c_P(t) d(t) \cdot \cos \omega_1 t + a_2 c_{C/A}(t) d(t) \cdot \sin \omega_1 t \tag{3-20}$$

$$s_{\mathrm{L2}}(t) = a_3 c_p(t) d(t) \cdot \cos \omega_2 t \tag{3-21}$$

$$s_{\mathrm{L5}}(t) = a_5 d(t) NH_I(t) G_I(t) \cdot \cos \omega_5 t - a_5 NH_Q(t) G_Q(t) \cdot \sin \omega_5 t \tag{3-22}$$

式中，$c_P(t)$为精码；$c_{C/A}(t)$为粗码；$d(t)$为导航电文；a_i 为信号强度分量($i=1,2,5$)；ω_i 为角频率；$NH_I(t)$、$NH_Q(t)$分别为 10 符号与 20 符号的纽曼-霍夫曼编码；$G_I(t)$、$G_Q(t)$分别为 I、Q 两路的伪随机序列。

根据这一原理，GPS 信号结构的产生如图 3-11 所示。

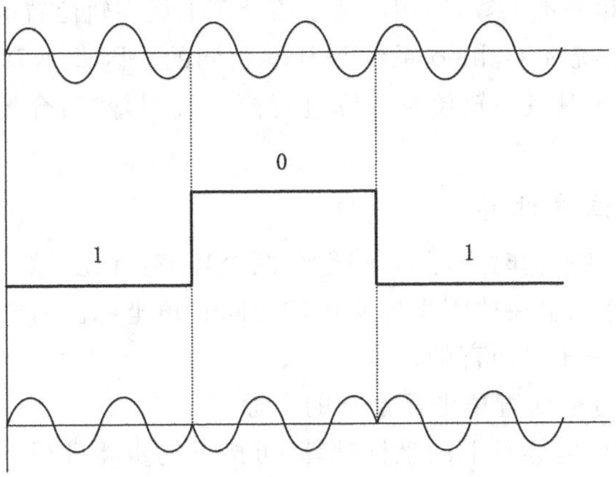

图 3-10　载波的数字调制过程

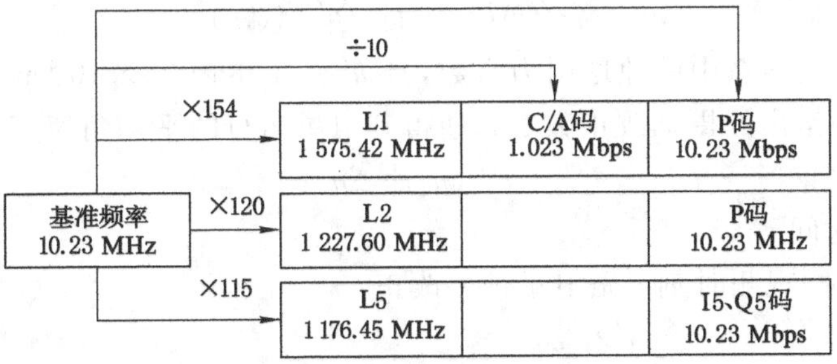

图 3-11　GPS 信号结构的产生

从图 3-11 中可见，卫星发射的所有信号分量都由同一个基本频率 f_0 发出，包括 L1 载波、L2 载波和 L5 载波，粗测距码 C/A 码、精测距码 P 码，数据码 D 码、I5 码和 Q5 码。

中国的 BDS 系统分为三个建设发展阶段，第一阶段为北斗一号，第二阶段为北斗二号，第三阶段为北斗三号。B1C 和 B2a 信号在北斗三号中圆地球轨道(MEO)卫星和倾斜地球同步轨道(IGSO)卫星上播发。B1C 信号为新增信号，B2a 信号将取代 B2I 信号。B3I 信号在北斗二号和北斗三号的中圆地球轨道(MEO)卫星、倾斜地球同步轨道(IGSO)卫星和地球静止轨道(GEO)卫星上播发。B1I 信号在北斗三号所有卫星上播发。北斗三号地球静止轨道(GEO)卫星同时播发星基增强信号，提供星基增强服务，相关信号参考国际民航标准。鉴于 BDS 的信号和导航电文内容丰富、结构复杂，本小节不做介绍，详细内容参见相应的北斗系统空间信号接口控制文件公开服务信号。

3.3.4　卫星坐标计算

本节介绍利用广播星历计算 GPS、BDS 和 GLONASS 卫星在轨瞬时位置的方法，以及观测历元卫星瞬时坐标的计算流程，为获得 GNSS 导航定位的已知点坐标打下基础。

卫星在轨位置的计算是利用卫星进行导航定位以及制定观测计划的基础。对目前世界上的四个主要导航卫星系统(美国的 GPS 系统、中国的 BDS 系统、俄罗斯的 GLONASS 系统、欧洲的 Galileo 系统)来说，导航定位的基本原理是相似的，主要不同之处在于坐标系统不同、时间系统不同、信号频率不同等，利用广播星历计算卫星在轨位置的算法，除 GLONASS 系统外，GPS 系统、BDS 系统和 Galileo 系统是基本相同的。因此本章首先介绍 GPS 卫星在轨位置计算方法，对 BDS 卫星在轨位置计算进行简单说明，然后介绍 GLONASS 卫星在轨位置的计算方法。

3.3.4.1 GPS 卫星位置计算

利用广播星历计算卫星瞬时坐标时，一般分两个环节：首先计算卫星在轨道平面直角坐标系下的坐标，然后计算卫星在地固坐标系中的空间直角坐标。需要注意的是，这里的观测时刻是相对于卫星钟的钟面时而言的。

(1) 计算卫星在轨道平面直角坐标系下的坐标

卫星在轨道平面直角坐标系下的坐标计算，可按下述步骤进行。

① 计算卫星运行的平均速度 n

根据开普勒第三定律，卫星运行的平均角速度 n_0 可以用下式计算：

$$n_0 = \sqrt{GM/a^3} = \sqrt{u'}/(\sqrt{a})^3 \tag{3-23}$$

式中，u' 为 WGS84 坐标系中的地球引力常数，且 $u'=3.986\,005\times10^{14}\ \mathrm{m^3/s^2}$。平均角速度 n_0 加上导航电文中给出的摄动改正数 Δn，便得到卫星运行的平均角速度 n。

$$n = n_0 + \Delta n \tag{3-24}$$

② 计算归化时间 t_k

首先对(卫星钟)观测时刻 t' 做卫星钟差改正：

$$\begin{cases} t = t' - \Delta t \\ \Delta t = a_0 + a_1(t' - t_{oc}) + a_2(t' - t_{oc})^2 \end{cases} \tag{3-25}$$

然后将观测时刻 t 归化到 GPS 时间系统：

$$t_k = t - t_{oe} \tag{3-26}$$

式中，t_k 为相对参考时刻 t_{oe} 的归化时间(注意：$t_{oe}\neq t_{oc}$)。

③ 计算卫星平近点角 M_k

$$M_k = M_0 + nt_k \tag{3-27}$$

式中，M_0 为导航电文给出的参考时刻 t_{oe} 的平近点角。

④ 计算偏近点角 E_k

$$E_k = M_k + e\sin M_k \tag{3-28}$$

式中，e 为卫星轨道偏心率(由星历给出)。

偏近点角 E_k 计算可以采用迭代解法(E_k 的初始值可近似取 M_k)，当前后两次迭代之差小于预定精度时，即获得了偏近点角 E_k；也可以采用下式进行直接解算：

$$\begin{aligned} E_k = {} & M_k + \left(e - \frac{1}{8}e^3 + \frac{1}{192}e^5 - \frac{1}{9\,216}e^7\right)\sin M_k + \left(\frac{1}{2}e^2 - \frac{1}{6}e^4 + \frac{1}{98}e^6\right)\sin(2M_k) + \\ & \left(\frac{3}{8}e^3 - \frac{27}{128}e^5 + \frac{243}{5\,120}e^7\right)\sin(3M_k) + \left(\frac{1}{3}e^4 - \frac{4}{15}e^6\right)\sin(4M_k) + \\ & \left(\frac{125}{384}e^5 - \frac{3\,125}{9\,216}e^7\right)\sin(5M_k) + \frac{27}{80}e^6\sin(6M_k) + \frac{16\,807}{46\,080}e^7\sin(7M_k) \end{aligned} \tag{3-29}$$

对于 GPS 卫星，该式的模型误差将小于 $3.4''\times10^{-8}$。

⑤ 计算真近点角 V_k

$$V_k = \arctan \frac{\sqrt{1-e^2}}{\cos E_k - e}\sin E_k \tag{3-30}$$

⑥ 计算升交距角 Φ_k

$$\Phi_k = V_k + w \tag{3-31}$$

式中，ω 为近地点角距，由卫星星历给出。

⑦ 计算摄动改正数 δ_u、δ_r、δ_i

$$\begin{cases}\delta_u = C_{uc}\cdot\cos(2\Phi_k) + C_{us}\cdot\sin(2\Phi_k)\\ \delta_r = C_{rc}\cdot\cos(2\Phi_k) + C_{rs}\cdot\sin(2\Phi_k)\\ \delta_i = C_{ic}\cdot\cos(2\Phi_k) + C_{is}\cdot\sin(2\Phi_k)\end{cases} \tag{3-32}$$

式中，δ_u、δ_r、δ_i 分别为升交距角 u 的摄动量、卫星矢径 r 的摄动量和轨道倾角 i 的摄动量；C_{uc}、C_{us}、C_{rc}、C_{rs}、C_{ic}、C_{is} 由导航电文给出。

⑧ 计算归化时刻经摄动改正后的升交距角 u_k、卫星矢径 r_k 和轨道倾角 i_k

$$\begin{cases}u_k = \Phi_k + \delta_u\\ r_k = a(1-e\cos E_k) + \delta_r\\ i_k = i_0 + \delta_i + \dot{I}\cdot t_k\end{cases} \tag{3-33}$$

⑨ 计算归化时刻卫星在轨道平面坐标系中的坐标

$$\begin{cases}x_k = r_k\cos u_k\\ y_k = r_k\sin u_k\end{cases} \tag{3-34}$$

(2) 计算卫星在地固坐标系中的空间直角坐标

① 计算观测时刻升交点经度 Ω_k

$$\Omega_k = \Omega_0 + (\dot{\Omega} - w_e)t_k - w_e t_{oe} \tag{3-35}$$

式中，$w_e = 7.292\ 115\ 67\times10^{-5}$ rad/s，为地球自转的速率；其他有关参数可从电文中得到。

② 计算卫星在地固坐标系中的空间直角坐标

$$\begin{bmatrix}X_k\\ Y_k\\ Z_k\end{bmatrix} = \begin{bmatrix}x_k\cos\Omega_k - y_k\cos i_k\sin\Omega_k\\ x_k\sin\Omega_k + y_k\cos i_k\cos\Omega_k\\ y_k\sin i_k\end{bmatrix} \tag{3-36}$$

③ 计算卫星在协议地球坐标系中的空间直角坐标

$$\begin{bmatrix}X\\ Y\\ Z\end{bmatrix}_{\mathrm{CTS}} = \begin{bmatrix}1 & 0 & X_p\\ 0 & 1 & -Y_p\\ -X_p & Y_p & 1\end{bmatrix}\begin{bmatrix}X_k\\ Y_k\\ Z_k\end{bmatrix} \tag{3-37}$$

式中，X_p、Y_p 为地极瞬时坐标。

利用式(3-23)至式(3-27)即可计算出 GPS 卫星在一定精度范围内的瞬时坐标。

对于 Galileo 系统，利用广播星历计算卫星在轨瞬时位置的方法、步骤与 GPS 卫星的完全相同。

3.3.4.2　BDS 卫星位置计算

与计算 GPS 卫星瞬时坐标相似，利用广播星历计算北斗卫星瞬时坐标时，一般分两个环节进行：首先计算卫星在轨道平面直角坐标系下的坐标，然后计算卫星在 CGCS2000 地固坐标系中的空间直角坐标。

1. 计算北斗卫星在轨道平面直角坐标系下的坐标

北斗卫星在轨道平面直角坐标系下的坐标计算过程与“3.3.4.1”节中“(1) 计算卫星在轨道平面直角坐标系下的坐标”是一致的，但地心引力常数 $\mu=3.986\ 004\ 418\times10^{14}\ \mathrm{m^3/s^2}$。通过计算可得卫星在轨道平面直角坐标系下的坐标：

$$\begin{cases} x_k = r_k\cos u_k \\ y_k = r_k\sin u_k \end{cases} \tag{3-38}$$

2. 计算卫星在 CGCS2000 地固坐标系中的空间直角坐标

(1) 中圆地球轨道(MEO)卫星和倾斜地球同步轨道(IGSO)卫星

① 计算观测时刻升交点经度 Ω_k(地固坐标系)

$$\Omega_k = W_0 + (\dot{W} - w_e)t_k - w_e t_{oe} \tag{3-39}$$

式中，$w_e=7.292\ 115\ 0\times10^{-5}$ rad/s，为地球自转角速度，其他有关参数可从电文中得到。

② 计算卫星在 CGCS2000 地固坐标系中的空间直角坐标

$$\begin{bmatrix} X_k \\ Y_k \\ Z_k \end{bmatrix} = \begin{bmatrix} x_k\cos\Omega_k - y_k\cos i_k\sin\Omega_k \\ x_k\sin\Omega_k + y_k\cos i_k\cos\Omega_k \\ y_k\sin i_k \end{bmatrix} \tag{3-40}$$

(2) 地球静止轨道(GEO)卫星

① 计算观测时刻升交点经度 Ω_k(惯性系)

$$\Omega_k = W_0 + \dot{W}t_k - w_e t_{oe} \tag{3-41}$$

式中，$w_e=7.292\ 115\ 0\times10^{-5}$ rad/s，为地球自转角速度，其他有关参数可从电文中得到。

② 计算 GEO 卫星在自定义坐标系中的空间直角坐标

$$\begin{bmatrix} X_{Gk} \\ Y_{Gk} \\ Z_{Gk} \end{bmatrix} = \begin{bmatrix} x_k\cos\Omega_k - y_k\cos i_k\sin\Omega_k \\ x_k\sin\Omega_k + y_k\cos i_k\cos\Omega_k \\ y_k\sin i_k \end{bmatrix} \tag{3-42}$$

③ 计算 GEO 卫星在 CGCS2000 地固坐标系中的空间直角坐标

$$\begin{bmatrix} X_k \\ Y_k \\ Z_k \end{bmatrix} = \boldsymbol{R}_Z(\omega_e t_k)\boldsymbol{R}_X(-5^\circ)\begin{bmatrix} X_{Gk} \\ Y_{Gk} \\ Z_{Gk} \end{bmatrix} \tag{3-43}$$

其中：

$$\boldsymbol{R}_X(\varphi) = \begin{bmatrix} 1 & 0 & 0 \\ 0 & +\cos\varphi & +\sin\varphi \\ 0 & -\sin\varphi & +\cos\varphi \end{bmatrix},\boldsymbol{R}_Z(\varphi) = \begin{bmatrix} +\cos\varphi & +\sin\varphi & 0 \\ -\sin\varphi & +\cos\varphi & 0 \\ 0 & 0 & 1 \end{bmatrix}$$

3.3.4.3 GLONASS 卫星位置计算

对于 GLONASS，播发的是 PZ-90 坐标系下参考时刻的卫星运动状态向量，每半个小时广播一次，如需要得到某个时间的卫星位置，必须受力模型积分得到。采用参考时刻卫星位置、速度以及加速度，为轨道积分提供初始值，求解轨道。在 ECEF(PZ-90)坐标框架下，卫星位置与速度 $r^s(t)=(X,Y,Z)^T$，$v^s(t)=(v_X,v_Y,v_Z)^T$ 的微分方程可表示如下：

$$\frac{dX}{dt} = v_X,\frac{dY}{dt} = v_Y,\frac{dZ}{dt} = v_Z \tag{3-44}$$

$$\frac{\mathrm{d}v_X}{\mathrm{d}t}=-\frac{GM}{r^3}X+\frac{3}{2}J_2\frac{GMa_e^2}{r^5}X\left(1-\frac{5Z^2}{r^2}\right)+\omega_e^2X+2\omega_e v_Y+a_X \tag{3-45}$$

$$\frac{\mathrm{d}v_Y}{\mathrm{d}t}=-\frac{GM}{r^3}Y+\frac{3}{2}J_2\frac{GMa_e^2}{r^5}Y\left(1-\frac{5Z^2}{r^2}\right)+\omega_e^2Y-2\omega_e v_X+a_Y \tag{3-46}$$

$$\frac{\mathrm{d}v_Z}{\mathrm{d}t}=-\frac{GM}{r^3}Z+\frac{3}{2}J_2\frac{GMa_e^2}{r^5}Z\left(3-\frac{5Z^2}{r^2}\right)+a_Z \tag{3-47}$$

式中，a_e 为地球椭球长半径（6 378 136.0 m）；GM 为引力常数（3.986 004 418×10^{14} m^3/s^2）；w_e 为地球自转角速度（7.292 115 0×10^{-5} rad/s）；J_2 为地球重力场二阶带球谐函数（1 082 625.7×10^{-9}）；$r=\sqrt{X^2+Y^2+Z^2}$。

在初始卫星位置 $r^s(t_b)$ 和速度 $v^s(t_b)$ 条件下，对式(3-44)至式(3-47)采用4阶龙格库塔数值积分方法进行积分，即可求得在时间 t 处的卫星位置 $r^s(t)$ 与速度 $v^s(t)$。

3.4　卫星定位基本原理

GNSS的观测量，是用户利用GNSS进行导航和定位的重要依据之一。本节将在前几节预备知识的基础上，介绍利用GNSS进行定位的观测量的类型和基本方法，并阐述与测码伪距和载波相位观测量相应的观测方程及其定位原理，最后简述GNSS绝对定位、相对定位、差分定位的基本原理。

3.4.1　观测值和观测方程

3.4.1.1　概述

在GNSS定位中，卫星在空中高速飞行，其瞬时位置通过计算可以获得，即卫星是动态已知点。用户通过测量接收机到4颗卫星的距离，在考虑接收机 p 三维坐标(未知)、接收机钟差(未知)和卫星的已知三维坐标基础上，建立卫星到接收机的4个距离方程，通过解算该距离方程即可获得接收机的三维坐标。这便是卫星定位的基本原理，其定位本质是空间距离后方交会，如图3-12所示。

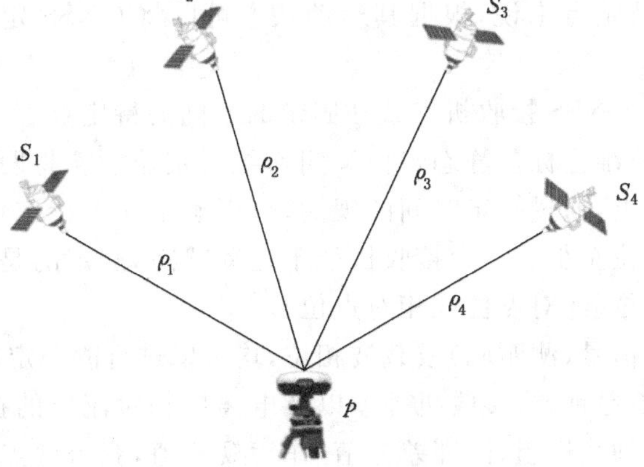

图3-12　GNSS定位原理

设卫星 i 的瞬时已知坐标为(X^i,Y^i,Z^i)，测站 p 的近似坐标为(X_p^0,Y_p^0,Z_p^0)，其改正数为$(\delta X_p^0,\delta Y_p^0,\delta Z_p^0)$，若不考虑相关误差（如大气延迟误差等）的影响，则测站到卫星的线性化距离观测方程为：

$$\frac{X_p^0-X^i}{\rho_{p,0}^i}\delta X_p+\frac{Y_p^0-Y^i}{\rho_{p,0}^i}\delta Y_p+\frac{Z_p^0-Z^i}{\rho_{p,0}^i}\delta Z_p-c\delta t_p-(\tilde{\rho}_p^i-\rho_{p,0}^i)=0 \tag{3-48}$$

式中，δt_p 为接收机钟差改正数；$\tilde{\rho}_p^i$ 为测站 p 到卫星 i 的距离观测值；c 为光速（光速约为 3×10^8 m/s，精确值为 $2.997\,924\,58\times10^8$ m/s）。

$$\rho_{p,0}^i=\sqrt{(X^i-X_p^0)^2+(Y^i-Y_p^0)^2+(Z^i-Z_p^0)^2}$$

记

$$l_p^i=\frac{X_p^0-X^i}{\rho_{p,0}^i},m_p^i=\frac{Y_p^0-Y^i}{\rho_{p,0}^i},n_p^i=\frac{Z_p^0-Z^i}{\rho_{p,0}^i},L_p^i=\rho_{p,0}^i-\tilde{\rho}_p^i$$

则式(3-48)可写为：

$$\begin{bmatrix} l_p^i & m_p^i & n_p^i & -1 \end{bmatrix}\begin{bmatrix}\delta X_p\\ \delta Y_p\\ \delta Z_p\\ c\delta t_p\end{bmatrix}-L_p^i=0 \tag{3-49}$$

若测站 p 对 4 颗卫星进行了距离观测，则可得 4 个观测方程，从而解得测站 p 近似坐标改正数$(\delta X_p^0,\delta Y_p^0,\delta Z_p^0)$和接收机钟差改正数 δt_p，则测站 p 的定位坐标为：

$$X_p=X_p^0+\delta X_p,Y_p=Y_p^0+\delta Y_p,Z_p=Z_p^0+\delta Z_p \tag{3-50}$$

根据基本原理可知，GNSS 定位中需要解决的问题有两个：

① 观测瞬间 GNSS 卫星的位置

根据卫星的广播星历或精密星历，可以按“3.3.4 卫星坐标计算”的方法计算卫星的瞬时位置信息。

② 观测瞬间测站至 GNSS 卫星之间的距离

测站与卫星之间的距离是通过测定卫星信号在卫星和测站点之间的传播时间来确定的。接下来在介绍定位原理的同时，将讨论距离测定的问题。

根据不同的测量原理，GNSS 定位原理与方法主要包括伪距法定位、载波相位测量定位、差分定位等。对于待定点来说，根据其运动状态可以将 GNSS 定位分为静态定位和动态定位两种。

静态定位指的是将 GNSS 接收机安置在固定的不同的待定点上，观测数分钟乃至更长时间，以确定待定点的三维坐标。静态定位又叫作绝对定位。若将两台接收机分别安置在两个固定不变的待定点上，通过一定时间的观测，可以确定两个待定点之间的相对位置，又叫作相对定位。动态定位至少有一台接收机处于运动状态，测定的是运动中的接收机各观测时刻（观测历元）的点位（绝对点位或相对点位）。

利用接收到的卫星信号（测距码）或载波相位，均可以进行静态定位。实际应用中，为了降低卫星的轨道误差、卫星钟差、接收机钟差以及电离层和对流层的折射误差的影响，常采用载波相位观测值的各种线性组合（即差分值）作为观测值，获得两点之间高精度的基线向量（即坐标差）。

GNSS 系统泛指所有的卫星导航系统，目前主要包括美国的 GPS 系统、俄罗斯的

GLONASS 系统、中国的 BDS 系统、欧洲的 Galileo 系统，对这四个系统而言，其定位原理基本相同，但坐标系统、时间系统和频率各异。

3.4.1.2　伪距测量

伪距法定位是由 GPS 接收机在某一时刻测得 4 颗以上 GPS 卫星的伪距，利用已知的卫星位置，采用距离交会的方法求出接收机天线所在点的三维坐标。所测伪距是指由卫星发射的测距码信号到达接收机的传播时间乘以光速所得出的距离。由于卫星钟、接收机钟的误差以及无线电信号经过大气层的时间延迟，实际测出的距离 $\tilde{\rho}$ 与卫星到接收机的几何距离 ρ 有一定的差值，因此一般称该距离 $\tilde{\rho}$ 为伪距。对于 GPS 系统，用 C/A 码进行测量的伪距称为 C/A 码伪距，用 P 码进行测量的伪距称为 P 码伪距。伪距法定位的一次定位精度不高(C/A 码定位误差约为 20～30 m，P 码定位误差约为 10 m)，但因其具有定位速度快，且无多值性问题等优点，仍然是 GPS 定位系统进行导航的最基本方法。同时，所测伪距又可以作为载波相位测量中解决整周模糊度问题的辅助资料。因此，有必要了解伪距测量以及伪距法定位的基本原理和方法。

(1) 伪距测量原理

在建立伪距观测方程时，需要考虑卫星钟差、接收机钟差及大气折射的影响。

时间延迟实际为信号的接收时刻与发射时刻之差，即使不考虑大气折射延迟，为得出卫星至测站间的正确距离，要求接收机钟与卫星钟严格同步，且保持频标稳定。实际上，这是难以做到的，在任一时刻，无论是接收机钟还是卫星钟，相对于 GPS 时间系统下的标准时(以下简称 GPS 标准时)都存在着 GPS 钟差，即钟面时与 GPS 标准时之差。

设接收机 p 在某一历元 k 接收到卫星信号的钟面时为 t_p，与此相应的标准时为 T_p，则接收机钟差为：

$$\delta t_p = t_p - T_p \tag{3-51}$$

若该历元第 i 颗卫星信号发射的钟面时为 t^i，相应的 GPS 标准时为 T^i，则卫星钟差为：

$$\delta t^i = t^i - T^i \tag{3-52}$$

若忽略大气折射的影响，并将卫星信号的发射时刻和接收时刻均换算为 GPS 标准时，则在该历元卫星 i 到测站 p 的几何传播距离可表示为：

$$\rho_p^i = c(T_p - T^i) = c\tau_p^i \tag{3-53}$$

式(3-53)中的 τ 为相应的时间延迟。若考虑对流层和电离层引起的附加信号延迟 $\Delta\tau_{\text{trop}}$ 和 $\Delta\tau_{\text{ion}}$，则正确的卫地距为：

$$\rho_p^i = c(\tau_p^i - \Delta\tau_{\text{trop}} - \Delta\tau_{\text{ion}}) \tag{3-54}$$

由式(3-51)至式(3-53)可得：

$$\rho_p^i = c(t_p - t^i) - c(\delta t_p - \delta t^i) - \delta\rho_{\text{trop}} - \delta\rho_{\text{ion}} \tag{3-55}$$

式中，左端的卫地距中含有测站 p 的位置信息，右端的第一项实际上为伪距观测值，因此可将伪距观测值表示为：

$$\tilde{\rho}_p^i = \rho_p^i + c\delta t_p - c\delta t^i + \delta\rho_{\text{trop}} + \delta\rho_{\text{ion}} \tag{3-56}$$

式中，$\delta\rho_{\text{trop}}$ 和 $\delta\rho_{\text{ion}}$ 分别为对流层和电离层的折射改正。

式(3-56)即所测伪距与真正的几何距离之间的关系式。

(2) 伪距测量观测方程

式(3-56)中,电离层和对流层改正可以按照一定的模型进行计算,卫星钟差 δt^i 可以从导航电文中获得,而几何距离 ρ 与卫星坐标(X^i,Y^i,Z^i)及接收机坐标(X_p,Y_p,Z_p)之间的关系式为:

$$\rho^2=(X^i-X_p)^2+(Y^i-Y_p)^2+(Z^i-Z_p)^2 \tag{3-57}$$

式中,卫星坐标可以根据卫星的导航电文求得。因而,其中只包含接收机坐标 3 个未知数。

如果将接收机钟差 δt_p 也作为未知数,则共有 4 个未知数,所以接收机必须同时至少测定 4 颗卫星的距离才能计算出接收机的三维坐标值。因此,将式(3-57)代入式(3-56),有:

$$[(X^i-X_p)^2+(Y^i-Y_p)^2+(Z^i-Z_p)^2]^{1/2}=\tilde{\rho}^i-c\delta t_p+c\delta t^i-\delta\rho^i_{\mathrm{trop}}-\delta\rho^i_{\mathrm{ion}} \tag{3-58}$$

式中,i 为卫星数,$i=1,2,3,\cdots$。

式(3-58)即伪距定位的观测方程。

3.4.1.3 载波相位测量

利用测距码进行伪距测量是 GNSS 的基本测距方法。然而,由于测距码的码元长度较大,对于一些高精度应用来讲测距精度还是过低,无法满足需要。

对 GPS 而言,如果观测精度均取至测距码波长的百分之一,则伪距测量对 P 码的量测精度为 0.3 m,对 C/A 码的量测精度为 3 m 左右。如果把载波作为量测信号,由于载波的波长短,$\lambda_{L1}=19.03$ cm,$\lambda_{L2}=24.42$ cm,$\lambda_{L5}=25.48$ cm,所以对于载波 L1 而言,相应的测距误差约为 1.9 mm;而对于载波 L2 而言,相应的测距误差约为 2.4 mm,而对于载波 L5 而言,相应的测距误差约为 2.5 mm,因而测距精度很高。

目前,测地型 GNSS 接收机的载波相位测量精度一般为 1～2 mm,有的精度更高。但载波信号是一种周期性的正弦信号,而相位测量又只能测定其不足一个波长的部分,因而存在着整周数不确定性的问题,使解算过程变得比较复杂。

在 GNSS 信号中由于已使用相位调整的方法在载波上调制了测距码和导航电文,无法接收到的载波的相位已经不再连续,所以在进行载波相位测量以前,首先要进行解调工作,设法将调制在载波上的测距码和卫星电文去掉并重新获取载波,这一工作称为重建载波。重建载波一般可以采用两种方法,一种是码相关法,另一种是平方法。采用前者,用户可同时提取测距信号和卫星电文,但是用户必须知道测距码的结构;采用后者,用户无须掌握测距码的结构,但只能获得载波信号而无法获得测距码和卫星电文。

(1) 载波相位测量原理

载波相位测量的观测量是 GPS 接收机所接收的卫星载波信号与接收机本身参考信号的相位差。以 $\varphi_p^i(t_p)$ 表示 p 接收机在接收机钟面时刻 t_p 时所接收到的 i 卫星载波信号的相位值,$\Phi_p(t_p)$ 表示 p 接收机在接收机钟面时刻 t_p 所产生的本地参考信号的相位值,则 p 接收机在接收机钟面时刻 t_p 观测 i 卫星所取得的相位观测量可以写为:

$$\Phi_p^i(t_p)=\varphi_p(t_p)-\varphi_p^i(t_p) \tag{3-59}$$

通常的相位或相位差测量只是测出一周以内的相位值。实际测量中,如果对整周进行计数,则自某一初始取样时刻 t_0 以后就可以取得连续的相位测量值。

如图 3-13 所示,在初始 t_0 时刻,测得小于一周的相位差为 $\Delta\varphi_0$,其整周数为 N_0^i,此时包含整周数的相位观测值应为:

$$\Phi_p^i(t_0)=\Delta\varphi_0+N_0^i=\varphi_p(t_0)-\varphi_p^i(t_0)+N_0^i \tag{3-60}$$

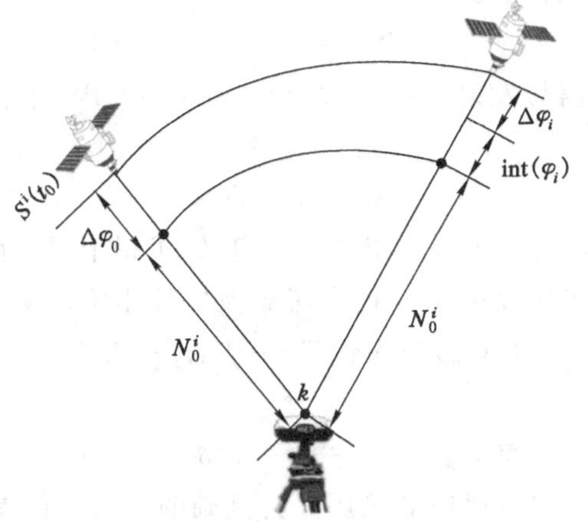

图 3-13　载波相位测量原理

接收机继续跟踪卫星信号，不断测定小于一周的相位差 $\Delta\varphi(t)$，并利用整波计数器记录从 t_0 到 t_k 时间内的整周数变化量 $\mathrm{int}(\varphi)$，只要卫星 S^i 在 t_0 到 t_k 之间信号没有中断，则初始时刻整周模糊度 N_0^i 就是一常数，且任一 t_k 时刻卫星 S^i 到 p 接收机的相位差为：

$$\Phi_p^i(t_k)=\varphi_p(t_k)-\varphi_p^i(t_k)+N_0^i+\mathrm{int}(\varphi) \tag{3-61}$$

式(3-61)说明，从第一次开始，在以后的观测中，其观测量包括了相位差的小数部分和累计的整周数。

(2) 载波相位观测量观测方程

载波相位观测量是接收机(天线)和卫星位置的函数，只有得到了它们之间的函数关系，才能从观测量中求解接收机(或卫星)的位置。

以 GPS 标准时为准，卫星 i 在历元 T^i 发射的载波信号相位为 $\varphi^i(T^i)$，而测站 p 的接收机在历元 T_p 的参考载波信号相位为 $\varphi_p(T_p)$，则相位差为：

$$\Phi_p^i(T)=\varphi_p(T_p)-\varphi^i(T^i) \tag{3-62}$$

对于一个稳定性良好的振荡器来说，相位与频率之间有如下关系式：

$$\varphi(t+\Delta t)=\varphi(t)+f\cdot\Delta t \tag{3-63}$$

式中，f 为信号频率；Δt 为一微小时间间隔。则有：

$$\varphi_p(T_p)=\varphi^i(T^i)+f(T_p-T^i) \tag{3-64}$$

于是由式(3-62)可得：

$$\Phi_p^i(T)=\varphi_p(T_p)-\varphi^i(T^i)=f(T_p-T^i)=f\cdot\tau_p^i \tag{3-65}$$

式中，τ 为在卫星钟和接收机钟同步的情况下卫星信号的传播时间。

由于卫星信号的发射历元是未知的，因此需要根据已知的观测历元 t_p(考虑对流层和电离层延迟改正)按下式计算信号的传播时间：

$$\tau_p^i=\frac{1}{c}\rho_p^i\left(1-\frac{1}{c}\dot{\rho}_p^i\right)-\frac{1}{c}\dot{\rho}_p^i\delta t_p+\frac{1}{c}(\delta\rho_{\mathrm{trop}}+\delta\rho_{\mathrm{ion}}) \tag{3-66}$$

式中，ρ 为卫星与测站间的几何距离；$\dot{\rho}$ 为卫地距变率。

由于卫星钟和接收机钟都不可避免地含有钟差的影响，在处理多测站多历元对不同卫星的同步观测结果时，必须统一时间标准。设接收机 p 接收到卫星信号的钟面时为 t_p(相应

的标准时为 T_p），则接收机钟差为：

$$\delta t_p = t_p - T_p \tag{3-67}$$

若该历元第 i 颗卫星信号发射的钟面时为 t^i（相应的 GPS 标准时为 T^i），则卫星钟的钟差为：

$$\delta t^i = t^i - T^i \tag{3-68}$$

由式(3-67)、式(3-68)、式(3-63)及相位差的定义，可得卫星 i 在历元 t^i 发射的载波信号相位 $\varphi^i(T^i)$，与测站 p 的在接收历元 t_p 的参考载波信号相位 $\varphi_p(T_p)$ 之间的相位差为：

$$\Phi_p^i(t_p) = \Phi_p^i(T) + f(\delta t_p - \delta t^i) \tag{3-69}$$

考虑式(3-68)，有：

$$\Phi_p^i(t_p) = f \cdot \tau_p^i + f(\delta t_p - \delta t^i) \tag{3-70}$$

将式(3-66)代入式(3-70)可得以观测历元为基础的载波相位差：

$$\Phi_p^i(t_p) = \frac{f}{c}\rho_p^i\left(1 - \frac{1}{c}\dot{\rho}_p^i\right) + f\left(1 - \frac{1}{c}\dot{\rho}_p^i\right)\delta t_p - f\delta t^i + \frac{f}{c}(\delta\rho_{\text{trop}} + \delta\rho_{\text{ion}}) \tag{3-71}$$

因为通过测量接收机振荡器所产生的参考载波信号与接收到的卫星载波信号之间的相位差，只能测定其不足一整周的小数部分。若假设 $\delta\varphi_p^i(t_0)$、$N_p^i(t_0)$ 为起始历元 t_0 时相位差的小数部分及整周数，则起始历元 t_0 时的总相位差为：

$$\Phi_p^i(t_0) = \delta\varphi_p^i(t_0) + N_p^i(t_0) \tag{3-72}$$

当卫星于历元 t_0 被锁定以后，载波相位变化的整周数便被自动计数，所以对其后任一历元 t_k 的总相位差为：

$$\Phi_p^i(t_k) = \delta\varphi_p^i(t_k) + N_p^i(t_k - t_0) + N_p^i(t_0) \tag{3-73}$$

式(3-73)右端的第二项由接收机自动连续计数确定，为已知量。记

$$\varphi_p^i(t_k) = \delta\varphi_p^i(t_k) + N_p^i(t_k - t_0) \tag{3-74}$$

则式(3-73)可改写成：

$$\varphi_k^i(t_k) = \Phi_k^i(t_k) - N_k^i(t_0) \tag{3-75}$$

$\varphi_p^i(t_k)$实际上是在观测历元 t_k 接收机 p 对卫星 i 的载波相位观测值。将式(3-71)代入式(3-75)即可获得载波相位的观测方程：

$$\varphi_p^i(t_k) = \frac{f}{c}\rho_p^i\left(1 - \frac{1}{c}\dot{\rho}_p^i\right) + f\left(1 - \frac{1}{c}\dot{\rho}_p^i\right)\delta t_p - f\delta t^i - N_p^i(t_0) + \frac{f}{c}(\delta\rho_{\text{trop}} + \delta\rho_{\text{ion}}) \tag{3-76}$$

若忽略卫地距变率 $\dot{\rho}$ 的影响，则式(3-75)可简化为：

$$\varphi_p^i(t_k) = \frac{f}{c}\rho_p^i + f\delta t_p - f\delta t^i - N_p^i(t_0) + \frac{f}{c}(\delta\rho_{\text{trop}} + \delta\rho_{\text{ion}}) \tag{3-77}$$

式(3-77)即接收机 p 对卫星 i 的载波相位测量的观测方程。其中，$N_p^i(t_0)$称为整周未知数或整周模糊度。对于 GPS 载波频率而言，一个整周的误差将引起 19 cm(L1 载波)至 24 cm(L2 载波)的误差。此外，在观测过程中，如果卫星信号被阻挡或受到干扰，则接收机对卫星的跟踪便可能中断(失锁)，而当卫星被重新锁定后，载波相位的小数部分是连续正确的，而这时整周数却不正确，这种现象称为周跳。因此，如何准确地确定整周模糊度及对周跳进行探测和修复，便成为利用载波相位观测值进行精密定位的关键问题。周跳探测和修复问题将在下文进行介绍，确定整周模糊度的方法将在相关章节中介绍。

在式(3-77)中,考虑关系式 $\lambda=c/f$,则可得测相伪距的观测方程:

$$\lambda\varphi_p^i(t_k)=\rho_p^i+c\delta t_p-c\delta t^i-\lambda N_p^i(t_0)+\delta\rho_{\text{trop}}+\delta\rho_{\text{ion}} \tag{3-78}$$

3.4.2 绝对定位原理

根据卫星星历以及一台 GNSS 接收机的观测值来独立确定用户在地球坐标系中绝对位置的方法称为绝对定位,也叫单点定位,如图 3-14 所示。绝对定位的优势是只需要一台接收机即可独立定位,外业观测的组织、实施和数据处理比较简单。根据接收机的运动状态,绝对定位又分为静态绝对定位和动态绝对定位。绝对定位根据所采用的观测值类型和定位原理,可分为伪距绝对定位以及精密单点定位。

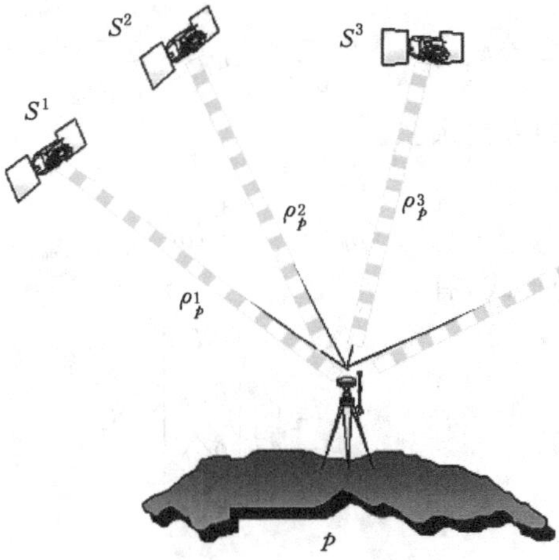

图 3-14　GNSS 单点定位原理

伪距绝对定位采用伪距观测值以及广播星历提供的卫星轨道参数和卫星钟差参数进行导航和定位,由于受广播星历和伪距观测值精度限制,单点定位精度仅为数米至数十米,无法满足高精度定位需求,只能用于一些对定位精度要求较低的领域。精密单点定位(Precise Point Positioning,PPP)技术是指利用国际 GNSS 服务组织(The International GNSS Service,IGS)提供的精密产品,综合考虑各项误差模型的精确改正数,利用伪距和载波相位观测值,集成绝对定位和相对定位的优势,实现单站精密绝对定位,为广大 GNSS 用户,特别是困难和偏远地区的高精度静态和动态定位提供了新的技术支持和解决方案。接下来主要介绍伪距绝对定位的基本原理。

已知伪距观测方程为:

$$[(X^i-X_p)^2+(Y^i-Y_p)^2+(Z^i-Z_p)^2]^{1/2}=\tilde{\rho}^i-c\delta t_p+c\delta t^i-\delta\rho_{\text{trop}}^i-\delta\rho_{\text{ion}}^i \tag{3-79}$$

式(3-79)为非线性函数,难以直接解算测站的三维位置和接收机钟差等待定参数,需要对其进行线性化。设测站 p 的接收机天线相位中心近似坐标为(X_p^0,Y_p^0,Z_p^0),其改正数为$(\delta X_p,\delta Y_p,\delta Z_p)$,卫星 i 在 t^i 时刻的瞬时坐标为(X^i,Y^i,Z^i),将卫地距 ρ_p^i 在(X_p^0,Y_p^0,Z_p^0)上按照泰勒级数展开:

$$\rho_p^i=\frac{\partial\rho_p^i}{\partial X_p}\delta X_p+\frac{\partial\rho_p^i}{\partial Y_p}\delta Y_p+\frac{\partial\rho_p^i}{\partial Z_p}\delta Z_p+\rho_{p_0}^i$$

$$= \frac{X_p^0 - X^i}{\rho_{p_0}^i}\delta X_p + \frac{Y_p^0 - Y^i}{\rho_{p_0}^i}\delta Y_p + \frac{Z_p^0 - Z^i}{\rho_{p_0}^i}\delta Z_p + \rho_{p_0}^i \tag{3-80}$$

其中：

$$\rho_{p_0}^i = \sqrt{(X^i - X_p^0)^2 + (Y^i - Y_p^0)^2 + (Z^i - Z_p^0)^2}$$

$\rho_{p_0}^i$ 为由测站接收机天线相位中心近似坐标和卫星坐标计算得到的空间几何距离。将式(3-80)代入式(3-79)可得伪距观测量的线性化方程：

$$-\frac{X^i - X_p^0}{\rho_{p_0}^i}\delta X_p - \frac{Y^i - Y_p^0}{\rho_{p_0}^i}\delta Y_p - \frac{Z^i - Z_p^0}{\rho_{p_0}^i}\delta Z_p + \rho_{p_0}^i = \tilde{\rho}_p^i - c\delta t_p + c\delta t^i - \delta\rho_{p_{\text{trop}}}^i - \delta\rho_{p_{\text{ion}}}^i \tag{3-81}$$

记

$$l_p^i = \frac{X^i - X_p^0}{\rho_{p_0}^i}, m_p^i = \frac{Y^i - Y_p^0}{\rho_{p_0}^i}, n_p^i = \frac{Z^i - Z_p^0}{\rho_{p_0}^i} \tag{3-82}$$

式中，l、m、n 为测站 p 到卫星 i 的方向余弦。

则式(3-81)可变形为：

$$l_p^i\delta X_p + m_p^i\delta Y_p + n_p^i\delta Z_p - c\delta t_p - (\rho_{p_0}^i - \tilde{\rho}_p^i - c\delta t^i + \delta\rho_{p_{\text{trop}}}^i + \delta\rho_{p_{\text{ion}}}^i) = 0 \tag{3-83}$$

将式(3-83)写成误差方程的形式，有：

$$v_p^i = \begin{bmatrix} l_p^i & m_p^i & n_p^i & -1 \end{bmatrix} \begin{bmatrix} \delta X_p \\ \delta Y_p \\ \delta Z_p \\ c\delta t_p \end{bmatrix} - L_p^i \tag{3-84}$$

其中：

$$L_p^i = \rho_{p_0}^i - \tilde{\rho}_p^i - c\delta t^i + \delta\rho_{p_{\text{trop}}}^i + \delta\rho_{p_{\text{ion}}}^i \tag{3-85}$$

对于某一历元 k，当观测到 $s(s \geqslant 4)$ 颗卫星时，则可组成如下的误差方程：

$$\underbrace{\begin{bmatrix} v_p^1 \\ v_p^2 \\ \vdots \\ v_p^s \end{bmatrix}}_{\boldsymbol{V}} = \underbrace{\begin{bmatrix} l_p^1 & m_p^1 & n_p^1 & -1 \\ l_p^2 & m_p^2 & n_p^2 & -1 \\ \vdots & \vdots & \vdots & \vdots \\ l_p^s & m_p^s & n_p^s & -1 \end{bmatrix}}_{\boldsymbol{A}} \underbrace{\begin{bmatrix} \delta X_p \\ \delta Y_p \\ \delta Z_p \\ \delta t_p \end{bmatrix}}_{\delta \boldsymbol{X}} - \underbrace{\begin{bmatrix} L_p^1 \\ L_p^2 \\ \vdots \\ L_p^s \end{bmatrix}}_{\boldsymbol{L}} \tag{3-86}$$

对卫星 i 的伪距观测值的权 p^i 可以按卫星的高度角 A(单位：弧度)定义，即

$$p^i = 4 \times A/\pi \tag{3-87}$$

即当卫星高度角为45°时，其权为1；当卫星高度角为90°时，其权为2。则该历元 k 的伪距观测值的权矩阵 $\boldsymbol{P}$ 为：

$$\boldsymbol{P} = \begin{bmatrix} p^1 & 0 & 0 & 0 \\ & p^2 & 0 & 0 \\ \text{对} & & \ddots & 0 \\ & \text{称} & & p^s \end{bmatrix} \tag{3-88}$$

可将误差方程写成矩阵形式：

$$\boldsymbol{V} = \boldsymbol{A}\delta\boldsymbol{X} - \boldsymbol{L} \tag{3-89}$$

根据最小二乘原理，由式(3-80)即可求得测站 p 在 k 历元的坐标改正数并进行精度

评定：

$$
\begin{cases}
\delta \boldsymbol{X} = \boldsymbol{N}^{-1}\boldsymbol{A}^{\mathrm{T}}\boldsymbol{PL} \\
\boldsymbol{N} = \boldsymbol{A}^{\mathrm{T}}\boldsymbol{PA} \\
\boldsymbol{X}_p = \boldsymbol{X}_p^0 + \delta \boldsymbol{X} \\
\hat{\sigma} = \pm\sqrt{\dfrac{\boldsymbol{V}^{\mathrm{T}}\boldsymbol{PV}}{3s-4}} \\
\boldsymbol{Q}_X = \boldsymbol{N}^{-1} = (\boldsymbol{A}^{\mathrm{T}}\boldsymbol{PA})^{-1} \\
M_X = \hat{\sigma}\sqrt{\boldsymbol{Q}_{XX}} \\
M_Y = \hat{\sigma}\sqrt{\boldsymbol{Q}_{YY}} \\
M_Z = \hat{\sigma}\sqrt{\boldsymbol{Q}_{ZZ}} \\
M_p = \sqrt{M_X^2 + M_Y^2 + M_Z^2}
\end{cases}
\tag{3-90}
$$

在静态绝对定位忽略接收机钟差随时间变化的情况下，可以将不同历元的误差方程组合到一起，形成整体误差方程，按上述模式进行统一解算及精度评定。如果观测的时间较长，接收机钟差的变化往往不能忽略。这时可以将钟差表示为多项式的形式，把多项式的系数作为未知数在平差计算中一并求解。

在用户接收机被安置在运动载体上并处于动态情况下，确定载体瞬时绝对位置的定位方法，称为动态绝对定位。此时，一般同步观测 4 颗以上的卫星，利用式(3-90)即可解出任一瞬时的实时解。

3.4.3　载波相位相对定位

相对定位是指将两台接收机分别安置在基线的两端，同步观测相同的 GNSS 卫星，以确定基线端点的相对位置或基线向量。同样，将多台接收机安置在若干条基线的端点，通过同步观测 GNSS 卫星可以确定多条基线向量。在一个端点坐标已知的情况下，可以用基线向量推求待定点的坐标。

相对定位有静态相对定位和动态相对定位之分，本小节主要讨论静态相对定位。

3.4.3.1　载波相位观测值的线性组合

载波相位测量的基本方程中包含了两种不同类型的未知参数：一种是必要参数，如测站坐标(X,Y,Z)等；另一种是多余参数，如观测瞬间接收机钟差、信号的电离层延迟等。必要参数和多余参数是相对的。引入多余参数是为了精化模型，以便求得精确的必要参数。然而多余参数的数目往往是十分惊人的。

以接收机钟差为例，设采样间隔为 15 s，共观测 2 h。如果对这些钟差不加任何限制，而认为观测瞬间的钟差是相互独立的，那么将出现 480 个独立的钟差未知数。

减少未知数的方法之一是，给这些多余参数一定的约束，即在这些多余参数之间建立起一种函数关系。例如，认为任一观测瞬间的接收机钟的钟差均满足下列关系式：

$$
\delta t_p = a_0 + a_1(t - t_0) + a_2(t - t_0)^2 \tag{3-91}
$$

式中，系数 a_0、a_1、a_2 表示接收机钟在参考历元 t_0 时的钟差、钟速及钟速的变化率。这样钟差未知数就可以从 480 个减少为 3 个。然而如果接收机钟的质量不够好，观测瞬间的钟差并不完全遵循上述规律，进行这种取代后就会降低必要参数的精度。

减小未知数的方法之二是,采用求差法消除多余参数。在两个观测站或多个观测站同步观测相同卫星的情况下,卫星的轨道误差、卫星钟差、接收机钟差以及电离层和对流层的折射误差等对观测量的影响具有一定的相关性,利用这些观测量的不同组合(求差)进行相对定位,可以有效地消除或减弱相关误差的影响,从而提高相对定位的精度。仍以接收机钟的钟差为例,如果每个观测瞬间都进行求差,就可以消除这 480 个钟差未知数,而同时使观测方程减少 480 个,实际上这就是解算联立方程组时经常采用的消去法。

消去法和对多余参数不加任何约束而直接解算的方法从数学上讲是等价的(平差计算时考虑观测值的相关性后也是等价的),求得的必要参数是相同的。但消去法可以大大减少未知数的个数,减少计算工作量。

上述方法二和方法一相比,两者计算工作量相差不多。但由于我们对一些多余参数的误差特性了解得还不够充分,建立的约束条件不能精确反映客观情况,从而将降低必要参数的精度,而且有些多余参数(如单频资料的电离层延迟)和随机误差还难以建立起约束条件。由于上述原因,求差法在实际工作中得到了广泛的应用。目前各种随机软件几乎都采取了求差法的模型。当然事物都是一分为二的,求差法和非求差法相比也有许多缺点,在许多场合下使用非求差法更为适宜。

载波相位差分观测值可以按测站、卫星和历元等三要素来产生,根据求差次数的多寡可分为单差观测值、双差观测值和三差观测值,以下分别介绍。

GPS 载波相位观测值可以在卫星间求差,在接收机间求差,也可以在不同历元间求差,利用这些求差方法可建立线性组合,从而求出观测值。

(1) 单差观测值

将观测值直接相减的过程叫作一次差,所获得的结果被当做虚拟观测值,叫作载波相位观测值的一次差或单差。常用的求一次差是在接收机间求一次差。如图 3-15 所示,设测站 p_1 和测站 p_2 分别在 t_k 和 t_{k+1} 两个时刻对卫星 i 和卫星 j 均进行了载波相位观测。

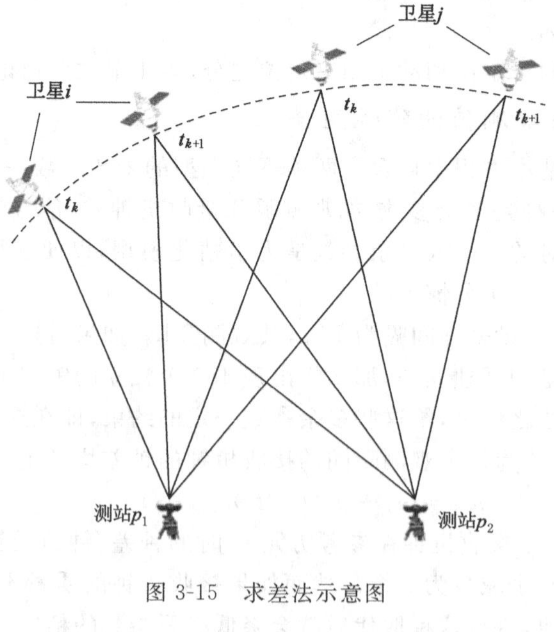

图 3-15　求差法示意图

t_k 时刻在测站 p_1 和测站 p_2 对卫星 i 的载波相位观测值分别为 $\varphi^i_{p_1}(t_k)$ 和 $\varphi^i_{p_2}(t_k)$。对 $\varphi^i_{p_1}(t_k)$ 和 $\varphi^i_{p_2}(t_k)$ 求差，依据载波相位的观测方程式(3-37)得到的接收机间(测站间)对卫星 i 的一次差分观测值为：

$$\begin{aligned}\varphi^i_{p_1,p_2}(t_k) &= \varphi^i_{p_2}(t_k) - \varphi^i_{p_1}(t_k) \\ &= \frac{f}{c}\rho^i_{p_1,p_2}(t_k) + f\delta t_{p_1,p_2}(t_k) - N^i_{p_1,p_2}(t_0) + \\ &\quad \frac{f}{c}(\delta\rho^i_{p_1,p_2,\text{trop}} + \delta\rho^i_{p_1,p_2,\text{ion}})\end{aligned} \tag{3-92}$$

式中，$\rho^i_{p_1,p_2}(t_k)$ 为单差伪距；$\delta t_{p_1,p_2}(t_k)$ 为接收机相对钟差；$N^i_{p_1,p_2}(t_0)$ 为单差模糊度；$\delta\rho^i_{p_1,p_2,\text{trop}}$ 和 $\delta\rho^i_{p_1,p_2,\text{ion}}$ 分别为单差对流层延迟和单差电离层延迟。它们分别可表示如下：

$$\rho^i_{p_1,p_2}(t_k) = \rho^i_{p_2}(t_k) - \rho^i_{p_1}(t_k),\ N^i_{p_1,p_2}(t_0) = N^i_{p_2}(t_0) - N^i_{p_1}(t_0),\ \delta t^i_{p_1,p_2}(t_k) = \delta t^i_{p_2}(t_k) - \delta t^i_{p_1}(t_k),$$

$$\delta\rho^i_{p_1,p_2,\text{trop}} = \delta\rho^i_{p_2,\text{trop}} - \delta\rho^i_{p_1,\text{trop}},\ \delta\rho^i_{p_1,p_2,\text{ion}} = \delta\rho^i_{p_2,\text{ion}} - \delta\rho^i_{p_1,\text{ion}}$$

当测站 p_1 和测站 p_2 间的距离较近时(小于 20 km)，单差电离层延迟和单差对流层延迟可以忽略不计，则式(3-92)可简化为：

$$\varphi^i_{p_1,p_2}(t_k) = \varphi^i_{p_2}(t_k) - \varphi^i_{p_1}(t_k) = \frac{f}{c}\rho^i_{p_1,p_2}(t_k) + f\delta t_{p_1,p_2}(t_k) - N^i_{p_1,p_2}(t_0) \tag{3-93}$$

在单差观测值中，已消除了卫星钟差的影响，当测站距离较近时(小于 20 km)，电离层、对流层的影响及卫星星历误差在很大程度上得到了削弱。

同理，对于 j 卫星，其在 t_k 时刻测站间的一次差分观测值为：

$$\varphi^j_{p_1,p_2}(t_k) = \varphi^j_{p_2}(t_k) - \varphi^j_{p_1}(t_k) = \frac{f}{c}\rho^j_{p_1,p_2}(t_k) + f\delta t_{p_1,p_2}(t_k) - N^j_{p_1,p_2}(t_0) \tag{3-94}$$

对另一时刻 t_{k+1}，同样可以列出类似的差分观测值。

(2) 双差观测值

对载波相位观测值的一次差分观测值继续求差，所得的结果仍可以被当做虚拟观测值，叫作载波相位观测值的二次差或双差。常用的求二次差就是在接收机间求一次差后再在卫星间求二次差，叫作星站二次差分。例如，对在 t_k 时刻 i、j 卫星观测值的站间单差观测值 $\varphi^i_{p_1,p_2}(t_k)$ 和 $\varphi^j_{p_1,p_2}(t_k)$ 求差，得到星站二次差 $\varphi^{i,j}_{p_1,p_2}(t_k)$，即双差观测值：

$$\varphi^{i,j}_{p_1,p_2}(t_k) = \varphi^j_{p_1,p_2}(t_k) - \varphi^i_{p_1,p_2}(t_k) = \frac{f}{c}\rho^{i,j}_{p_1,p_2}(t_k) - N^{i,j}_{p_1,p_2}(t_0) \tag{3-95}$$

式中，$\rho^{i,j}_{p_1,p_2}(t_k)$ 为双差伪距；$N^i_{p_1,p_2}(t_0)$ 为双差模糊度。它们分别可表示如下：

$$\rho^{i,j}_{p_1,p_2}(t_k) = \rho^j_{p_1,p_2}(t_k) - \rho^i_{p_1,p_2}(t_k),\quad N^{i,j}_{p_1,p_2}(t_0) = N^j_{p_1,p_2}(t_0) - N^i_{p_1,p_2}(t_0)$$

在双差观测值中，对于短距离(小于 20 km)的相对定位而言，接收机钟差、卫星钟差的影响已基本消除，对流层和电离层的影响得到了进一步的削弱，其剩余残差对双差观测值将不会产生显著性的影响。

同样，在 t_{k+1} 时刻，对 i、j 卫星的站间单差观测值求差也可以求得双差观测值。

(3) 三差观测值

对二次差继续求差称为求三次差，所得结果叫作载波相位观测值的三次差或三差。常用的求三次差就是在接收机、卫星和历元之间求三次差。例如，将 t_k 时刻测站 p_1、p_2 对卫星 i、j 的双差观测值 $\varphi^{i,j}_{p_1,p_2}(t_k)$ 与 t_{k+1} 时刻测站 p_1、p_2 对卫星 i、j 的双差观测值 $\varphi^{i,j}_{p_1,p_2}(t_{k+1})$ 再求差，即对不同时刻的双差观测值求差，便得到三次差分观测值 $\varphi^{i,j}_{p_1,p_2}(t_k,t_{k+1})$，即三差观测值：

$$\varphi_{p_1,p_2}^{i,j}(t_k,t_{k+1}) = \varphi_{p_1,p_2}^{i,j}(t_{k+1}) - \varphi_{p_1,p_2}^{i,j}(t_k) = \frac{f}{c}\rho_{p_1,p_2}^{i,j}(t_k,t_{k+1}) \tag{3-96}$$

式中，$\rho_{p_1,p_2}^{i,j}(t_k,t_{k+1})$为三差伪距。它可表示为：

$$\rho_{p_1,p_2}^{i,j}(t_k,t_{k+1}) = \rho_{p_1,p_2}^{i,j}(t_{k+1}) - \rho_{p_1,p_2}^{i,j}(t_k)$$

对于三差观测值，进一步消除了整周未知数，但是它使观测方程的数量进一步减少，这对未知参数的解算会产生不利的影响。一般认为，在高精度相对定位工作中，以采用双差观测值比较适宜，这也是大多数 GNSS 基线向量处理软件必选的观测值。

3.4.3.2 载波相位相对定位基本原理

(1) 载波相位双差观测方程的线性化

为了求解观测站之间的相对位置(基线向量)，首先应将观测方程线性化，然后列出相应的误差方程式，最后应用最小二乘平差原理求解基线向量。假设在观测历元 t，测站 p_1、p_2 同步观测卫星 i 和卫星 j，其瞬时坐标可由星历计算得到，测站 p_1 的坐标$(X_{p_1},Y_{p_1},Z_{p_1})$为已知值，以卫星 i 为参考卫星。设测站 p_2 的近似坐标为$(X_{p_2}^0,Y_{p_2}^0,Z_{p_2}^0)$，其改正数为$(\delta X_{p_2},\delta Y_{p_2},\delta Z_{p_2})$，将卫地距差值 $\rho_{p_1,p_2}^{i,j}$ 在$(X_{p_2}^0,Y_{p_2}^0,Z_{p_2}^0)$上按照泰勒级数展开，可得双差观测方程式(3-95)的线性化形式：

$$\varphi_{p_1,p_2}^{i,j} = -\frac{f}{c}\begin{bmatrix} l_{p_2}^{i,j} & m_{p_2}^{i,j} & n_{p_2}^{i,j} \end{bmatrix}\begin{bmatrix} \delta X_{p_2} \\ \delta Y_{p_2} \\ \delta Z_{p_2} \end{bmatrix} - N_{p_1,p_2}^{i,j} + \frac{f}{c}(\rho_{p_2,0}^{j} - \rho_{p_1}^{j} - \rho_{p_2,0}^{i} + \rho_{p_1}^{i}) \tag{3-97}$$

在式(3-97)中，有如下关系：

$$\begin{bmatrix} l_{p_2}^{i,j} \\ m_{p_2}^{i,j} \\ n_{p_2}^{i,j} \end{bmatrix} = \begin{bmatrix} l_{p_2}^{j} - l_{p_2}^{i} \\ m_{p_2}^{j} - m_{p_2}^{i} \\ n_{p_2}^{j} - n_{p_2}^{i} \end{bmatrix} \tag{3-98}$$

而 l、m、n 表示由测站 p_2 的近似坐标和卫星坐标计算出的测站到卫星的方向余弦。若以卫星 i 为例，则有：

$$l_{p_2}^{i} = \frac{X^i - X_{p_2}^0}{\rho_{p_2,0}^{i}}, m_{p_2}^{i} = \frac{Y^i - Y_{p_2}^0}{\rho_{p_2,0}^{i}}, n_{p_2}^{i} = \frac{Z^i - Z_{p_2}^0}{\rho_{p_2,0}^{i}} \tag{3-99}$$

而

$$\rho_{p_2,0}^{i} = \sqrt{(X^i - X_{p_2}^0)^2 + (Y^i - Y_{p_2}^0)^2 + (Z^i - Z_{p_2}^0)^2} \tag{3-100}$$

$\rho_{p_2,0}^{i}$为测站 p_2 到卫星 i 的空间几何距离。按式(3-99)和式(3-100)的方法可得式(3-97)中相应量的值。

(2) 误差方程的组成

设常数项：

$$l = \frac{f}{c}(\rho_{p_2,0}^{j} - \rho_{p_1}^{j} - \rho_{p_2,0}^{i} + \rho_{p_1}^{i}) - \varphi_{p_1,p_2}^{i,j} \tag{3-101}$$

则在 t 观测时刻，式(3-97)的形式可转换如下：

$$v(t)=\frac{f}{c}\begin{bmatrix}l_{p_2}^{i,j}(t) & m_{p_2}^{i,j}(t) & n_{p_2}^{i,j}(t)\end{bmatrix}\begin{bmatrix}\delta X_{p_2}\\ \delta Y_{p_2}\\ \delta Z_{p_2}\end{bmatrix}+N_{p_1,p_2}^{i,j}-l(t) \tag{3-102}$$

当两观测站同步观测的卫星数为 n 时，可得到的误差方程组如下：

$$\boldsymbol{v}(t)=\boldsymbol{a}(t)\delta X_{p_2}+\boldsymbol{b}(t)N-\boldsymbol{l}(t) \tag{3-103}$$

其中：

$$\underset{(n-1)\times 1}{\boldsymbol{v}(t)}=\begin{bmatrix}v^1(t) & v^2(t) & \cdots & v^{n-1}(t)\end{bmatrix}^{\mathrm{T}} \tag{3-104}$$

$$\underset{(n-1)\times 3}{\boldsymbol{a}(t)}=\frac{1}{\lambda}\begin{bmatrix}l_{p_2}^{i_1}(t) & m_{p_2}^{i_1}(t) & n_{p_2}^{i_1}(t)\\ l_{p_2}^{i_2}(t) & m_{p_2}^{i_2}(t) & n_{p_2}^{i_2}(t)\\ \vdots & \vdots & \vdots\\ l_{p_2}^{i(n-1)}(t) & m_{p_2}^{i(n-1)}(t) & n_{p_2}^{i(n-1)}(t)\end{bmatrix},\quad \underset{(n-1)\times(n-1)}{\boldsymbol{b}(t)}=\begin{bmatrix}1 & 0 & \cdots & 0\\ 0 & 1 & \cdots & 0\\ \vdots & \vdots & & \vdots\\ 0 & 0 & \cdots & 1\end{bmatrix}, \tag{3-105}$$

$$\boldsymbol{N}=\begin{bmatrix}N_{p_1,p_2}^{i,1} & N_{p_1,p_2}^{i,2} & \cdots & N_{p_1,p_2}^{i,(n-1)}\end{bmatrix}^{\mathrm{T}},\quad \delta\boldsymbol{X}=\begin{bmatrix}\delta X_{p_2} & \delta Y_{p_2} & \delta Z_{p_2}\end{bmatrix}^{\mathrm{T}}, \tag{3-106}$$

$$\boldsymbol{l}=\begin{bmatrix}l^1(t) & l^2(t) & \cdots & l^{(n-1)}(t)\end{bmatrix}^{\mathrm{T}} \tag{3-107}$$

若测站 p_1 和 p_2 对同一组卫星观测的历元数为 m，那么相应的误差方程组可表示为：

$$\boldsymbol{V}=(\boldsymbol{A}\quad \boldsymbol{B})\begin{bmatrix}\delta\boldsymbol{X}\\ \boldsymbol{N}\end{bmatrix}-\boldsymbol{L} \tag{3-108}$$

其中：

$$\underset{(n-1)m\times 3}{\boldsymbol{A}}=\begin{bmatrix}a(t_1) & a(t_2) & \cdots & a(t_m)\end{bmatrix}^{\mathrm{T}},\quad \underset{(n-1)m\times(n-1)}{\boldsymbol{B}}=\begin{bmatrix}b(t_1) & b(t_2) & \cdots & b(t_m)\end{bmatrix}^{\mathrm{T}}, \tag{3-109}$$

$$\underset{(n-1)m\times 1}{\boldsymbol{L}}=\begin{bmatrix}l(t_1) & l(t_2) & \cdots & l(t_m)\end{bmatrix}^{\mathrm{T}},\quad \underset{(n-1)m\times 1}{\boldsymbol{V}}=\begin{bmatrix}v(t_1) & v(t_2) & \cdots & v(t_m)\end{bmatrix}^{\mathrm{T}} \tag{3-110}$$

则相应的法方程及其解可表示为：

$$\boldsymbol{C}\Delta\boldsymbol{Y}-\boldsymbol{U}=0 \tag{3-111}$$

$$\Delta\boldsymbol{Y}=\boldsymbol{C}^{-1}\boldsymbol{U} \tag{3-112}$$

$$\boldsymbol{C}=(\boldsymbol{A}\quad \boldsymbol{B})^{\mathrm{T}}\boldsymbol{P}(\boldsymbol{A}\quad \boldsymbol{B}),\Delta\boldsymbol{Y}=\begin{bmatrix}\delta\boldsymbol{X}_{p_2} & \boldsymbol{N}\end{bmatrix}^{\mathrm{T}},\boldsymbol{U}=(\boldsymbol{A}\quad \boldsymbol{B})^{\mathrm{T}}\boldsymbol{PL} \tag{3-113}$$

$\underset{(n-1)m\times(n-1)m}{\boldsymbol{P}}$ 为双差观测值权矩阵，协方差矩阵为 $\boldsymbol{Q}=\begin{bmatrix}\boldsymbol{Q}_X & \boldsymbol{Q}_{XN}\\ \boldsymbol{Q}_{NX} & \boldsymbol{Q}_N\end{bmatrix}=\boldsymbol{C}^{-1}$。

(3) 权矩阵定义

在解算法方程时，首先必须确定合理的权矩阵，而合适的权比取决于观测量先验方差-协方差矩阵的可靠性。观测量先验方差-协方差矩阵反映了观测量的随机噪声水平及相关特性。其中，伪距与相位噪声比、不同卫星观测之间噪声比等因素对 GPS 定位结果、模糊度初始化时间、搜索空间及搜索时间、模糊度搜索的可靠性及成功率都有很大影响。目前，确定观测量先验方差-协方差矩阵的方法大致分为等权法和卫星仰角函数法两种。

当权矩阵确定后，由式(3-113)即可解算出位置参数和模糊度的实数解(又称模糊度浮点解)。当以载波相位观测量为根据进行精密相对定位时，需要将模糊度浮点解固定为整解后才能高精度解算出位置参数。

3.4.4 差分定位基本原理

差分技术很早就被人们所应用。比如相对定位中，在一个测站上对两个观测目标进行观测，将观测值求差；或在两个测站上对同一个目标进行观测，将观测值求差；或在一个测站上对一个目标进行两次观测并求差。利用求差后的观测值解算两观测站之间的基线向量。其目的是消除公共误差，提高定位精度。这种差分技术已经应用于静态相对定位。

在动态相对定位过程中，将一台接收机设置在一个固定的观测站（基准站 p_1），基准站在协议地球坐标系中的坐标是已知的。另一台接收机被安装在流动的用户站上，用户站在运动过程中其 GNSS 接收机与基准站上的接收机同步观测 GNSS 卫星，以实时确定用户站在每个观测历元的瞬时位置。

在动态相对定位过程中，由基准站接收机通过数据链发送修正数据，用户站接收该修正数据并对测量结果进行改正处理，以获得精确的定位结果。这种数据处理本质上是求差处理（差分），以达到消除或降低相关误差的影响，提高定位精度。因此，GNSS 动态相对定位通常又称差分 GNSS 定位。

动态相对定位过程中存在着三部分误差：第一部分是每一台用户接收机所共有的，包括卫星钟误差、星历误差、电离层误差、对流层误差等；第二部分为不能由用户测量或由校正模型计算的传播延迟误差；第三部分为各用户接收机所固有的误差，包括内部噪声、通道延迟、多路径效应等。利用差分技术，第一部分误差完全可以消除，第二部分误差大部分可以消除，其主要取决于基准站接收机和用户接收机的距离。

无论何种差分，其基本工作原理相同，都是由用户站接收基准站发送的改正数，并对其测量结果进行改正以获得精密定位结果。它们的区别在于发送改正数的内容不同，其定位精度不同，具体差分原理也有所不同。

本部分讲述的差分 GNSS 定位技术是将一台 GNSS 接收机安置在基准站上进行观测。根据基准站已知精密坐标，计算出基准站到卫星的距离改正数，并由基准站实时地将这一改正数发送出去。用户接收机在进行 GNSS 观测的同时，也接收到基准站的改正数，并对其定位结果进行改正，从而提高定位精度。

在差分 GNSS 定位中，按照对 GNSS 信号不同的处理时间，可划分为实时差分 GNSS 和后处理差分 GNSS（又称后处理差分）。实时差分 GNSS 就是在接收机接收 GNSS 信号的同时计算出当前接收机所处位置、速度及时间等信息；后处理差分 GNSS 则是把卫星信号记录在一定介质（如 GNSS 接收机主机、电脑等）上，回到室内进行数据处理，获取用户接收机在每个瞬间所处的位置、速度、时间等信息。

在差分 GNSS 定位中，按照不同的观测值，可划分为伪距差分和载波相位差分。伪距差分是指在 GNSS 基准站上观测所有卫星，根据基准站已知坐标和各卫星的坐标，求出每颗卫星每一时刻到基准站的真实距离。再与测得的伪距比较，得出伪距改正数，将其传输至用户接收机，提高定位精度。载波相位差分是指在使用中将基准站采集的载波相位发给用户接收机，然后进行求差解算坐标。

在差分 GNSS 定位中，根据不同的差分改正数，可划分为位置差分（坐标差分）和距离差分。位置差分是指基准站利用数据链将位置改正数发送出去，由用户站接收，并对其解算出的用户站坐标进行改正；距离差分的差分改正数为距离。

在差分 GNSS 定位中，按照提供修正数据的基准站的不同数量，又可以分为单基准站差分和多基准站差分。而多基准站差分又包括局部区域差分、广域差分和多基准站 RTK 技术。

3.5 卫星导航基本原理

将 GNSS 接收机装在运动载体上，通过测定 GNSS 接收机天线中心的位置计算载体的运动轨迹，这种定位方式叫作动态定位。如果接收机能够一边进行数据采集，一边立刻解算并输出定位结果，这样的动态定位叫作实时动态定位。实践中实时测定运动物体的位置更具有应用价值，因此，动态定位一般是指实时动态定位。

动态定位随着应用目的和精度要求而有差异，目前主要分为下列三种方法：

仅仅使用一台 GNSS 接收机进行观测，直接获取该接收机天线的空间位置，这种动态定位称为单点(绝对)动态定位。

若使用两台 GNSS 接收机，一台位于基准站上静止不动，另一台位于流动站上处于运动状态，通过计算基准站和流动站之间的相对位置从而获取流动站的空间位置，这种定位方式叫作相对动态定位。相对动态定位通常采用差分模式，称为实时差分动态定位。

后处理差分动态定位与相对动态定位的主要区别在于，前者在运动载体和基准点之间通过无线电数据传输，而在定位观测后进行测后的联合处理，从而测得载体的实时位置。

卫星导航不仅要确定运动载体的实时位置，还要确定运动载体的瞬时速度、精确的时间、姿态等状态参数。本节重点对卫星测速、测时、测姿等问题进行介绍。

3.5.1 GNSS 测速

利用 GNSS 信号测得运动载体的运行速度，叫作 GNSS 测速。尽管载体的运行速度各不一样，且不是匀速运动，但是只要在这些运动载体上安装 GNSS 信号接收机，就可以在进行动态定位的同时，实时地测得它们的运行速度。

(1) 平均速度法

该方法实际上是定位问题：历元 t_1 测定的载体实时位置为 $X(t_1)$ 和历元 t_2 测定的载体实时位置为 $X(t_2)$，则：

$$\begin{bmatrix} \bar{x}_i \\ \bar{y}_i \\ \bar{z}_i \end{bmatrix} = \frac{1}{\Delta t}\left\{\begin{bmatrix} x_i(t_2) \\ y_i(t_2) \\ z_i(t_2) \end{bmatrix} - \begin{bmatrix} x_i(t_1) \\ y_i(t_1) \\ z_i(t_1) \end{bmatrix}\right\} \tag{3-114}$$

式中，$\Delta t = t_2 - t_1$，速度矢量$(\bar{x}_i \quad \bar{y}_i \quad \bar{z}_i)$为协议地球坐标系中载体速度的分量，载体速度大小为：

$$V_i = \sqrt{\bar{x}_i^2 + \bar{y}_i^2 + \bar{z}_i^2} \tag{3-115}$$

在动态过程中，定位和测速可以同时实现；时间间隔应该适当选取。由于时间间隔长度的影响，平均速度法对于高速载体(飞机)的测度精度较差，对于低速载体的测度效果较好(车、船)。飞机等的运行速度常用观测载波信号的多普勒频移法求取。

（2）多普勒频移法

物体相对运动，会导致电磁波的接收频率和发送频率之间的频率不同，它们的差值，称为多普勒频移，即

$$f_d = f_b - f_r = f_b \cdot \frac{VR}{c} \tag{3-116}$$

式中，f_b 为用户观测的卫星发射的载波频率；f_r 为用户接收机收到的卫星发射的载波频率；f_d 为多普勒频移，是可观测值；c 为真空中光速；VR 是卫星相对于用户接收的径向速度，即卫星与接收机之间的距离变化率 $\bar{R}_i^j$。

因此，径向速度（距离变化率）可以通过求出多普勒频移得出。

$$\bar{R}_i^j = VR = \frac{c}{f_s} \cdot \frac{f_s}{c} \cdot VR = \frac{c}{f_s} \cdot f_d = \lambda f_d \tag{3-117}$$

若在测相伪距观测方程中消除大气折射的影响，则线性化 $\bar{\rho}_i^j = \bar{R}_i^j + c\delta\bar{t}_i$ 可得：

$$\bar{\rho}_i^j = (l_i^j \quad m_i^j \quad n_i^j) \begin{bmatrix} \bar{x}^j - \bar{x}_i \\ \bar{y}^j - \bar{y}_i \\ \bar{z}^j - \bar{z}_i \end{bmatrix} + c\delta\bar{t}_i \tag{3-118}$$

式中，$(l_i^j \quad m_i^j \quad n_i^j)$ 是用户接收机 T_i 到观测卫星 S^j 的径向矢量在协议地球坐标系中的方向余弦。如果观测卫星的运动速度 $(\bar{x}^j \quad \bar{y}^j \quad \bar{z}^j)^{\mathrm{T}}$ 为已知量且用户接收机 T_i 同时观测 4 颗卫星，则可以求解出载体的运动速度 $(\bar{x}_i \quad \bar{y}_i \quad \bar{z}_i)^{\mathrm{T}}$。

用多普勒频移法测量载体速度时，为了保证测速精度，对于卫星分布图形的要求，与单点绝对定位时候的要求相同。

3.5.2 GNSS 测时

从日常生活到航天发射，从出外步行到航空航海，都离不开定时。随着使用目的的不同，人们对时间准确度的要求也不一样。测时可以采用单站测时法和共视测时法。

（1）单站测时法

根据伪距的公式，可以得到 GNSS 接收机在历元 t 时刻的钟差：

$$\delta t_i(t) = \frac{1}{c}[\rho_i^j(t) - R_i^j(t)] + \delta t^j(t) - \frac{1}{c}[\Delta_{i,I}^j(t) + \Delta_{i,T}^j(t)] \tag{3-119}$$

用解算得到的历元 t 时刻的钟差，校正 GNSS 接收机时钟，即可得到本地 GNSS 系统时。全球各地的 GNSS 接收机都连续接收到卫星的发射信号，因此都可以统一到 GNSS 系统时。

若观测站的位置坐标未知，则用户需要使用静态绝对定位的方法，将 3 个未知数坐标和本地站钟差一起解算。测时的精度与接收机的钟差精度因子 TDOP 有关。总的来说，用户时钟相对于 GNSS 系统时的偏差精度取决于接收机观测误差、卫星钟差、观测站位置误差、大气折射改正误差、卫星轨道误差、测时偏差等的精度。

（2）共视测时法

共视测时法是在位置已知的两观测站各设一台接收机，并同步观测同一颗卫星，从而测定两用户时钟相对偏差的方法。优点在于共视测时法可以达到高精度时间对比目的。

伪距观测方程为：

$$\rho_1^j(t) = R_1^j(t) + c\delta t_1(t) - c\delta t^j(t) + \Delta_{1,I}^j(t) + \Delta_{1,T}^j(t) \tag{3-120}$$

$$\rho_2^j(t) = R_2^j(t) + c\delta t_2(t) - c\delta t^j(t) + \Delta_{2,I}^j(t) + \Delta_{2,T}^j(t) \tag{3-121}$$

求差后，可得到相对定位中的站际单差观测方程：

$$\Delta\rho_{1,2}^j(t) = \Delta R_{1,2}^j(t) + c\cdot\Delta t_{1,2}(t) + \Delta\Delta_I^j(t) + \Delta\Delta_T^j(t) \tag{3-122}$$

其中：

$$\Delta\rho_{1,2}^j(t) = \rho_1^j(t) - \rho_2^j(t),\Delta R_{1,2}^j(t) = R_1^j(t) - R_2^j(t),$$

$$\Delta t_{1,2}(t) = \delta t_1(t) - \delta t_2(t),\Delta\Delta_I^j(t) = \Delta_{1,I}^j(t) - \Delta_{2,I}^j(t),\Delta\Delta_T^j(t) = \Delta_{1,T}^j(t) - \Delta_{2,T}^j(t)$$

两个观测站的相对钟差为：

$$\Delta t_{1,2}(t) = \frac{1}{c}[\Delta\rho_{1,2}^j(t) - \Delta R_{1,2}^j(t)] - \frac{1}{c}[\Delta\Delta_I^j(t) + \Delta\Delta_T^j(t)] \tag{3-123}$$

站际单差消除了卫星钟差的影响。若两个观测站相距不远，则卫星到两个接收机的信号路径基本相同，信号受到大气折射和电离层的影响基本相同，相对误差几乎为零。利用共视测时法所得的站际相对钟差精度较高，其误差大小主要与观测站之间的距离有关。若站点位置精度足够高，则测时精度可以优于 100 ns。

3.5.3 GNSS测姿

(1) 姿态测量的基本思想

精确地测量出飞行器的导航参数如位置、速度和姿态等，对于实现飞行器的导航、制导和控制是有必要的。

载体的姿态参数为机体坐标系(b)相对于当地地理坐标系(t)的横滚角度、俯仰角度、航向角度等3个姿态角。

GPS姿态测量系统可以测量载体的姿态角度，又称“GPS陀螺”。姿态系统一般为多天线系统(最少使用3根GPS天线，如图3-16所示)，其中1(前)和2(后)两天线主要用于测量航向角度和俯仰角度，1(2)和3(侧)两天线主要用于测量航向角度和横滚角度。

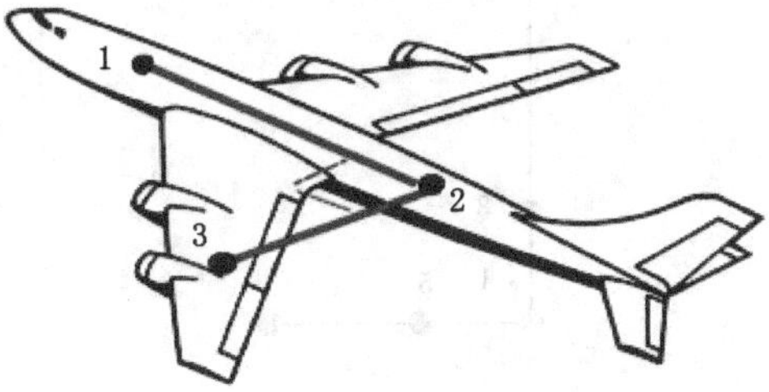

图3-16 姿态参数

载波相位的观测方程可写为：

$$\delta\varphi_i^j + N_i^j = \frac{1}{\lambda}(R_i^j + c\delta t_i - c\delta t^j + c\Delta t_{ei}^j) \tag{3-124}$$

式中，$\delta\varphi_i^j$ 为接收机天线 i 对于卫星 j 的载波相位观测值的小数部分；N_i^j 为观测历元 t 瞬时，接收机天线 i 对于卫星 j 的载波相位观测值的整周模糊度；R_i^j 为天线 i 对于卫星 j 的几何距离；δt_i 和 δt^j 为分别为接收机 i 和卫星 j 的钟差；Δt_{ei}^j 为其他因素(如大气电离层和对流层影响、多路径影响、测量噪声等)引起的用户接收机测量误差；λ 为载波信号波长；c 为光速。

当天线 1 和 2 同时观测 GNSS 卫星 j 时，获得两个载波相位观测方程，将两个方程相减，获得载波相位的站际单差方程：

$$
\begin{aligned}
(\delta\varphi_1^j + N_1^j) - (\delta\varphi_2^j + N_2^j) &= (\delta\varphi_1^j - \delta\varphi_2^j) + (N_1^j - N_2^j) \\
&= \frac{1}{\lambda}(R_1^j - R_2^j) + \frac{c}{\lambda}[(\delta t_1 - \delta t_2) + (\Delta t_{e1}^j - \Delta t_{e2}^j)]
\end{aligned}
\tag{3-125}
$$

实际上，所有天线共用一台接收机，故而式(3-125)中的钟差相等。由于基线比较短，因此卫星到基线两端的传播误差近似相等。故上述载波相位的站际单差方程可以简化为：

$$\delta\varphi_1^j - \delta\varphi_2^j = \frac{1}{\lambda}\Delta R_{1,2}^j + N_{1,2}^j \tag{3-126}$$

式中，$(\delta\varphi_1^j - \delta\varphi_2^j)$ 为站际载波相位观测量单差；$\Delta R_{1,2}^j = (R_1^j - R_2^j)$ 为站际($i=1,2$)几何距离单差；$N_{1,2}^j = (N_1^j - N_2^j)$ 为天线 1 和天线 2 到卫星 j 整周模糊度；N_1^j 和 N_2^j 为单差待定值简称站际整周模糊度单差。

由于卫星与基线的距离比较远，因此卫星到基线两端的向量方向可以认为是平行的(类似太阳光线为平行光)。

(2) 整周单差以及基线向量的确定

站际整周模糊度单差，简称整周单差，其定义为：

$$N_{1,2}^j = N_1^j(t) - N_2^j(t) \tag{3-127}$$

其中：

$$N_1^j(t) = N_1^j(t_0) + N_1^j(t - t_0),\ N_2^j(t) = N_2^j(t_0) + N_2^j(t - t_0)$$

若从求取初始整周模糊度开始计算，则计算过程复杂耗时，工作量大，而且动态过程易失锁，会产生周跳，导致无法解算整周单差。这里介绍一种整周单差取整法算法。

多天线配置图如图 3-17 所示，$b_{1,3}$ 和 $b_{1,5}$ 长度小于半个载波波长，对于 L1 波段，这两段距离小于 10 cm。

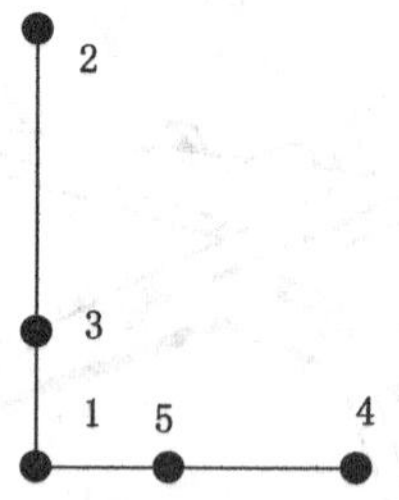

图 3-17 多天线配置图

考虑 $b_{1,3}$ 线段，有：

$$\delta\varphi_1^j - \delta\varphi_3^j = \frac{1}{\lambda}|S^j \cdot b_{1,3}| - N_{1,3}^j$$

由于

$$|S^j \cdot b_{1,3}| < \frac{1}{2}\lambda$$

则：

$$\frac{1}{\lambda}\left|S^j \cdot b_{1,3}\right| < \frac{1}{2}$$

从而有：

$$-\frac{1}{2} < N_{1,3}^j + (\delta\varphi_1^j - \delta\varphi_3^j) < \frac{1}{2}$$

对上式取整得：

$$\text{int}[N_{1,3}^j + (\delta\varphi_1^j - \delta\varphi_3^j)] = 0$$

故而有：

$$N_{1,3}^j = \text{int}(\delta\varphi_1^j - \delta\varphi_3^j)$$

所以，线段 1-3 的基线长度 $b_{1,3}$ 可以求得。

由图 3-17 可知，线段 1-2 和线段 1-3 间存在比例关系：

$$[x_{1,2} \quad y_{1,2} \quad z_{1,2}]^{\mathrm{T}} = \kappa\,[x_{1,3} \quad y_{1,3} \quad z_{1,3}]^{\mathrm{T}}$$

将上式代入基线 $b_{1,3}$ 的求解式，有：

$$\delta\varphi_1^j - \delta\varphi_3^j = \frac{1}{\kappa\lambda}\left|S^j \cdot b_{1,3}\right| - N_{1,3}^j$$

令

$$\Delta\varphi_{1,3}^j = \Delta\varphi_1^j - \Delta\varphi_3^j,\ \boldsymbol{B}_{1,3}^j = N_{1,3}^j + \Delta\varphi_{1,3}^j$$

从而有：

$$\boldsymbol{S}\boldsymbol{b}_{1,2} = \kappa\lambda\boldsymbol{B}_{1,3}^j$$

当同时观测 3 颗卫星时，有：

$$\boldsymbol{b}_{1,2} = k\lambda\boldsymbol{S}^{-1}\boldsymbol{B}_{1,3}^j$$

其中：

$$\boldsymbol{S} = \begin{bmatrix} m_1^1 & n_1^1 & l_1^1 \\ m_1^2 & n_1^2 & l_1^2 \\ m_1^3 & n_1^3 & l_1^3 \end{bmatrix},\ \boldsymbol{b}_{1,2} = \begin{bmatrix} x_{1,2} \\ y_{1,2} \\ z_{1,2} \end{bmatrix}$$

当同步观测的卫星数大于 3 颗时，需要利用最小二乘平差法求解误差方程组：

$$\boldsymbol{v}_{1,2} = \boldsymbol{S}\boldsymbol{b}_{1,2} - \kappa\lambda\boldsymbol{B}_{1,3}^j \tag{3-128}$$

其中：

$$\boldsymbol{v}_{1,2} = \left[v_{1,2}^1 \quad v_{1,2}^2 \quad \cdots \quad v_{1,2}^{n^j}\right]^{\mathrm{T}}$$

线段 1-2 的基线向量 $\boldsymbol{b}_{1,2}$ 的最小二乘解为：

$$\boldsymbol{b}_{1,2} = \kappa\lambda\,(\boldsymbol{S}^{\mathrm{T}}\boldsymbol{S})^{-1}\boldsymbol{S}^{\mathrm{T}}\boldsymbol{B}_{1,3}^j \tag{3-129}$$

$\boldsymbol{b}_{1,2}$ 解的精度估算为：$\boldsymbol{m}_b = \sigma_0\sqrt{\boldsymbol{q}_{ij}}$，其中：$\sigma_0$ 为相位量测中误差；q_{ij} 为权系数矩阵 $\boldsymbol{Q}_b$ 主对角线的相应元素，$\boldsymbol{Q}_b = (\boldsymbol{S}^{\mathrm{T}}\boldsymbol{S})^{-1}$。

当线段 1-4 垂直线段 1-2 时，可以利用垂直关系，直接求出线段 1-4 的基线向量；当线段 1-4 不垂直线段 1-2 时，可以按照线段 1-2 的求法，先求线段 1-5，再求线段 1-4，从而获得线段 1-4 的基线向量。

(3) 载体姿态的确定

载体坐标系 b 由 3 个天线(两垂直天线向量)决定；当地地理系 t(东-北-天)与载体坐标

系的关系如图 3-18 所示。

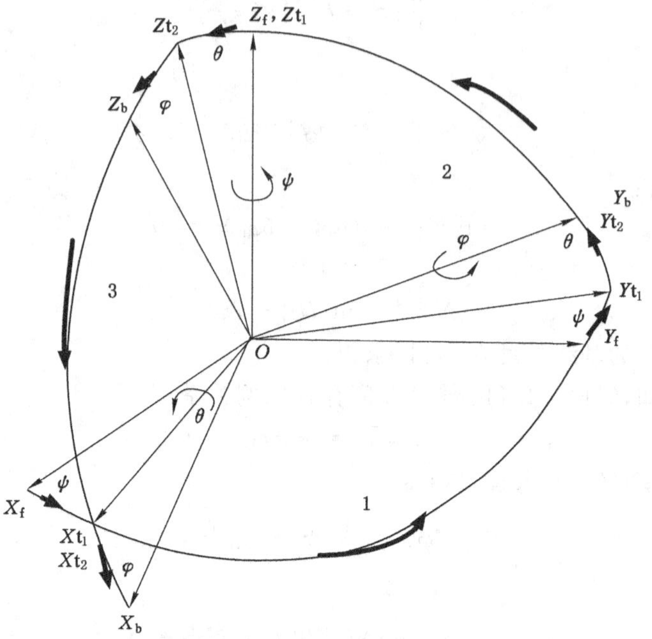

图 3-18　当地地理系与载体坐标系的关系

姿态角度是由 b 系相对 t 系旋转三次构成的。

b 系到 t 系的旋转步骤为：Z-X-Y 顺序。

① 绕垂直轴 OZ_1 转动 ψ 角(航向角)，到达新系(t_1)——t_1 系；

② 再绕 OXt_1 轴转动 θ 角(俯仰角)，到达 t_2 系——t_2 系；

③ 最后绕 OYt_2 轴转动 φ(横滚角)，到达机体系(b 系)——b 系。

通过旋转几何关系，获得姿态角度计算公式：

$$\psi = -\arctan \frac{x_{1,2}}{y_{1,2}} \tag{3-130}$$

$$\theta = -\arctan \frac{z_{1,2}}{\sqrt{x_{1,2}^2 + y_{1,2}^2}} \tag{3-131}$$

利用线段 1-2 的基线向量在当地地理系的坐标，可以直接求出航向角和俯仰角。

$$\psi = -\arctan \frac{x_{1,4}^*}{y_{1,4}^*}\text{(新系 } t_2 \text{ 待求)} \tag{3-132}$$

求出了航向角和俯仰角，则可以推出新系 t_2 的变换矩阵：

$$\boldsymbol{C}_t^{t_2} = \boldsymbol{C}_{t_1}^{t_2}\boldsymbol{C}_t^{t_1} = \begin{bmatrix} 1 & 0 & 0 \\ 0 & \cos\theta & \sin\theta \\ 0 & -\sin\theta & \cos\theta \end{bmatrix} \begin{bmatrix} \cos\psi & \sin\psi & 0 \\ -\sin\psi & \cos\psi & 0 \\ 0 & 0 & 1 \end{bmatrix}$$

线段 1-4 的基线向量在新系 t_2 中的表达式为：

$$\begin{bmatrix} x_{1,4}^* \\ y_{1,4}^* \\ z_{1,4}^* \end{bmatrix} = \boldsymbol{C}_t^{t_2} \begin{bmatrix} x_{1,4} \\ y_{1,4} \\ z_{1,4} \end{bmatrix}$$

将上面的数值代入可求解横滚角度的公式，可得横滚角。

3.5.4 GNSS导航方法

全球导航卫星系统是随着现代科学技术的迅速发展而建立起来的新一代精密导航卫星定位系统。GNSS导航方法多种多样，随着科技的发展和社会的进步，不论是民用还是军用都对导航的精度提出了越来越高的要求，GNSS导航技术也因此不断发展更新，不断提高导航技术的精确度。本小节将分别从单机导航、差分导航以及GNSS/INS组合导航三个方面对GNSS导航方法进行简单介绍。

3.5.4.1 单机导航

顾名思义，单机导航就是在航行体上仅安装一台GNSS接收机，单独实施导航，如在地质勘探、资源调查、船只航行、汽车导航等方面，得到广泛应用。因为一台GNSS接收只要能接收到4颗及其以上的卫星信号便可测定出所处的位置。因此操作和使用非常简单，价格也便宜，且具有全天候、全球性、较高精度及实时三维定位和测速的优点。

但是在众多情况下，单机导航还需配备适当的辅助设备，以保证导航的安全可靠性。如船只航行不仅要确定船的实时位置，还必须实时测定水深，才不会导致船只触礁而能够安全地航行。又如汽车导航，当汽车行驶在高层建筑的街道或林荫道上时，GNSS接收机可能接收不到足够的卫星数以满足定位的需要，一般在汽车上还要配备电子罗盘和惯性设备，结合速度计和相应软件，来实现不能实施GNSS定位情况下的连续定位导航工作。在陆地车辆的导航中，还经常配备电子地图、交通信息库和智能选线功能，以帮助驾驶员安全、快速地到达目的地。

3.5.4.2 差分导航

(1) 差分导航概念

差分全球定位系统(Differential Global Position System，DGPS)可在GPS的基础上利用差分技术使用户能够从GPS系统中获得更高的精度。

DGPS实际上是把一台GPS接收机放在位置已精确测定的点上，组成基准台。基准台接收机通过接收GPS卫星信号，测得并计算出到卫星的伪距，将伪距和已知的精确距离相比较，求得该点在GPS系统中的伪距测量误差，再将这些误差作为修正值以标准数据格式通过播发台向周围空间播发。附近的DGPS用户接收到来自基准台的误差修正信息，以此来修正自身的GPS测量值，从而大大提高其定位精度。

DGPS工作原理(基准站和移动站结构图分别参见图3-19和图3-20)：在位置已精确测定的已知点上配备一台GPS接收机作为基准站并和用户同时进行GPS观测，将得到的单点定位结果与基准站坐标比较，求解出实时差分修正值，以广播或数据链传输方式，将差分修正值传送至附近GPS用户，以修正其GPS定位解，提高局部范围内用户的定位精度。利用这一技术可以将用户的实时单点定位精度提高到米级。能够应用这种方法的基础是：在同一地区内，影响GPS实时单点定位精度的因素，如大气层延迟误差、卫星星历误差、卫星钟误差等，对基准站及其邻近用户的影响是相同或相近的。

差分GPS的特点：① 全天候，不受任何天气的影响；② 全球覆盖(高达98%)；③ 三维定点、定速、定时、高精度；④ 快速、省时、高效率；⑤ 应用广泛、多功能；⑥ 可移动定位。

(2) 差分导航的分类

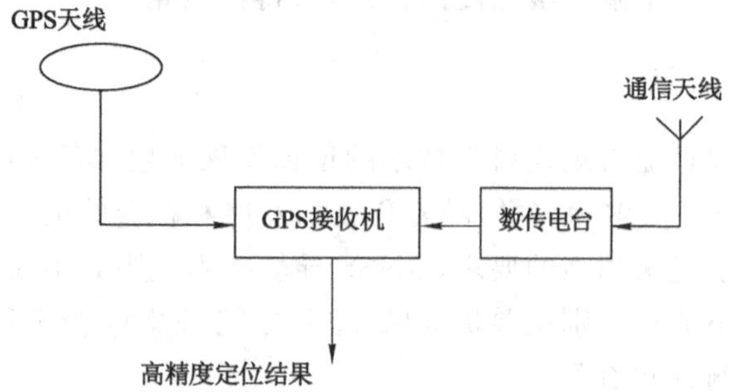

图 3-19 基准站结构图

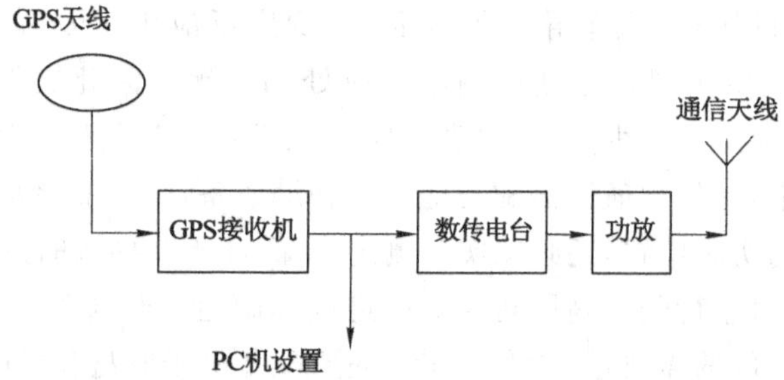

图 3-20 移动站结构图

根据差分 GPS 基准站发送的信息方式可将差分 GPS 定位分为三类:位置差分、伪距差分和相位差分。

① 位置差分

安装在基准站上的 GPS 接收机在观测 4 颗卫星后便可进行三维定位,解算出基准站的坐标。由于存在着轨道误差、时钟误差、大气影响、多径效应以及其他误差,解算出的坐标与基准站的已知坐标是不一样的,存在误差。基准站利用数据链将此改正数发送出去,由用户站接收并对其解算的用户站坐标进行改正。最后得到的改正后的用户坐标已消去了基准站和用户站的共同误差,例如卫星轨道误差、大气影响等,提高了定位精度。

以上先决条件是基准站和用户站观测同一组卫星。位置差分适用于用户站与基准站间距离在 100 km 以内的情况。

② 伪距差分

伪距差分是目前用途最广的一种技术。几乎所有的商用差分 GPS 接收机均采用这种技术。国际海运事业无线电技术委员会第 104 专业委员会(RTCM SC-104)也推荐了这种技术。

利用基准站上的接收机求得它至可见卫星的距离,并将计算出的该距离与含有误差的测量值加以比较。利用一个 α-β 滤波器将此差值滤波并求出其偏差。然后将所有卫星的测距误差传输给用户站,用户站利用此测距误差来改正测量的伪距。最后,用户站利用改正后的伪距来解出本身的位置,就可消去公共误差,提高定位精度。

与位置差分相似,伪距差分能将两站公共误差抵消,但随着用户站到基准站距离的增加又出现了系统误差,这种误差用任何差分法都是不能消除的。用户站和基准站之间的距离对精度有决定性影响。

③ 载波相位差分

载波相位差分技术又称为RTK(Real Time Kinematic)技术,是建立在实时处理两个测站的载波相位基础上的。它能实时提供观测点的三维坐标,并达到厘米级的高精度。

与伪距差分原理相同,由基准站通过数据链实时将其载波观测量及站坐标信息一同传送给用户站。用户站接收GPS卫星的载波相位与来自基准站的载波相位,并组成相位差分观测值进行实时处理,能实时给出厘米级的定位结果。

实现载波相位差分GPS的方法分为两类:修正法和差分法。前者与伪距差分相同,基准站将载波相位修正量发送给用户站,以改正其载波相位,然后求解坐标。后者是指将基准站采集的载波相位发送给用户站进行求差解算坐标。前者为准RTK技术,后者为真正的RTK技术。

3.5.4.3 GNSS/INS组合导航

任何导航系统都是为了满足某种特定的需求而产生的,在保证其某一性能的情况下,不可避免地存在着局限性,利用多种传感器构成性能完备的组合导航系统已经成为当前导航系统的发展方向。组合导航技术是采用两种或两种以上的非相似导航系统对同一信息做量测,从这些测量信息中计算出各导航系统的误差并校正之。采用组合导航技术的系统称为组合导航系统,参与组合的各导航系统称为子系统。

GNSS具有成本低和精度高的显著优点,利用载波相位观测值定位时,可获得毫米级的精度,且定位误差不随时间累积。但是,GNSS在工程实践中面临许多问题,例如,动态应用环境中定位结果的可靠性较差,在载体做高机动运动时,容易导致多颗卫星的信号失锁,并由于信噪比下降,容易产生周跳。因此,在利用载波相位观测值精密定位时,需要进行周跳探测和模糊度固定。虽然目前已有不少的校正方法,但精度和可靠性在高速动态环境下仍会出现一些问题,而在军事应用领域,定位可靠性是一项非常重要的指标。GNSS属于有源非自主定位,其应用受到政府政策和周围环境多方面的限制,隧道、地下、桥梁、水下、林区、建筑物密集区都会遮挡或干扰GNSS信号,易导致定位失败。

惯性导航系统(INS)的优点主要包括:无源自主式导航,隐蔽性强;仅利用自身惯性元件的量测信息进行载体位置、速度以及姿态等导航参数的推算,不受外界条件及其他人为因素的影响;系统在工作过程中既不发射信号,也不接收信号,因此不存在无线电干扰,也没有大气折射等因素影响;信号不存在遮挡、丢失问题,可以全天候全时段工作,不受天气与周围环境限制,无论在隐蔽的地带,还是在水下,只要载体能够到达的地方就能实现导航定位;同时,INS的功能是多方面的,既可以定位测速,又能输出姿态,还可以测定重力异常和垂线偏差等。

但是,INS仍存在缺陷:第一方面,从初始对准开始,其导航误差就随时间迅速积累。第二方面,INS的预热和初始对准所需时间较长,不能满足特定条件下快速反应的要求。第三方面,研制高精度的惯性元件需要花费大量的成本,并且受到工艺水平等许多因素的限制。因此,单靠惯性技术本身的发展来解决其缺陷只能在有限程度上得到改善,需要利用外部信息辅助才能进一步提高INS的总体性能。

表3-7列出了GNSS和INS的主要优缺点,可见它们独立工作时都不能满足高精度、复

杂环境导航的要求。若将 GNSS 和 INS 组合，构成 GNSS/INS 组合导航系统，则可克服各子系统的缺陷，并能充分取长补短，使组合系统的性能和稳定性实现质的飞跃。

表 3-7　GNSS 和 INS 导航系统的优缺点比较

导航系统	优点	缺点
GNSS	① 误差有界；② 能提供三维位置、速度信息，并提供精确授时服务	① 数据率低；② 无法提供载体姿态信息；③ 信号功率低；④ 伪随机码较短；⑤ 卫星信号容易被遮挡；⑥ 接收信号易被干扰
INS	① 数据率高；② 能够提供载体姿态信息；③ 能够实现自主导航，不受外界信号干扰	① 误差随时间积累；② 要求重力加速度已知

GNSS 和 INS 的优缺点具有很强的互补性。结合这两者优势，利用滤波融合技术，构成 GNSS/INS 组合导航系统，可实现高性能的导航定位服务。

GNSS/INS 组合导航系统的优势有：可发现并标校惯性导航系统误差，提高导航精度；可弥补卫星导航的信号缺损问题，提高导航能力；可提高导航的抗干扰能力，提高信号完好性；增加观测冗余度，提高异常误差的监测能力，提高系统的容错能力；可提高卫星导航接收机对卫星信号的捕获能力，提高整体的导航效率；可提高卫星导航载波相位的模糊度搜索速度，提高信号周跳的检测能力，提高组合导航的可靠性。

思　考　题

1. 何为 GNSS 系统？
2. 在 GPS 系统中，GPS 卫星、地面监控系统、信号接收机有哪些作用？
3. 为什么要建立协议天球坐标系和协议地球坐标系？
4. 各卫星导航定位系统所用的时间系统之间有何关系，如何进行统一？
5. 影响卫星轨道的因素有哪些？研究卫星运行的基本方法是什么？
6. 广播星历和精密星历是如何建立的？
7. 简述 GPS 卫星信号的产生过程及特点。
8. 试述利用广播星历计算 GPS、BDS、GLONASS 卫星瞬时位置的过程。
9. 试述伪距定位的基本原理。
10. 试写出载波相位测量的观测方程，并说明各符号的含义。
11. GNSS 导航方法有哪些？
12. GNSS/INS 组合导航系统主要优势包括哪些？

第4章 惯性导航系统

惯性导航是涉及惯性仪表、数学、力学、控制系统、计算机科学和大地测量学的综合技术，惯性技术已经广泛应用于军事、民用和科学研究等多个领域。本章主要对惯性导航系统的基本原理进行介绍，包括惯性导航基础知识、欧拉动力学方程和舒勒原理等基本原理以及惯性导航系统分类与应用。导航系统的任务是根据参照体来确定运载体的位置、速度和姿态信息的。地球通常作为确定这些导航参数的参照体，在计算这些导航参数前需要对地球的形状、力学特性和数学基础进行描述。

4.1 惯性导航系统简介

惯性导航系统是一门建立在牛顿经典力学定律基础上，涉及机电、数学、力学、控制和计算机等多学科的自主导航系统。其导航原理是以陀螺和加速度计为敏感器件的导航参数解算系统，该系统根据陀螺的输出建立起导航坐标系，根据加速度计输出运载体的位置、速度和姿态等信息。

早在三百多年前，惯性导航的原理就被提出。17世纪，牛顿提出了力学三大定律，从本质上揭示了宏观力学的定量关系，构成了惯性导航的基本理论。1852年，法国物理学家傅科根据欧拉和拉格朗日提出的刚体定点转动理论制造出了用于验证地球自转运动的测量装置，验证了地球自转现象。1908年德国科学家安修茨设计了一种单转子摆式陀螺罗经，制造出了世界第一台摆式陀螺罗经，开辟了惯性导航的先河。1923年舒勒发表论文《运载工具的加速度对于摆和陀螺仪的干扰》，以垂线指示系统为例阐述了"舒勒调谐"，为惯性导航系统的设计奠定了理论基础，后来被斯佩里用于进一步改进陀螺罗经。第二次世界大战期间，德国的V2火箭安置了由两个双自由度陀螺和一个陀螺积分加速度计构成的惯性制导系统，这是惯性制导原理的首次应用。20世纪50年代，美国麻省理工学院德雷珀实验室采用液浮支承技术研制了悬浮速率积分陀螺，使陀螺漂移达到了惯性级要求。1950年北美航空公司研制了第一套纯惯性导航系统，并在飞机上成功试飞。20世纪60年代，挠性陀螺技术逐渐发展，1965年英国皇家航空研究院研制了三套挠性陀螺原理样机，证明了原理的可行性。同一时期，动力协调陀螺仪由于结构简单、成本低廉，得到了广泛应用。20世纪70年代美国霍尼韦尔公司和罗克韦尔公司成功研制了静电陀螺监控器和导航仪。由于静电陀螺的高精度属性，其被用于战略武器机动投掷平台。20世纪80—90年代，激光陀螺和光纤陀螺的发展是惯性技术的一场大革命。随着集成电路技术和工艺的成熟和发展，21世纪以来，体积小、质量轻、成本低的微机电系统加速度计和陀螺仪迅猛发展。

惯性导航的基本工作原理是以牛顿力学定律为基础的，在载体内用导航加速度计测量载体运动的加速度，通过积分运算得到载体的速度和位置信息。下面以平面导航为例说明其工作原理，如图 4-1 所示。

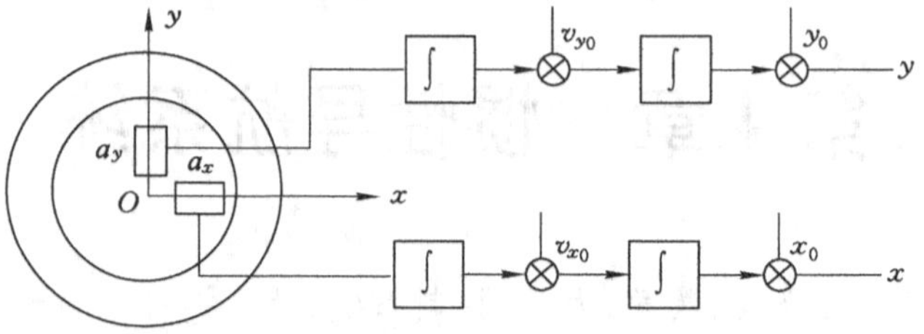

图 4-1　惯性导航基本工作原理

取 Oxy 坐标系为定位坐标系，载体的瞬时位置用 x 和 y 两个坐标值来表示。如果在载体内用一个导航平台把两个加速度计的测量轴分别稳定在 x 轴和 y 轴方向，则加速度计可分别测量出载体沿 x 轴和 y 轴的运动加速度 a_x 和 a_y。因此，载体的速度 v_x 和 v_y 以及载体的瞬时位置 x 和 y 可分别计算为：

$$\begin{cases} v_x = v_{x_0} + \int_0^t a_x \mathrm{d}t \\ v_y = v_{y_0} + \int_0^t a_y \mathrm{d}t \\ x = x_0 + \int_0^t v_x \mathrm{d}t \\ y = y_0 + \int_0^t v_y \mathrm{d}t \end{cases} \tag{4-1}$$

在实际的惯性导航系统中，载体的位置一般用地理经度 λ 和地理纬度 φ 表示，如果 x 轴指北，y 轴指东，则用经纬度表示的载体位置为：

$$\begin{cases} \varphi = \varphi_0 + \int_0^t \frac{v_x}{R} \mathrm{d}t \\ \lambda = \lambda_0 + \int_0^t \frac{v_y}{R\cos\varphi} \mathrm{d}t \end{cases} \tag{4-2}$$

惯性导航系统在发展过程中，根据有无实体机械平台可以分为平台式惯性导航和捷联式惯性导航。

平台式惯性导航系统中，加速度计被安装在平台上，平台与惯性导航系统壳体通过 3 个或 4 个转动框架相连。通过调整框架转动，保证加速度计敏感轴与当地导航系的坐标轴对齐，利用导航计算机处理加速度的输出信息，并计算载体速度和位置信息。陀螺仪可安装在由框架构成的稳定平台上，也可安装在框架的转轴上，用陀螺仪敏感平台的角运动，通过平台稳定回路使平台保持指向上的稳定。在平台的框架轴上直接测量即可得到载体的姿态信息。

捷联式惯性导航系统是指将陀螺仪和加速度计惯性传感器直接与运载体固连，将惯性元件的敏感轴安装在坐标系的三轴上，通过导航计算机采集惯性器件的输出信息。依靠算法建立导航坐标系，以“数学平台”代替平台坐标系，对导航计算机采集的加速度和角速度信息进行数值积分即可获得载体的速度、位置和姿态信息。

在平台式惯性导航系统中，惯性平台隔离了运载体的角运动，使得陀螺仪的测量范围可以很小，系统精度得到保证，导航计算量得到降低。但是平台式惯性导航系统的机械结构复杂，体积大、成本高、可靠性差。

捷联式惯性导航系统利用“数学平台”代替了复杂的物理平台，极大降低了系统设计的复杂性，成本低、易于维护，并且能通过余度技术提高系统的容错能力。由于惯性器件直接与载体固连，捷联式惯性导航系统要求惯性器件的测量范围大，抗干扰能力强。同时捷联式惯性导航复杂的算法设计，导致计算负荷大。随着现代计算机性能的提升，以及激光陀螺批量制造技术的成熟，捷联式惯性导航在诸如飞机、导弹等领域得到了广泛的应用。但是对于使用时间长、精度要求高的领域，平台式惯性导航系统仍然有广阔的应用空间。

4.2 惯性导航基础知识

4.2.1 惯性空间与惯性参照系

4.2.1.1 惯性空间

任何物体的运动和变化都是在空间和时间中进行的。物体的运动或静止及其在空间中的位置，均指它相对另一物体而言，因此在描述物体运动时，必须选定一个或几个物体作为参照物，当物体相对参照物的位置有变化时，就说明物体有了运动。

牛顿定律揭示了在惯性空间中物体的运动和受力之间的基本关系：

① 若物体不受力或受力的合力为零，则物体保持静止或匀速直线运动。

② 若物体受到的合力为 F，则该物体将以加速度 a 相对惯性空间运动。

$$a = \frac{F}{m} \tag{4-3}$$

式中，m 为物体的质量。

4.2.1.2 惯性参照系

惯性空间亦可以表达为宇宙空间，由于宇宙是无限的，要描述相对惯性空间的运动，需要有具体的参照物才有意义。即要在宇宙空间中找到不受力或受力的合力为零的物体，它们在惯性空间绝对保持静止或匀速直线运动，以它们为参照物构成的参照系就是惯性参照系。

在惯性导航系统中，用加速度计敏感载体相对惯性空间的加速度信息，用陀螺仪敏感载体的转动运动，加速度计和陀螺仪总会有误差，只要选择的惯性参照系的精度远高于加速度计和陀螺仪的量测精度，满足惯性导航的需求即可。

宇宙中不存在不受力的物质，万有引力对恒星运动影响较小，运动加速度较小，太阳是我们较为熟悉的恒星，以太阳中心为坐标原点，指向遥远的其他恒星的方向为坐标轴，组成坐标系——太阳中心惯性坐标系。太阳中心惯性坐标系是一近似的惯性参照系，近似在于忽略了太阳本身的运动加速度。

另一种常用的近似惯性参照系是地心惯性坐标系。地心惯性坐标系的原点随地球绕太阳公转，但不参与地球自转，要估算地心惯性坐标系作为惯性坐标系的近似误差，除了要考虑太阳系的运动角速度和加速度外，还要考虑地心绕太阳公转的加速度。

4.2.2 地球参考椭球和重力场

惯性系统在三维空间中的方位和位置确定总是相对于某个参考物而言的，地球附加载体的定位是相对于地球的，地球的某些特性，如自转运动、垂线及纬度定义、引力场等，在惯性导航系统中是必须要考虑的，因此接下来要介绍地球的这些特性。

4.2.2.1 地球的形状与参考椭球

人类赖以生存的地球，实际上是一个质量分布不均匀、形状不规则的几何体。从整体上看，地球近似为一个对称于自转轴的扁平旋转椭球体，其截面的轮廓近似一扁平椭圆，沿赤道方向为长轴、沿极轴方向为短轴。这种形状的形成与地球的自转有密切的关系。地球上的每一质点，一方面受到地心引力的作用，另一方面受自转造成的离心力的作用。越靠近赤道，离心作用力越强，正是在此离心力的作用下，地球靠近赤道的部分向外膨胀，因此地球就成了扁平形状。

对于精度要求不高的一般工程问题，常用圆球体代替大地体，地球的平均半径为 6 371.02 km±0.05 km。若再精确一些，可以将大地体近似为一旋转椭球体，旋转轴就是地球的自转轴，这种旋转椭球体称为参考椭球，如图 4-2 所示。参考椭球的短轴与地球表面的交点就是地球的两极，在地球自转角速度向量正向的极点为北极，另一端为南极。参考椭球的赤道平面是一圆平面，其半径即参考椭球的长轴半径 R_e，沿地球极轴方向的参考椭球半径为短轴半径 R_p。

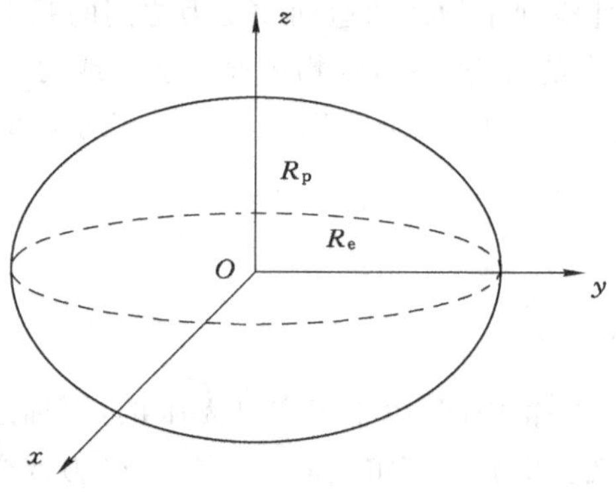

图 4-2 地球参考椭球

在研究惯性导航问题时，通常把地球近似视为一个旋转椭球体。可用下面旋转椭球面方程来描述：

$$\frac{x^2+y^2}{R_e^2}+\frac{z^2}{R_p^2}=1 \tag{4-4}$$

也可用长短轴半径之一和扁率 ε 来描述参考椭球，扁率 ε 可定义为：

$$\varepsilon=(R_e-R_p)/R_e \tag{4-5}$$

扁率又称椭圆度。

大地测量中，还常用偏心率来描述椭球的形状：

第一偏心率 $e=\sqrt{R_e^2-R_p^2}/R_e$。

第二偏心率 $e'=\sqrt{R_e^2-R_p^2}/R_p$。

我国在 1954 年以前采用过美国海福德椭球元素。1954 年以后，很长一段时间采用的是 1954 北京坐标系，是基于苏联克拉索夫斯基椭球的。1980 年开始使用 1975 年国际大地测量与地球物理联合会第 16 届大会推荐的参考椭球。在本书接下来的分析当中，我们均以参考椭球来代替地球的形状。

4.2.2.2　参考椭球的曲率半径

当把地球视为旋转椭球来研究导航定位问题时，经常需要由载体相对地球的位移或速度来求取经纬度或相对地球的角速度，这就需要应用椭球的曲率半径等参数。椭球体表面不同点的曲率半径是不同的，同一点沿不同方向的曲率半径也是不同的。

(1) 子午圈的曲率半径

过极轴的任意平面与参考椭球相截，截平面为椭圆面，该椭圆面称为子午面，子午面的轮廓线称为子午圈或子午线，子午线都是过两极的南北方向线(见图 4-3)。

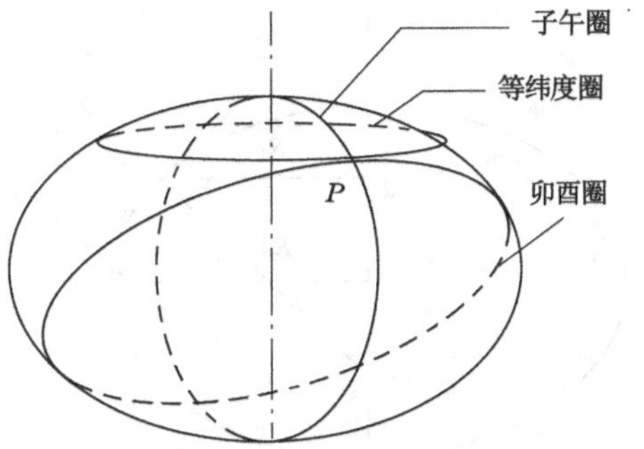

图 4-3　子午圈、等纬度圈及卯酉圈

子午圈的曲率半径 R_M 称为主曲率半径。显然，在两极处子午圈的曲率半径最大，在赤道附近子午圈的曲率半径最小。在纬度 φ 处(φ 为椭球法线与赤道面之间的夹角)，子午圈的曲率半径为：

$$R_M=\frac{R_e(1-e^2)}{(1-e^2\sin^2\varphi)^{\frac{3}{2}}} \tag{4-6}$$

式中，R_e 为椭球长半轴；e 为第一偏心率。

(2) 等纬度圈的半径

若以过椭球上任一点 P 且平行于赤道面的平面截取参考椭球，则截面是一个圆平面且截线为圆，称为等纬度圈(或等纬度圆)。显然，P 点纬度不同时等纬度圈半径 R_L 也不同，可以证明，R_L 与纬度 φ 的关系式如下：

$$R_L=\frac{R_e\cos\varphi}{(1-e^2\sin^2\varphi)^{1/2}} \tag{4-7}$$

或

$$R_L=\frac{R_e\cos\varphi}{[\cos^2\varphi+(1-\varepsilon)^2\sin^2\varphi]^{1/2}}\approx R_e(1+\varepsilon\sin^2\varphi)\cos\varphi \tag{4-8}$$

载体绕等纬度圈运动时，纬度不变，经度变化。若已知载体的东向速度 v_e，则可根据等

纬度圈曲率半径 R_L 求出载体经度的变化率为：

$$\frac{d\lambda}{dt}=\frac{v_e}{R_L} \tag{4-9}$$

（3）卯酉圈的曲率半径

用过参考椭球表面任意一点 P 的法线且与过 P 点的子午面垂直的平面截取椭球，截平面的轮廓线称为卯酉圈，卯酉圈的切线方向即 P 点的东西方向。如图 4-4 所示，卯酉圈的曲率半径 R_N 又称主曲率半径，任意点 P 处卯酉圈的曲率半径，正好等于 P 点与过 P 点的椭球法线和椭球极轴的交点 O' 之间的距离 PO'，于是 P 点处卯酉圈的曲率半径 R_N 与等纬度圈的曲率半径 R_L 之间的关系就是直角三角形的斜边与一直角边之间的关系：

$$R_L=R_N\cos\varphi \tag{4-10}$$

卯酉圈的曲率半径与纬度之间的关系式为：

$$R_N=\frac{R_e}{[\cos^2\varphi+(1-\varepsilon)^2\sin^2\varphi]^{1/2}}\approx R_e(1+\varepsilon\sin^2\varphi) \tag{4-11}$$

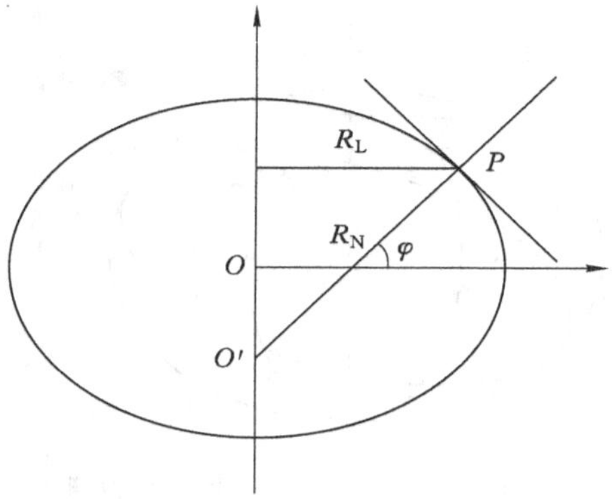

图 4-4　卯酉圈的曲率半径与纬度之间的关系

4.2.2.3　地球重力场

地球重力场是由地球引力场与地球自转离心惯性力形成的。重力加速度的方向一般并不指向地心，只有在地球两极和赤道才指向地心。还可以看出，物体向心加速度的大小随着所在点的地理纬度的变化而变化，同时随着所在点至地心的距离而变化。如图 4-5 所示，记物体受到的引力为 $\boldsymbol{J}$，跟随地球自转所需的向心力为 $\boldsymbol{F}$，重力为 $\boldsymbol{G}$，则有：

$$\boldsymbol{G}=\boldsymbol{J}-\boldsymbol{F} \tag{4-12}$$

向心力向量 $\boldsymbol{F}$ 可表示为：

$$\boldsymbol{F}=m\boldsymbol{\omega}_{ie}\times(\boldsymbol{\omega}_{ie}\times\boldsymbol{r}) \tag{4-13}$$

式中，$\boldsymbol{\omega}_{ie}$ 为地球自转角速度向量；m 为物体的质量；$\boldsymbol{r}$ 为地心到物体所在点的位置向量。

单位质量的物体所受到的重力就是重力加速度：

$$\boldsymbol{g}=\boldsymbol{g}_J-\boldsymbol{\omega}_{ie}\times(\boldsymbol{\omega}_{ie}\times\boldsymbol{r}) \tag{4-14}$$

式中，$\boldsymbol{g}_J$ 为物体跟随地球自转产生的向心加速度。

根据椭球参数，理论上可以计算出不同纬度处重力加速度值，近似公式为：

$$g=g_0(1+0.005\,288\,4\sin\varphi-0.000\,005\,9\sin 2\varphi)-0.000\,000\,308\,6h \tag{4-15}$$

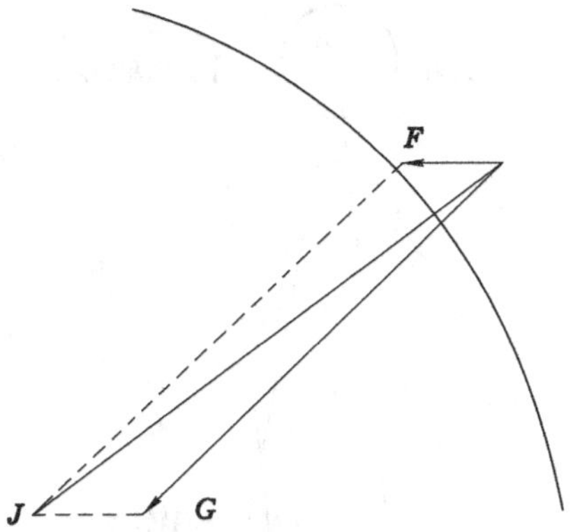

图 4-5　地球的重力场

式中，φ 为地理纬度；g_0 为赤道处海平面上的重力加速度，$g_0=9.780\,49\ \mathrm{m/s^2}$；$h$ 为物体的海拔高度。

对工作在水平状态的平台式惯性导航来说，重力加速度的数值变化对定位精度影响较小，所以与重力异常的关系不大。但垂线偏斜不仅会直接造成导航误差，还会引起随时间累积的水平误差。地球表面各点的重力异常和垂线偏斜没有规律性，只能将地球表面划分为许多区域，事先加以测量，然后在系统中进行补偿。这种影响对一般精度的惯性导航系统可以忽略。若惯性导航系统在某地区的导航误差总是比较大时，这就可能与垂线偏斜有很大关系。

4.2.3　计时标准及地球自转角速度

为了描述物体的运动，不仅需要空间概念，也需要引入时间概念。而关于时间的描述，必须要建立出一个时间的测量基准。时间基准是时间的参考系统，它包括时间原点和时间单位。

地球自转是一种连续的比较稳定的周期运动，因此以地球自转运动为基础便可建立起一种时间系统——世界时系统。为了描述地球的自转，需要选定一个静止的参考点，依据不同的参考点，也会产生不同的计时标准。以太阳作为参考点观察地球自转所建立起的系统称为太阳时计时系统，以别的恒星作为参考点观察地球自转所建立起的系统称为恒星时计时系统。

观测者观测到太阳在天球上周而复始东升西落的这一运动称作视运动。以地球相对太阳的视运动作为时间的计量单位，称为太阳日，它是由地球自转和公转合成的结果。以相对恒星测得地球自转运动一周作为计时单位，即得到另一个计时单位——恒星日。将一个恒星日 24 等分，便可得到恒星时。

天文学上的测量表明，地球围绕太阳公转一周需要 365.242 2 个平太阳日。由于地球除自转外，还有围绕太阳的公转，一个平太阳日中，地球相对太阳转动了一周，然而在相同的时间内，地球相对恒星的转动并不止 360°，而是比 360°多一点（见图 4-6）。地球绕太阳公转一周，地球相对恒星转动的转数比相对太阳转动的转数正好多一转。于是有：

$$365.242\,2\ \text{平太阳日}=366.242\,2\ \text{恒星日}$$

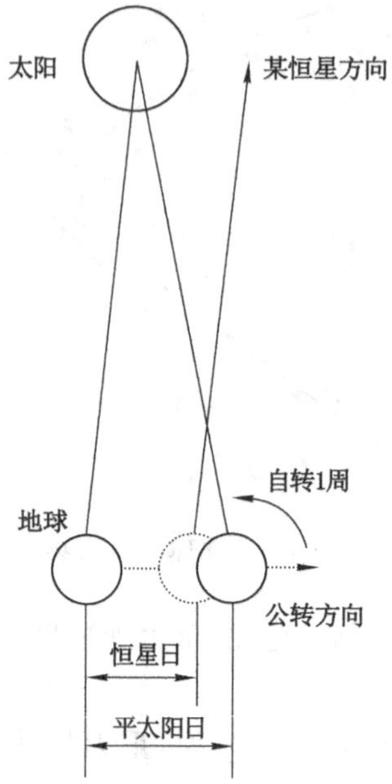

图 4-6　平太阳日与恒星日

有了平太阳日与恒星日的定义，我们可以确切地给出地球的自转角速度——地球在一个恒星日中相对恒星准确地转动 360°，故其自转角速度为：

$$\omega_{ie} = 360°/\text{恒星日} = 15°/\text{恒星时}$$
$$= 15.041\,069°/\text{平太阳时} = 7.292\,115\,8 \times 10^{-5}\ \text{rad/s}$$

显然，上述地球自转角速度就是相对惯性空间的自转角速度，即绝对运动角速度。

4.2.4　惯性导航中常用的坐标系

讨论一个物体相对另一个物体运动，确定其位置时必须具有与两个物体相关联的参考坐标系。在地球表面附近运动的载体不论是飞机、舰船还是车辆，最重要的是要知道它们相对地球的地理位置和相对于地理坐标系的航向及水平姿态角，因此必须在运动物体上获得一个地理坐标系或一个惯性坐标系。本节主要介绍几种经常遇到的坐标系及其转换关系。在惯性技术领域中常用的坐标系有以下几类。

4.2.4.1　惯性坐标系

惯性坐标系(简称 i 系)是描述惯性空间的一种坐标系，在惯性坐标系中，牛顿定律所描述的力与运动之间的关系是完全成立的。惯性导航系统中我们常用的惯性坐标系是太阳中心惯性坐标系，若载体仅在地球附近运动，如舰船惯性导航系统，也可用地球中心惯性坐标系，此时要同时忽略太阳的引力和地球中心的平移加速度。

原点在地球的重心，Z 轴与地球自转轴重合，向北为正；X 轴和 Y 轴在赤道面上，它们分别指向空间中的两颗恒星，并与 Z 轴满足右手定则。该坐标系与时间无关，是相对惯性空间无任何运动的一个理想坐标系，是惯性敏感元件测量的基准。该坐标系又称地球固定坐标系。导航中常用它作为参考坐标系。

虽然地球绕太阳公转使该坐标系的原点具有向心加速度，约为 $6.05\times10^{-4}g$，但是惯性参考坐标系的原点取在地心不会影响所研究问题的准确性。

4.2.4.2　确定载体相对地球位置的坐标系

(1) 地球直角坐标系

地球直角坐标系 $OX_eY_eZ_e$（简称 e 系）是固连在地球上的坐标系，它相对惯性坐标系以地球自转角速度旋转。坐标原点位于椭球中心，Z_e 轴为参考椭球的短轴，X_e、Y_e 轴位于地球赤道平面，X_e 指向格林尼治子午线，Y_e 轴与 X_e 轴垂直，满足右手定则。这样对地球附近任何一点 P，其位置均可用三维坐标 $P(x,y,z)$ 来确定，如图 4-7 所示。

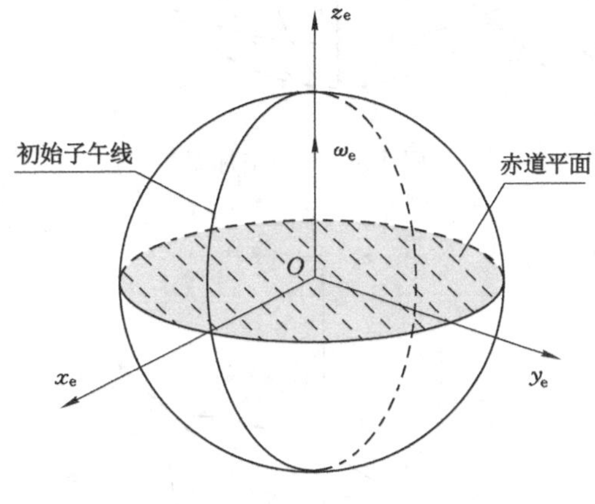

图 4-7　地球直角坐标系与经纬度坐标系

(2) 经纬度坐标

地球表面任意一点的位置均可用经度和纬度来确定。以参考椭球为基准，格林尼治子午面与过该点的子午面之间的夹角（0°～180°）为经度。点位处于东半球时为东经，处于西半球时为西经。纬度是当地垂线与椭球赤道平面的夹角（0°～90°）。点位处于赤道平面以北时为北纬，处于赤道平面以南时为南纬。前面已经述及，由于垂线有几种定义，纬度也有地理纬度和地心纬度之分。惯性导航中使用的是地理纬度。

4.2.4.3　与载体位置或惯性导航系统本身有关的坐标系

(1) 地理坐标系

如图 4-8 所示，地理坐标系 $px_ty_tz_t$（简称 t 系）的原点就是载体所在点，z_t 轴沿当地参考椭球的法线指向天顶，x_t 轴与 y_t 轴均与 z_t 轴垂直，即在当地水平面内，x_t 轴沿当地纬度线指向正东，y_t 轴沿当地子午线指向正北。按照这样的定义，地理坐标系的 z_t 轴与地球赤道平面的夹角就是当地地理纬度，z_t 轴与 y_t 轴构成的平面就是当地子午面，z_t 轴与 x_t 轴构成的平面就是当地卯酉面，x_t 轴与 y_t 轴构成的平面就是当地水平面。

(2) 载体坐标系

载体坐标系 $Ox_by_bz_b$（简称 b 系）是与载体固连的直角坐标系。惯性导航系统的载体可以是舰船、飞机、火箭等，这里以舰艇坐标系为例说明载体坐标系的定义。其原点与运动载体的质心重合，舰艇坐标系的 y_b 轴在甲板平面内指向舰艏方向，x_b 轴在甲板平面内指向舰艇右舷，z_b 轴垂直于甲板平面指向天顶（见图 4-9）。

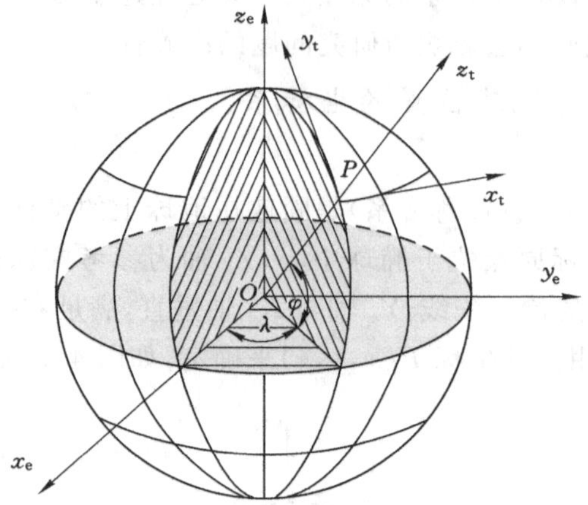

图 4-8　地理坐标系

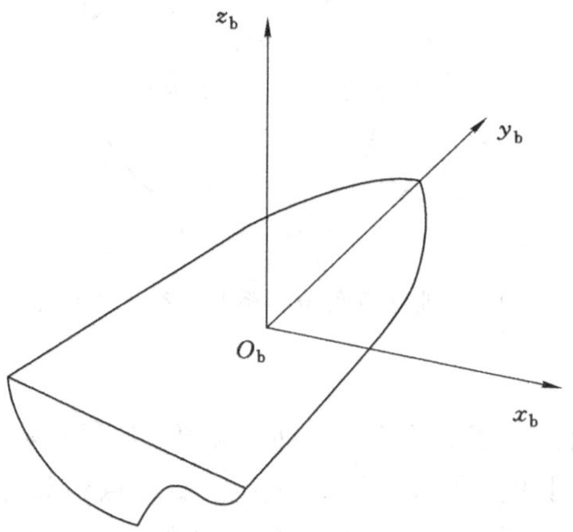

图 4-9　载体坐标系

(3) 平台坐标系

平台坐标系 $Ox_py_pz_p$(简称 p 系)取自物理实体构成的平台,即平台式惯性导航,其作用是通过陀螺仪施矩实时跟踪导航坐标系。后来随着捷联式惯性导航的发展,为了表示和平台惯性导航的关联,将可达到跟踪导航坐标系目的的数学运算矩阵称为数学平台。理想的平台坐标系就可以是导航坐标系,但是实际中总会存在一些或大或小的误差,被称为失准角。平台式惯性导航中的一种重要类型是指北方位平台式惯性导航,这种惯性导航的稳定平台的三个坐标轴分别指向正东、正北和天顶,也就是说,平台的三个坐标轴要模拟当地地理坐标系的三个坐标轴,Ox_p 轴称为平台东,Oy_p 轴称为平台北。

(4) 导航坐标系

导航坐标系 $Ox_ny_nz_n$(简称 n 系),顾名思义,是为方便导航解算而设定的坐标系。导航坐标系是惯性导航系统求解导航参数时所采用的坐标系。例如,指北方位惯性导航的平台,在理想情况下完全模拟了当地地理坐标系,载体位置是根据平台上加速度计输出的加速度信息(正东、正北向加速度)在当地地理坐标系中解算得到的,因此地理坐标系就是水平指北惯性导航系统的导航坐标系。对捷联式惯性导航系统来说，测得的载体加速度是沿载体坐标系轴向的，必须将加速度信息分解到某个便于求解导航参数的坐标系内（这个坐标系就是导航坐标系），再进行导航计算。

（5）计算坐标系

由于惯性导航系统只能根据系统本身计算获得的载体位置来描述导航坐标系，该坐标系必然存在着误差，有时为了与理想的导航坐标系相区别，将这种根据惯性导航本身计算出的由载体位置确定的导航坐标系称作计算坐标系 $Ox_cy_cz_c$（简称 c 系），在分析惯性导航误差时要用到这种坐标系。

4.2.5 三维直角坐标系间的角度关系和方向余弦矩阵

在研究惯性导航、分析惯性导航坐标系的时候，需要用到多种不同的空间直角坐标系。当一个向量位于空间时，该向量在不同空间直角坐标系中的坐标是不同的。

两个空间直角坐标系之间的差异主要包括两个方面：一方面是原点的位置不同，即一个坐标系的原点相对另一个坐标系的原点有位移；另一方面是坐标轴的指向不同，即一个坐标系相对另外一个坐标系有旋转。在数学上可以用一个矩阵来表示两个空间直角坐标系的关系，这个矩阵就是方向余弦矩阵。

4.2.5.1 方向余弦矩阵的定义

假设在空间中有一个三维直角坐标系 $OX_1Y_1Z_1$，其三个轴方向的单位向量分别为 $\boldsymbol{i}_1$、$\boldsymbol{j}_1$、$\boldsymbol{k}_1$。这就使得任意一个在此空间中的向量 $\boldsymbol{R}$ 都可以用它在这三个轴向上的单位向量 $\boldsymbol{i}_1$、$\boldsymbol{j}_1$ 和 $\boldsymbol{k}_1$ 表示出来（见图 4-10）：

$$\boldsymbol{R} = R_{x1}\boldsymbol{i}_1 + R_{y1}\boldsymbol{j}_1 + R_{z1}\boldsymbol{k}_1 \tag{4-16}$$

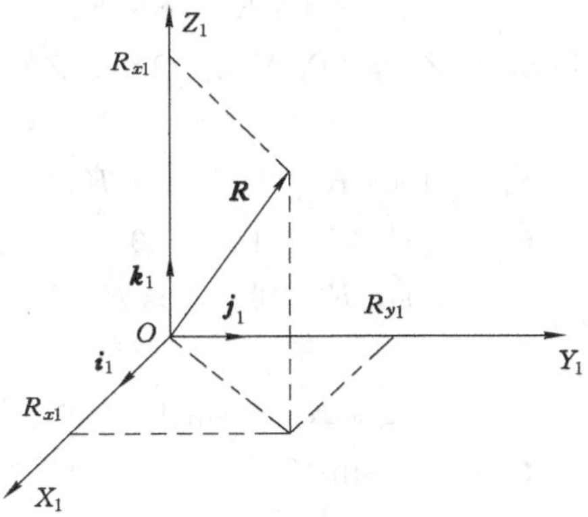

图 4-10 向量在空间直角坐标系中的表示

分量 R_{x1}、R_{y1}、R_{z1} 分别为向量 $\boldsymbol{R}$ 在坐标系的三个轴（X_1 轴、Y_1 轴、Z_1 轴）的投影，可以得到以下关系：

$$\begin{cases} R_{x1} = R\cos\theta_{x1}^R \\ R_{y1} = R\cos\theta_{y1}^R \\ R_{z1} = R\cos\theta_{z1}^R \end{cases} \tag{4-17}$$

式中，R 是 $\boldsymbol{R}$ 的模，θ_{x1}^{R}、θ_{y1}^{R}、θ_{z1}^{R} 分别为向量 $\boldsymbol{R}$ 与坐标系 $OX_1Y_1Z_1$ 三个轴的夹角。

可以看到，当 $\cos\theta_{x1}^{R}$、$\cos\theta_{y1}^{R}$、$\cos\theta_{z1}^{R}$ 确定下来后，向量 $\boldsymbol{R}$ 相对坐标系 $OX_1Y_1Z_1$ 的指向也就确定下来了，因为 $\cos\theta_{x1}^{R}$、$\cos\theta_{y1}^{R}$、$\cos\theta_{z1}^{R}$ 均为余弦的形式，所以我们把 $\cos\theta_{x1}^{R}$、$\cos\theta_{y1}^{R}$、$\cos\theta_{z1}^{R}$ 称为向量 $\boldsymbol{R}$ 在坐标系 $OX_1Y_1Z_1$ 中的方向余弦。

4.2.5.2 根据欧拉角求取方向余弦矩阵

两个三维直角坐标系之间的方向余弦矩阵有九个元素，由于有六个约束条件，所以只有三个元素是独立的，这就说明任意的两个三维直角坐标系中的角度关系完全可以由三个角度来描述。为了更加直观地求取方向余弦矩阵，假定从坐标系 $OX_0Y_0Z_0$ 经下面三次旋转可以得到坐标系 $OXYZ$：

$$OX_0Y_0Z_0 \xrightarrow{\text{绕 } X_0 \text{ 转 } K_x} OX_1Y_1Z_1 \xrightarrow{\text{绕 } Y_1 \text{ 转 } K_y} OX_2Y_2Z_2 \xrightarrow{\text{绕 } Z_2 \text{ 转 } K_z} OXYZ$$

变化 K_x、K_y、K_z 三个角度，可以形成原点与 $OX_0Y_0Z_0$ 相同的任意三维直角坐标系。反过来说，任意一个三维直角坐标系 $OXYZ$ 均可以从 $OX_0Y_0Z_0$ 经过上述的三次旋转得到，所以这三个旋转角度完全反映了两个坐标系之间的角度关系，我们将这三个旋转角称为欧拉角。同时要注意，欧拉角与旋转顺序有关（绕轴旋转的先后顺序），顺序不同的时候，欧拉角也不同，顺序固定之后，两个坐标系之间的欧拉角就是唯一的。

记由坐标系 $OX_0Y_0Z_0$ 至 $OX_1Y_1Z_1$、由 $OX_1Y_1Z_1$ 至 $OX_2Y_2Z_2$、由 $OX_2Y_2Z_2$ 至 $OXYZ$ 的方向余弦矩阵分别为 $\boldsymbol{C}_0^1$、$\boldsymbol{C}_1^2$、$\boldsymbol{C}_2^3$。

由 $OX_0Y_0Z_0$ 至 $OX_1Y_1Z_1$（X_1 与 X_0 同轴）是前者绕 X_0 轴旋转 K_x 角得到的。可以直接写出方向余弦矩阵：

$$\boldsymbol{C}_0^1 = \begin{bmatrix} 1 & 0 & 0 \\ 0 & \cos K_x & \sin K_x \\ 0 & -\sin K_x & \cos K_x \end{bmatrix} \tag{4-18}$$

用同样的方法可以得到 $OX_1Y_1Z_1$ 至 $OX_2Y_2Z_2$、$OX_2Y_2Z_2$ 至 $OXYZ$ 的方向余弦矩阵 $\boldsymbol{C}_1^2$ 和 $\boldsymbol{C}_2^3$：

$$\boldsymbol{C}_1^2 = \begin{bmatrix} \cos K_y & 0 & -\sin K_y \\ 0 & 1 & 0 \\ \sin K_y & 0 & \cos K_y \end{bmatrix} \tag{4-19}$$

$$\boldsymbol{C}_2^3 = \begin{bmatrix} \cos K_z & \sin K_z & 0 \\ -\sin K_z & \cos K_z & 0 \\ 0 & 0 & 1 \end{bmatrix} \tag{4-20}$$

记由 $OX_0Y_0Z_0$ 至 $OXYZ$ 的方向余弦矩阵为 $\boldsymbol{C}$，根据方向余弦矩阵的传递性有：

$$\boldsymbol{C} = \boldsymbol{C}_2^3\boldsymbol{C}_1^2\boldsymbol{C}_0^1 \tag{4-21}$$

得以下矩阵：

$$\boldsymbol{C} = \begin{bmatrix} \cos K_z\cos K_y & \sin K_z\cos K_x + \cos K_z\sin K_y\sin K_x & \sin K_z\sin K_x - \cos K_z\sin K_y\cos K_x \\ -\sin K_z\cos K_y & \cos K_z\cos K_x + \sin K_z\sin K_y\sin K_x & \cos K_z\sin K_x - \sin K_z\sin K_y\cos K_x \\ \sin K_y & -\cos K_y\sin K_x & \cos K_y\cos K_x \end{bmatrix} \tag{4-22}$$

上式即利用欧拉角 K_x、K_y、K_z 计算方向余弦矩阵的公式。

当三个欧拉角 K_x、K_y、K_z 均为小角度时，略去二阶小量，$\boldsymbol{C}$ 矩阵有比较简单的形式（K_x、K_y、K_z 均用弧度表示）：

$$\boldsymbol{C}=\begin{bmatrix}1 & K_z & -K_y\\ -K_z & 1 & K_x\\ K_y & -K_x & 1\end{bmatrix} \tag{4-23}$$

由于矩阵乘法不符合交换律，所以方向余弦矩阵 $\boldsymbol{C}$ 与旋转的顺序有关，但当三个欧拉角 K_x、K_y、K_z 均为小角度的时候，由于可以忽略二阶小量，$\boldsymbol{C}$ 与旋转的顺序无关。对此读者可以自行验算。

4.3　惯性导航系统基本原理

4.3.1　刚体在空间中角位置的表示

一个自由的刚体，如果在空间中不受限制的运动，它具有六个自由度，包括沿三个基矢量方向的平动和绕三个基矢量方向的转动。假设刚体在空间绕定点 O 转动，则刚体只有三个旋转自由度。设有参考坐标系 R，三个坐标轴方向的单位矢量分别为 $\boldsymbol{i}_0$、$\boldsymbol{j}_0$、$\boldsymbol{k}_0$。刚体相对 R 系绕 O 点转动，则刚体上任意位置的空间向量均可描述刚体的空间角位置。在刚体上任取一点 A，则位置向量 OA 可描述刚体的空间角位置，如图 4-11 所示。

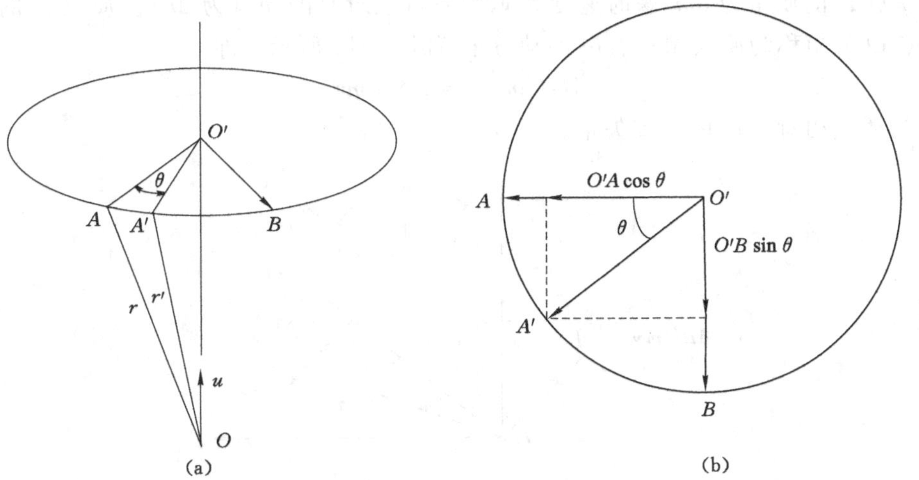

图 4-11　刚体的等效旋转

假设有坐标系 b 与刚体固连，b 系坐标轴方向的单位矢量为 $\boldsymbol{i}_0$、$\boldsymbol{j}_0$、$\boldsymbol{k}_0$。在初始时刻坐标系 b 与坐标系 R 重合。设刚体以 $\omega=\omega_x\boldsymbol{i}+\omega_y\boldsymbol{j}+\omega_z\boldsymbol{k}$ 相对 R 系旋转，初始时刻刚体上 A 点位置向量为 $OA=\boldsymbol{r}$，经过时间 t 刚体转过 θ 角，位置向量处于 $OA'=\boldsymbol{r}'$。根据欧拉定理，仅考虑刚体在初始时刻和 t 时刻的角位置时，刚体从位置 A 到位置 A' 的转动可等效成绕瞬时轴 $\boldsymbol{u}$（单位向量）一次完成。此时，位置向量为圆锥运动，A 和 A' 位于同一圆上，r 和 r' 处于同一圆锥面上。

在圆上取一点 B,使$\angle AO'B=90°$,则可以得到:

$$OO'=(\boldsymbol{r}\cdot\boldsymbol{u})\boldsymbol{u} \tag{4-24}$$

$$O'A=\boldsymbol{r}-OO' \tag{4-25}$$

$$O'B=\boldsymbol{u}\times O'A \tag{4-26}$$

$$O'A'=O'A\cos\theta+O'B\sin\theta \tag{4-27}$$

将式(4-24)至式(4-26)代入式(4-27)可得:

$$O'A'=\boldsymbol{r}\cos\theta-(\boldsymbol{r}\cdot\boldsymbol{u})\boldsymbol{u}\cos\theta+\boldsymbol{u}\times\boldsymbol{r}\sin\theta \tag{4-28}$$

则可得 t 时刻的位置向量为:

$$\boldsymbol{r}'=OO'+O'A=\boldsymbol{r}\cos\theta+(1-\cos\theta)(\boldsymbol{r}\cdot\boldsymbol{u})\boldsymbol{u}+\boldsymbol{u}\times\boldsymbol{r}\sin\theta \tag{4-29}$$

三重矢基计算公式为:

$$\boldsymbol{u}\times(\boldsymbol{u}\times\boldsymbol{r})=\boldsymbol{u}(\boldsymbol{u}\cdot\boldsymbol{r})-(\boldsymbol{u}\cdot\boldsymbol{u})\boldsymbol{r} \tag{4-30}$$

将式(4-30)代入式(4-29)可得:

$$\begin{aligned}\boldsymbol{r}'&=\boldsymbol{r}\cos\theta+(1-\cos\theta)[\boldsymbol{r}+\boldsymbol{u}\times(\boldsymbol{u}\times\boldsymbol{r})]+\boldsymbol{u}\times\boldsymbol{r}\sin\theta\\&=\boldsymbol{r}+\boldsymbol{u}\times\boldsymbol{r}\sin\theta+(1-\cos\theta)\boldsymbol{u}\times(\boldsymbol{u}\times\boldsymbol{r})\end{aligned} \tag{4-31}$$

式(4-31)即 t 时刻刚体在空间中角位置的表示。

4.3.2 欧拉动力学方程

4.3.2.1 动量矩

设质点 A 的质量为 $\mathrm{d}m$,瞬时速度为 $\boldsymbol{v}$,则质点该瞬时的动量为 $\mathrm{d}m\boldsymbol{v}$。质点 A 的动量相对空间点 O 的矩称为质点相对点 O 的动量矩,如图 4-12 所示。即

$$\mathrm{d}H(\mathrm{d}m\boldsymbol{v})=\boldsymbol{r}\times\mathrm{d}m\boldsymbol{v} \tag{4-32}$$

式中,$\boldsymbol{r}$ 为质点相对点 O 的距离矢量。

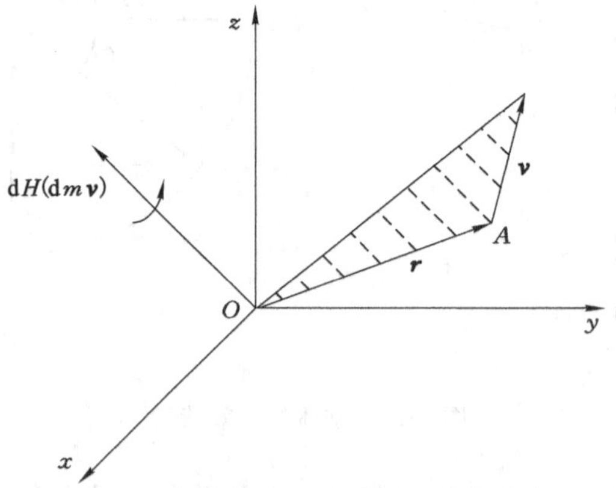

图 4-12 质点的动量矩

质点系对某点 O 的动量矩等于质点系内各质点对同一质点 O 的动量矩的矢量和,或称为质点系动量对点 O 的主矩,即

$$H = \int \mathrm{d}H(\mathrm{d}m\boldsymbol{v}) \tag{4-33}$$

刚体绕定点转动是工程中比较常见的情况。如图 4-12 所示，假设刚体绕定点 O 转动，参考坐标系为 $Oxyz$，记为 l。刚体的瞬时速度可以表示为：

$$\boldsymbol{v} = \omega \times \boldsymbol{r} \tag{4-34}$$

式中，ω 为质点绕定轴转动引起的距离矢量 $\boldsymbol{r}$ 的角速度。

将式(4-34)代入式(4-33)得：

$$H = \int \mathrm{d}H(\mathrm{d}m\boldsymbol{v}) = \int \boldsymbol{r} \times \boldsymbol{v}\mathrm{d}m = \int \boldsymbol{r} \times (\omega \times \boldsymbol{r})\mathrm{d}m = [J]\boldsymbol{\omega} \tag{4-35}$$

式中，$[J]=\begin{bmatrix} J_x & -J_{xy} & -J_{xz} \\ -J_{xy} & -J_y & -J_{yz} \\ -J_{xz} & -J_{yz} & I_z \end{bmatrix}$称为刚体对参考坐标系的惯性张量，$J_x$、$J_y$ 和 J_z 称为刚体对坐标轴 x、y 和 z 的转动惯量，J_{xy}、J_{xz} 和 J_{yz} 称为刚体的惯性积。

4.3.2.2　动量矩定理

当质点 A 绕定点 O 转动时，如图 4-13 所示，质点对定点的动量矩为 $\mathrm{d}H(\mathrm{d}m\boldsymbol{v})$，外界作用力 $\mathrm{d}F$ 对定点的矩为 $M(\mathrm{d}F)$。

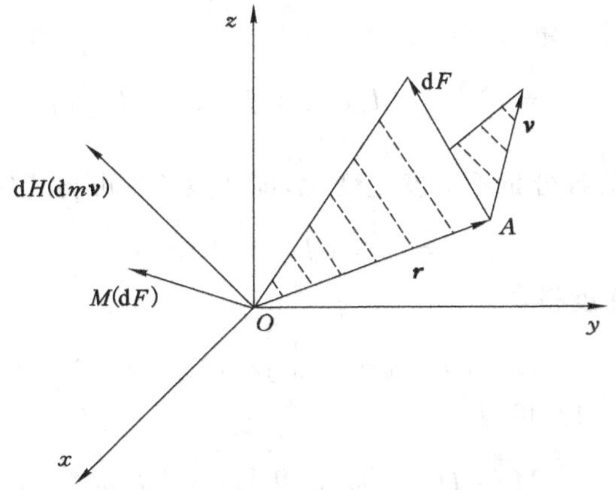

图 4-13　质点的动量矩定理图示

将式(4-32)动量矩对时间求一阶导数：

$$\frac{\mathrm{d}}{\mathrm{d}t}(\mathrm{d}H) = \frac{\mathrm{d}}{\mathrm{d}t}(\boldsymbol{r} \times \mathrm{d}m\boldsymbol{v}) = \frac{\mathrm{d}\boldsymbol{r}}{\mathrm{d}t} \times \mathrm{d}m\boldsymbol{v} + \boldsymbol{r} \times \frac{\mathrm{d}}{\mathrm{d}t}(\mathrm{d}m\boldsymbol{v}) \tag{4-36}$$

根据质点动量定理$\frac{\mathrm{d}}{\mathrm{d}t}(\mathrm{d}m\boldsymbol{v})=\mathrm{d}F$，由于质点做定点运动，有$\frac{\mathrm{d}\boldsymbol{r}}{\mathrm{d}t}=\boldsymbol{v}$。因此，式(4-36)可以改写为：

$$\frac{\mathrm{d}}{\mathrm{d}t}(\mathrm{d}H) = \frac{\mathrm{d}}{\mathrm{d}t}(\boldsymbol{r} \times \mathrm{d}m\boldsymbol{v}) = \boldsymbol{v} \times \mathrm{d}m\boldsymbol{v} + \boldsymbol{r} \times \mathrm{d}F \tag{4-37}$$

又因为 $\boldsymbol{v}\times \mathrm{d}m\boldsymbol{v}=0$，$\boldsymbol{r}\times \mathrm{d}F=M(\mathrm{d}F)$，根据式(4-37)可得：

$$\frac{\mathrm{d}}{\mathrm{d}t}(\mathrm{d}H) = M(\mathrm{d}F) \tag{4-38}$$

式(4-38)为质点动量矩定理,可以描述为质点对某点的动量矩对时间的一阶导数等于作用力对同一点的矩。

质点系内作用于每个质点的力分为内力 $\mathrm{d}F_i^i$ 和 $\mathrm{d}F_i^e$。根据质点的动量矩定理可得:

$$\frac{\mathrm{d}}{\mathrm{d}t}(\mathrm{d}H) = M(\mathrm{d}F_i^i) + M(\mathrm{d}F_i^e) \tag{4-39}$$

则质点系内所有点的结果为:

$$\int \frac{\mathrm{d}}{\mathrm{d}t}(\mathrm{d}H) = \int M(\mathrm{d}F_i^i) + \int M(\mathrm{d}F_i^e) \tag{4-40}$$

由于内力总是大小相等、方向相反,并且成对出现,因此 $\int M(\mathrm{d}F_i^i) = 0$,则式(4-40)可以改写为:

$$\frac{\mathrm{d}(H)}{\mathrm{d}t} = M(F^e) \tag{4-41}$$

式(4.3.18)即质点系的动量矩定理。

4.3.2.3 欧拉动力学方程

设刚体绕定点转动的动量矩为 $H=[J]\omega$,将动量矩对时间求导数得:

$$\dot{H} = [\dot{J}]\omega + [J]\dot{\omega} \tag{4-42}$$

运用链式法则对惯性张量求导:

$$[\dot{J}] = \sum_i \sum_j (\dot{J}_{ij}e_i e_j + J_{ij}\dot{e}_i e_j + J_{ij}e_i \dot{e}_j) \tag{4-43}$$

一般认为惯性张量的各分量不会发生变化,即 $\dot{J}_{ij}=0$。可将式(4-43)写成矩阵形式:

$$[\dot{J}] = \omega \times [J] - [J] \times \omega \tag{4-44}$$

对式(4-44)右乘角速度得:

$$[\dot{J}]\omega = (\omega \times [J])\omega - ([J] \times \omega)\omega = (\omega \times [J])\omega \tag{4-45}$$

将式(4-45)代入式(4-42)可得:

$$M = \dot{H} = (\omega \times [J])\omega + [J]\dot{\omega} \tag{4-46}$$

式(4-46)即欧拉动力学方程。当惯性张量中非对角的惯性积为零时,式(4-46)可写为:

$$\begin{cases} M_x = J_{xx}\dot{\omega}_x + (J_{zz} - J_{yy})\omega_y\omega_z \\ M_y = J_{yy}\dot{\omega}_y + (J_{xx} - J_{zz})\omega_x\omega_z \\ M_z = J_{zz}\dot{\omega}_z + (J_{yy} - J_{xx})\omega_y\omega_x \end{cases} \tag{4-47}$$

4.3.3 比力

物体相对不同参考系的运动是不相同的。研究物体相对不同参考系的运动,分析物体相对不同参考系运动之间的关系,称为复合运动或合成运动。

如图 4-14 所示,车轮上的点 M 相对固连于地面的参考系做旋轮线运动,但对固连于车厢上的参考系,点的轨迹是圆,车厢相对地面的运动是简单平移。车轮上的点 M 可以看成两个简单运动的合成,即点 M 相对车厢的圆周运动,同时车厢相对地面平移。因此,相对某一参考系的复杂运动可由相对其他参考系的几个简单运动组合而成,称这种运动为合成运动。工程中常将固连于地球表面的参考坐标系称为固定参考系，简称定系，以 $Oxyz$ 表示。固定在其他相对定系有运动的参考坐标系称为动参考系，简称动系，以 $O'x'y'z'$ 表示。为了区分动点相对不同参考系的运动，把动点相对固定参考系的运动称为绝对运动，动点相对动参考系的运动称为相对运动，而把动参考系相对固定参考系的运动称为牵连运动。

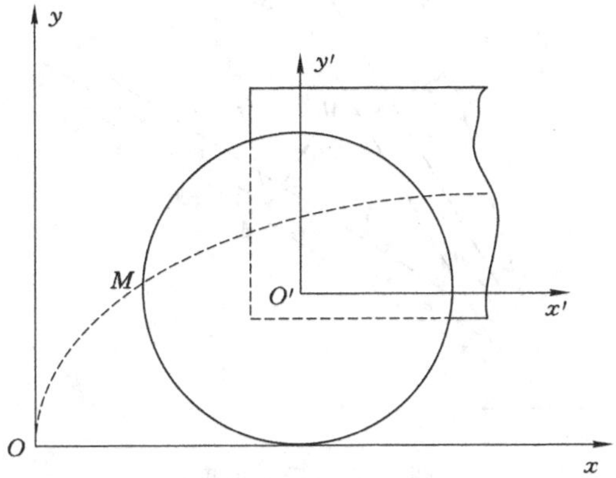

图 4-14　车轮缘上点运动分析

科氏加速度是当动系转动时，牵连运动与相对运动相互影响而产生的。如图 4-15 所示，动点沿直杆 OA 做变速直线运动，而杆绕 O 轴做匀速转动。设动系固结在杆 OA 上，在瞬时 t，动点在 M 处，它的相对速度和牵连速度分别为 v_r 和 v_e。经过时间间隔 Δt 后，杆转到位置 OA'，动点移动到 M'，这时它的相对速度和牵连速度分别为 v_r' 和 v_e'。如果杆 OA 不转动，则 $t+\Delta t$ 时刻动点的相对速度是 v_r''。由于牵连运动是转动的，使 $t+\Delta t$ 时刻动点的相对速度方向变为 v_r'。相对速度是在动系 OA 上观测的，只反映出由 v_r 到 v_r'' 的速度变化，而由 v_r'' 变为 v_r'，则反映为科氏加速度的一部分，即表示动系的牵连运动引起的动点相对速度方向的变化。如果没有相对运动，则 $t+\Delta t$ 时刻点 M 移动到 M_0，牵连速度为 v_e''。由于存在相对运动，$t+\Delta t$ 时刻的牵连速度为 v_e'。牵连加速度是动系上 M 点的加速度，只反映由 v_e 到 v_e'' 的变化，而由 v_e'' 变为 v_e'，则反映科氏加速度的另一部分，即动点的相对运动引起的动点牵连速度大小的变化。

根据图 4-15，动点的绝对加速度可表示为：

$$a_a = \lim_{\Delta t\to 0}\frac{v_a' - v_a}{\Delta t} = \lim_{\Delta t\to 0}\frac{(v_r' + v_e') - (v_r + v_e)}{\Delta t}$$
$$= \lim_{\Delta t\to 0}\frac{v_r' - v_r''}{\Delta t} + \lim_{\Delta t\to 0}\frac{v_r'' - v_r}{\Delta t} + \lim_{\Delta t\to 0}\frac{v_e' - v_e''}{\Delta t} + \lim_{\Delta t\to 0}\frac{v_e'' - v_e}{\Delta t} \tag{4-48}$$

在式(4-48)中，右边第二项和第四项分别为相对加速度和牵连加速度，第一项 v_r' 和 v_r'' 大小相同，方向相反。设它们的单位矢量分别为 $\boldsymbol{e}'$ 和 $\boldsymbol{e}$，模值为 v_r'。则式(4-48)第一项可以改写为：

$$\lim_{\Delta t\to 0}\frac{v_r' - v_r''}{\Delta t} = \lim_{\Delta t\to 0}\frac{v_r' e' - v_r' e}{\Delta t} = (\lim_{\Delta t\to 0} v_r')\lim_{\Delta t\to 0}\frac{e' - e}{\Delta t} = v_r\frac{\mathrm{d}e}{\mathrm{d}r} = v_r\omega\times e = \omega\times v_r \tag{4-49}$$

式(4-48)右边第三项中，$v_e' = \omega\times OM'$，$v_e'' = \omega\times OM_0$，则有：

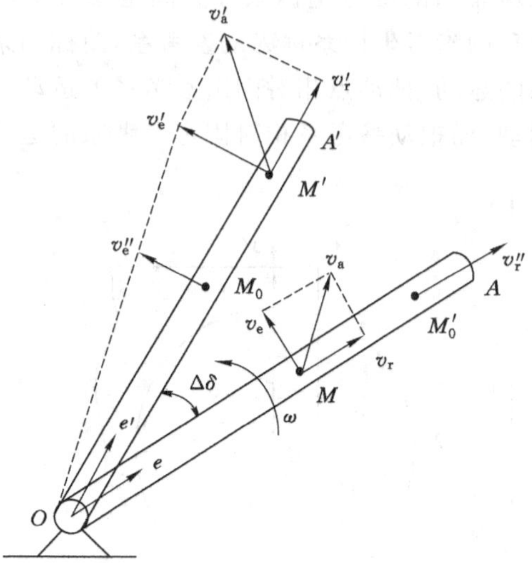

图 4-15 科氏加速度

$$\lim_{\Delta t \to 0} \frac{v'_e - v''_e}{\Delta t} = \omega \times \lim_{\Delta t \to 0} \frac{OM' - OM_0}{\Delta t} = \omega \times v_r \tag{4-50}$$

式(4-49)和式(4-50)共同构成了科氏加速度。

科氏加速度是法国科学家科里奥利于 1835 年首先提出的。地球绕地轴旋转,地球上物体相对于地球运动,这就是牵连运动为转动的合成运动。由于地球自转角速度很小,一般情况下其自转的影响可以忽略不计,但是在某些情况下必须考虑。

科氏定理可描述绝对变化率和相对变化率间的关系。设自地心至理想平台坐标系 p 的位置矢量为 r。根据科氏定理,惯性速度可以用地速表示为:

$$\left.\frac{dr}{dt}\right|_i = \left.\frac{dr}{dt}\right|_e + \omega_{ie} \times r \tag{4-51}$$

式中,$\left.\frac{dr}{dt}\right|_e = v_{ep}$ 表示运动物体相对地球的速度,称为地速。

对式(4-51)两边求导,并再次使用科氏定理,其中相对变化率对 p 系求取,有:

$$\left.\frac{d^2 r}{dt^2}\right|_i = \left.\frac{dv_{ep}}{dt}\right|_p + \omega_{ip} \times v_{ep} + \omega_{ie} \times (v_{ep} + \omega_{ip} \times r) + \left.\frac{d\omega_{ie}}{dt}\right|_i \times r \tag{4-52}$$

在上式推导过程中,假定地球旋转角速度是常值,即 $\frac{d\omega_{ie}}{dt} = 0$,并且 $\omega_{ip} = \omega_{ie} + \omega_{eT}$,上式可以改写为:

$$\left.\frac{d^2 r}{dt^2}\right|_i = \left.\frac{dv_{ep}}{dt}\right|_i + (2\omega_{ie} + \omega_{ep}) \times v_{ep} + \omega_{ie} \times (\omega_{ie} \times r) \tag{4-53}$$

设平台上加速度计质量块的质量为 m,质量 m 受到的力为非引力外力 F 和地球引力 G,根据牛顿第二定律可得:

$$F + G = m \left.\frac{d^2 r}{dt^2}\right|_i \tag{4-54}$$

式中,$\left.\frac{d^2 r}{dt^2}\right|_i$ 表示质量块相对于空间固定轴系的加速度,则三个理想的加速度关系可以表

示为：

$$\frac{F}{m}+\frac{G}{m}=m\left.\frac{\mathrm{d}^2 r}{\mathrm{d}t^2}\right|_{\mathrm{i}} \tag{4-55}$$

式中，$f=\dfrac{F}{m}$表示比力，为单位质量上作用的非引力外力。

将式(4-55)代入式(4-53)，整理后可得：

$$\left.\frac{\mathrm{d}v_{\mathrm{ep}}}{\mathrm{d}t}\right|_{\mathrm{p}}=f-(2\omega_{\mathrm{ie}}+\omega_{\mathrm{eT}})\times v_{\mathrm{ep}}+\frac{G}{m}-\omega_{\mathrm{ie}}\times(\omega_{\mathrm{ie}}\times r) \tag{4-56}$$

式中，$2\omega_{\mathrm{ie}}\times v_{\mathrm{ep}}$是运载体在旋转地球表面的速度引起的加速度，为科氏加速度；$\omega_{\mathrm{ie}}\times(\omega_{\mathrm{ie}}\times r)$是地球旋转引起的向心加速度，它不能从引力加速度中分离出来。由质量引力和向心力引起的加速度总和构成了当地的重力，即

$$g=\frac{G}{m}-\omega_{\mathrm{ie}}\times(\omega_{\mathrm{ie}}\times r) \tag{4-57}$$

因此，式(4-56)可以写为：

$$\left.\frac{\mathrm{d}v_{\mathrm{ep}}}{\mathrm{d}t}\right|_{p}=f-(2\omega_{\mathrm{ie}}+\omega_{\mathrm{ep}})\times V_{\mathrm{ep}}+g \tag{4-58}$$

此式即比力方程，是惯性导航系统的基本方程。

4.3.4　舒勒原理

在地球表面上，当载体静止或匀速直线运动时，铅垂线能够准确地指示当地垂线的方向。但当载体具有加速度时，水平加速度将使单摆摆动，偏离垂线的方向，并且加速度越大，单摆偏离地垂线越严重。

德国科学家舒勒在研究陀螺罗经的加速度误差时发现，如果陀螺具有 84.4 分钟周期，它将保持在重力平衡位置，而不受运载体加速运动的干扰。舒勒于 1923 年发表这一原理，即舒勒原理。

物理摆能够更加切合实际地分析舒勒原理。假设地球是不转动的球体，运载体沿子午面运动。在运载体 A 内悬挂一物理摆，运载体 A 以加速度 a 沿大圆弧方向运动，如图 4-16 所示。OA 表示运载体 A 在初始时刻的垂线，运载体 A 未运动时，物理摆停在当地垂线方向。在加速度 a 作用下，经过一段时间，运载体 A 到达 B 位置。由于加速度作用，摆偏开垂线 OB，产生相对垂线的偏差角 α，摆偏开初始位置 OA 的角度为 α_{a}，地垂线变化角为 α_{b}。根据动量矩定理，物理摆的运动方程为：

$$J\dot{\alpha}_{\mathrm{a}}=-mgl\sin\alpha+mal\cos\alpha \tag{4-59}$$

式中，J 为摆绕支点的转动惯量，l 为物理摆的长度。

从图 4-16 中可以看出：

$$\alpha_{\mathrm{a}}=\alpha_{\mathrm{b}}+\alpha \tag{4-60}$$

角加速度关系为：

$$\dot{\alpha}_{\mathrm{a}}=\dot{\alpha}_{\mathrm{b}}+\dot{\alpha} \tag{4-61}$$

其中：

$$\dot{\alpha}_{\mathrm{b}}=\frac{a}{R} \tag{4-62}$$

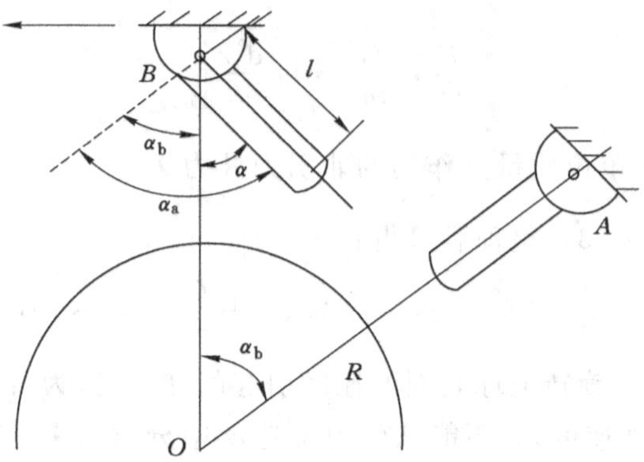

图 4-16　加速度作用下物理摆

将式(4-61)至式(4-62)代入式(4-59)，并认为 α 是小角，式(4-59)可变为：

$$\dot{\alpha} + \frac{mgl}{J}\alpha = \left(\frac{ml}{J} - \frac{1}{R}\right)\alpha \tag{4-63}$$

如果适当选择物理摆参数，使得：

$$\frac{ml}{J} = \frac{1}{R} \tag{4-64}$$

则式(4-64)称为物理摆舒勒调整条件。所以式(4-63)变为：

$$\dot{\alpha} + \frac{gl}{J}\alpha = 0 \tag{4-65}$$

式(4-65)说明，当物理摆满足式(4-64)时，摆偏离垂线的偏差角和载体的运动状态无关。α 的变化满足式(4-65)所示齐次方程，其解为：

$$\alpha(t) = \alpha(0)\cos\omega_s t + \frac{\dot{\alpha}(0)}{\omega_s}\sin\omega_s t \tag{4-66}$$

令 $\omega_s^2 = g/R$，称为物理摆舒勒角频率，则周期为：

$$T = \frac{2\pi}{\omega_s} = 2\pi\sqrt{\frac{R}{g}} = 84.4\ (\text{min}) \tag{4-67}$$

从式(4-66)中可以看出，若起始时刻 $\alpha(0)=0$，$\dot{\alpha}(0)=0$，则不论运载体的运动状态如何，摆都能跟踪地垂线，这种摆称为舒勒摆。式(4-67)是实现舒勒摆的条件，称为舒勒调谐条件。

4.3.5　萨格纳克效应

机械转子陀螺仪适合在平台方式下工作，在捷联状态，特别是在高动态的载体上工作时，由于动态误差的影响，性能会显著下降。新型光学陀螺仪的敏感器主要是由光学元件组成的，不存在常规动量转子陀螺的误差源，所以动态环境造成的误差极小，具有精度高、动态范围宽和性能稳定等优点，是捷联式惯性导航系统的理想元件。光学陀螺仪的基本原理是建立在萨格纳克效应基础上的。

法国物理学家萨格纳克于 1913 年提出了采用光学方法测量加速度的原理，后来这一原理称为萨格纳克效应。萨格纳克效应指，在任意几何形状的闭合光路中，当从某一观察点出发的一对光波沿相反方向运行一周后又回到该观察点时，这对光波的相位(或他们经历的光程)将由于该闭合光路相对于惯性空间的旋转而不同，相位差(或光程差)与闭合光路的转动角速率成正比。

严格讲，萨格纳克效应中的光波行为必须按照广义相对论，应用惯性坐标系到非惯性坐标系的度规变化，从旋转参照系与静止参照系的时钟同时性出发才能进行准确的描述。但是在宏观上陀螺光路旋转引起的线速率 v 远小于光速 c。萨格纳克效应是 v/c 的一阶效应，根据经典物理方法可以简单和直观推导。在图 4-17 中，半径为 R 的圆形闭合光路绕垂直于光路平面的中心轴线以转速 ω 相对惯性空间旋转，则从环路上的固定点 P 出发的顺时针和逆时针两束光波绕行一周后重新会和，它们所经历的光程将因角速率 ω 而不同。因为光速是有限的，光波绕行需要时间，相对惯性空间来说，由于光路角运动使得在光波绕行时间内原来的光源点 P 移动到了新的汇合点 P' 位置。

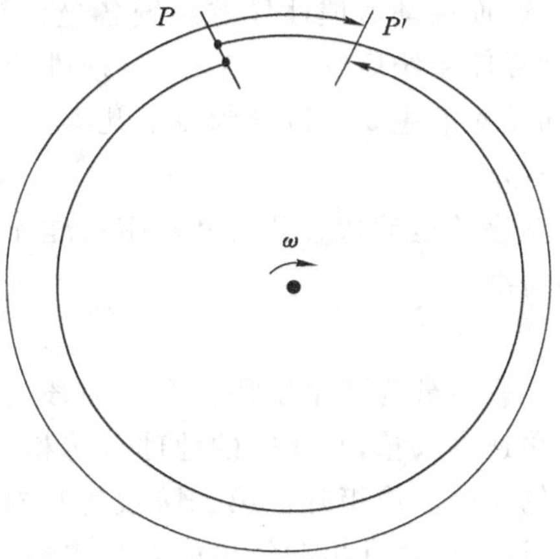

图 4-17　萨格纳克效应示意图

即使两束光波同时从 P 点出发，到达 P' 点的时间也不一定相同，存在细微的差别。假设顺时针和逆时针光束绕行达到 P' 点的时间分别为 t_{cw} 和 t_{ccw}，则有：

$$\begin{cases} t_{cw} = \dfrac{L_{cw}}{c} = \dfrac{2\pi R + \omega R t_{cw}}{c} \\ t_{ccw} = \dfrac{L_{ccw}}{c} = \dfrac{2\pi R - \omega R t_{cw}}{c} \end{cases} \tag{4-68}$$

其中，c 是光速，$L_{cw}=2\pi R+\omega Rrt_{cw}$ 是顺时针光束行驶的有效光程，$L_{ccw}=2\pi R-\omega Rrt_{ccw}$ 是逆时针光束行驶的有效光程，由式(4-68)可解得：

$$\begin{cases} t_{cw} = \dfrac{2\pi R}{c - \omega R} \\ t_{ccw} = \dfrac{2\pi R}{c + \omega R} \end{cases} \tag{4-69}$$

将式(4-69)中两时间相减可得传播时间差：

$$\Delta t = t_{cw} - t_{ccw} = \frac{4\pi R^2}{c^2 - (\omega R)^2}\omega \tag{4-70}$$

因为 $c \geqslant \omega R$，并记闭合光路围绕的面积 $A=\pi R^2$，则上式近似为：

$$\Delta t \approx \frac{4A}{c^2}\omega \tag{4-71}$$

所以两束光波行驶一周的光程差 $\Delta L = L_{cw} - L_{ccw} = c\Delta t$，则：

$$\Delta L \approx \frac{4A}{c}\omega \tag{4-72}$$

由于光路面积 A 和光速 c 都是常值，所以萨格纳克光路的输出光程差 ΔL 与输入角速率 ω 成正比。

4.3.6 惯性导航系统初始对准技术

惯性导航系统在正常工作之前首先要进行初始对准，其目的是使惯性导航系统的物理平台或数学平台能够与所选定的导航坐标系一致。所谓初始对准，就是确定惯性敏感器的输入轴与惯性导航系统所采用的导航坐标系之间关系的过程。惯性导航系统的导航计算是在选定的导航坐标系中进行的，而启动后惯性导航系统各坐标轴相对所选定导航坐标系的指向是未知的，为了保证惯性导航系统后续正常工作，必须进行初始对准。

按照不同的分类标准，初始对准主要可以分为以下几类。

(1) 按基座的运动状态划分

按照惯性导航系统所在基座的运动状态分为静基座对准和动基座对准。动基座通常是载体在运动状态下完成初始对准。

(2) 按对准的阶段划分

惯性导航系统的初始对准一般分为两个阶段。第一阶段为粗对准，主要依靠惯性元件测量的重力矢量和地球自转角速度矢量，与实际的地球自转和重力信息建立关系，从而估计出载体坐标系到导航坐标系的初始变换矩阵。第二阶段为精对准，依靠惯性元件输出的比力和角速度信息，采用最优估计方法估计出载体坐标系与实际导航坐标系的失准角，实现对粗对准阶段初始矩阵的校正。

(3) 按对准时外部信息的使用划分

通常把惯性导航系统只依靠惯性元件敏感到的重力矢量和地球自转速率矢量通过数学解析方法完成的初始对准称为自主式对准。引入主惯性导航系统的航向姿态信息，迅速建立主惯性导航系统的数学平台与导航坐标系的转换矩阵，减小初始失准角，这类初始对准方法称为传递对准。在精对准阶段利用其他外界辅助手段(如卫星导航系统、里程计、磁传感器等)提供的位置、速度或者姿态信息，建立相关的误差模型，通过卡尔曼滤波等最优估计方法实现捷联式惯性导航精确对准，称之为受控初始对准(或辅助初始对准)。

4.3.6.1 解析粗对准

载体静止在地球表面，假定当地纬度 L 已知，地理系采用“东北天”坐标系，则重力加速度 g 和地球自转角速度 ω_{ie} 在地理坐标系中的分量为：

$$g^n = [0 \quad 0 \quad -g]^T \tag{4-73}$$

$$\omega_{ie}^n = [0 \quad \omega_{ie}\cos\varphi \quad \omega_{ie}\sin\varphi]^T \tag{4-74}$$

解析粗对准时可利用已知的 g^n、ω_{ie}^n 和 ω_{ie}^b 来估计 $\boldsymbol{C}_b^n$。

(1) 构造矢量 $g\times\omega_{ie}$、g、ω_{ie} 计算 $\boldsymbol{C}_b^n$

为了直接解算出姿态矩阵的所有元素，仅使用载体坐标系与导航坐标系之间 g、ω_{ie} 的变换关系，应构造辅助向量 $g\times\omega_{\mathrm{ie}}$。根据坐标转换关系，$g$ 和 ω_{ie} 在载体系中的投影可以表示为：

$$[g^b \quad \omega_{\mathrm{ie}}^b \quad g^b\times\omega_{\mathrm{ie}}^b]=\boldsymbol{C}_n^b[g^n \quad \omega_{\mathrm{ie}}^n \quad g^n\times\omega_{\mathrm{ie}}^n]$$

如果考虑惯性传感器的测量偏差和外界干扰，加速度计、陀螺仪的实际测量值 a^b、ω^b 可以表示为：

$$\begin{cases}a^b=g^b+\delta a^b\\ \omega^b=\omega_{\mathrm{ie}}^b+\delta\omega^b\end{cases}\tag{4-75}$$

式中，δa^b 和 $\delta\omega^b$ 分别表示加速度计和陀螺仪的测量误差。则 $\boldsymbol{C}_b^n$ 的估计值可以表示为：

$$\boldsymbol{C}_b^n=\begin{bmatrix}(g^n)^{\mathrm{T}}\\(\omega_{\mathrm{ie}}^n)^{\mathrm{T}}\\(g^n\times\omega_{\mathrm{ie}}^n)^{\mathrm{T}}\end{bmatrix}^{-1}\begin{bmatrix}(a^b)^{\mathrm{T}}\\(\omega^b)^{\mathrm{T}}\\(a^b\times\omega^b)^{\mathrm{T}}\end{bmatrix}\tag{4-76}$$

由于存在传感器测量误差，需要对姿态矩阵进行正交化。

(2) 构造矢量 g、$g\times\omega_{\mathrm{ie}}$、$(g\times\omega_{\mathrm{ie}})\times g$ 计算 $\boldsymbol{C}_b^n$

考虑传感器测量误差，可利用三个相互正交的向量 a^b、$a^b\times\omega^b$、$(a^b\times\omega^b)\times a^b$ 计算 $\boldsymbol{C}_b^n$，相应的公式为：

$$\boldsymbol{C}_b^n=\begin{bmatrix}(g^n)^{\mathrm{T}}\\(g^n\times\omega_{\mathrm{ie}}^n)^{\mathrm{T}}\\[(g^n\times\omega_{\mathrm{ie}}^n)\times g^n]^{\mathrm{T}}\end{bmatrix}^{-1}\begin{bmatrix}(a^b)^{\mathrm{T}}\\(a^b\times\omega^b)^{\mathrm{T}}\\[(a^b\times\omega^b)\times a^b]^{\mathrm{T}}\end{bmatrix}\tag{4-77}$$

4.3.6.2　静基座精对准

精对准是对准过程中不断用新的转换矩阵代替粗对准结束时的转换矩阵，从而使导航计算机计算出来的地理坐标系或地固系逐步接近真实的地理坐标系或地固系，迭代直至两者之间的失准角小于设置阈值。

选择地理坐标系为导航坐标系，假设精对准开始前，导航计算机已经存储粗对准得到的初始转换矩阵 $\boldsymbol{C}_b^n$。捷联式惯性导航系统中的陀螺仪除了自身的固定或随机漂移误差外，还可以敏感到地球自转角速度 $\boldsymbol{\omega}_{\mathrm{in}}$ 和干扰角速度 $\boldsymbol{\omega}_f$，而输出的是载体坐标系相对惯性坐标系的角速度 $\boldsymbol{\omega}_{\mathrm{ib}}^b$。经过转换矩阵 $\boldsymbol{C}_b^n$，可以得到导航坐标系中的角速度向量 $\boldsymbol{\omega}_{\mathrm{ib}}^n$。理论上，相对惯性坐标系的角速度向量 $\boldsymbol{\omega}_{\mathrm{ib}}^b$ 和导航坐标系内的角速度向量 $\boldsymbol{\omega}_{\mathrm{ib}}^n$ 是相等的。但是由于变换矩阵 $\boldsymbol{C}_b^n$ 的不精确以及在陀螺仪输入信号中存在随机噪声的影响，两者之间有一个差值：

$$\Delta\boldsymbol{\omega}_{\mathrm{nb}}^n=\boldsymbol{\omega}_{\mathrm{ib}}^b-\boldsymbol{\omega}_{\mathrm{ib}}^n\tag{4-78}$$

精对准过程中，就是用这个误差角速度去修正变换矩阵 $\boldsymbol{C}_b^n$，不断使 $\boldsymbol{\omega}_{\mathrm{ib}}^b$ 和 $\boldsymbol{\omega}_{\mathrm{ib}}^n$ 平衡，直到 $\Delta\boldsymbol{\omega}_{\mathrm{nb}}^n$ 趋近于零，从而确定较为稳定的转换矩阵 $\boldsymbol{C}_b^n$，进而反算出载体的姿态角。这可以作为捷联式惯性导航系统自主导航或组合导航的初始条件。同时，加速度计除了自身存在零偏误差外，还可以测量出载体所在位置的地球重力加速度 g 及其干扰量 a_f，而加速度计输出的向量表示载体系中的比力 f^b。同样，经过变换矩阵 $\boldsymbol{C}_b^n$ 可以得到以导航坐标系表示的比力 f^n，这样可以通过 f^b 和 f^n 建立起载体坐标系和导航坐标系的转换关系，不断通过最优滤波方法估计和修正 $\boldsymbol{C}_b^n$，实现精对准。

选取状态变量：

$$\boldsymbol{X}=[\varphi_{\mathrm{E}} \quad \varphi_{\mathrm{N}} \quad \varphi_{\mathrm{U}} \quad \delta v_{\mathrm{E}} \quad \delta v_{\mathrm{N}} \quad \varepsilon_x^b \quad \varepsilon_y^b \quad \varepsilon_z^b \quad \nabla_x^b \quad \nabla_y^b]^{\mathrm{T}}\tag{4-79}$$

式中，φ_E、φ_N 和 φ_U 为东向、北向失准角和方位失准角；δv_E 和 δv_N 为东向和北向速度误差；ε_x^b、ε_y^b 和 ε_z^b 表示陀螺仪漂移；ε_x^b 和 ε_y^b 为加速度计偏置。

建立系统初始对准误差的动态方程：

$$\dot{X}(t) = \boldsymbol{F}X(t) + \boldsymbol{G}w(t) \tag{4-80}$$

式中，$w(t)$代表状态噪声，假设其服从高斯正态零均值分布，即 $w(t) \sim N(0,Q)$；$\boldsymbol{G}$ 为系统噪声驱动矩阵；$\boldsymbol{F}$ 为状态转移矩阵，可以表示为：

$$\boldsymbol{F} = \begin{bmatrix} \boldsymbol{A} & \boldsymbol{B} \\ \boldsymbol{0}_{5\times5} & \boldsymbol{0}_{5\times5} \end{bmatrix} \tag{4-81}$$

式中，$\boldsymbol{A}$ 和 $\boldsymbol{B}$ 可以表示为：

$$\boldsymbol{A} = \begin{bmatrix} 0 & \omega_{ie}\sin\varphi & -\omega_{ie}\cos\varphi & 0 & 0 \\ -\omega_{ie}\sin\varphi & 0 & 0 & 0 & 0 \\ \omega_{ie}\cos\varphi & 0 & 0 & 0 & 0 \\ 0 & -g & 0 & 0 & 2\omega_{ie}\sin\varphi \\ g & 0 & 0 & -2\omega_{ie}\sin\varphi & 0 \end{bmatrix}$$

$$\boldsymbol{B} = \begin{bmatrix} -c_{11} & -c_{12} & -c_{13} & 0 & 0 \\ -c_{21} & -c_{22} & -c_{23} & 0 & 0 \\ -c_{31} & -c_{32} & -c_{33} & 0 & 0 \\ 0 & 0 & 0 & c_{11} & c_{12} \\ 0 & 0 & 0 & c_{21} & c_{22} \end{bmatrix}$$

若取水平速度信息作为观测量，则精对准的量测方程可以表示为：

$$\boldsymbol{Z}(t) = \boldsymbol{H}X(t) + \boldsymbol{V}(t) \tag{4-82}$$

式中，$\boldsymbol{Z} = [\delta V_E \quad \delta V_N]^{\mathrm{T}}$，$\boldsymbol{H}$ 为系数矩阵，$\boldsymbol{V}(t)$为测量噪声向量。

4.4 惯性导航系统分类与应用

靠近地面航行的运载体，所需的主要导航参数为其相对地球的位置、速度和姿态信息。这些参数可以通过平台式惯性导航系统和捷联式惯性导航系统获得。

4.4.1 平台式惯性导航系统

平台式惯性导航系统主要由陀螺仪稳定平台、导航计算机和控制显示器等部分组成。其中陀螺仪稳定平台用于在运载体上实体建立所选定的导航坐标系，为加速度计提供精确的安装基准，使 3 个加速度计的测量轴始终沿着导航坐标系的 3 个坐标轴，以测取导航计算所需的运载体沿导航坐标系 3 个轴的加速度。平台式惯性导航系统原理参见图 4-18。

以当地地理坐标系为导航坐标系的平台式惯性导航系统为例，其中，陀螺稳定平台由 3 个单自由度陀螺仪或 2 个二自由度陀螺仪所构成的三轴稳定装置。借助稳定回路使平台绕 3 个轴保持空间方位稳定；借助修正回路使平台始终跟踪当地地理坐标系。由此，安装在平台上的 3 个加速度计能够精确地测得运载体相对地球运动的北向加速度 a_N、东向加速度 a_E 和天向加速度 a_U。

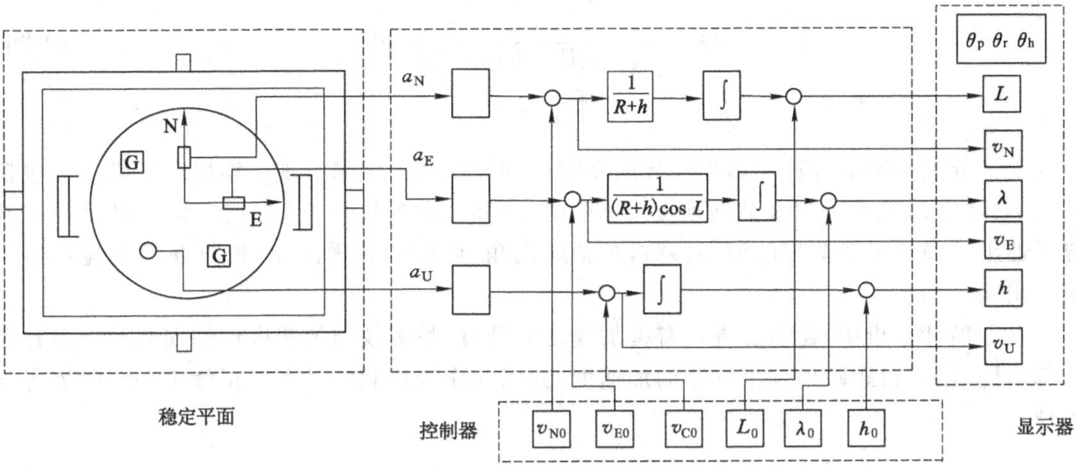

图 4-18　平台式惯性导航系统原理

对上述 3 个加速度分量积分，可求得运载体的北向速度 v_N、东向速度 v_E 和天向速度 v_U：

$$\begin{cases} v_N = v_{N0} + \int a_N \mathrm{d}t \\ v_E = v_{E0} + \int a_E \mathrm{d}t \\ v_U = v_{U0} + \int a_U \mathrm{d}t \end{cases} \tag{4-83}$$

式中，v_{N0}、v_{E0} 和 v_{U0} 分别沿北向、东向和天向的初始速度。

对 3 个速度分量积分，可求得运载体相对起始点的北向位移 S_N、东向位移 S_E 和高度变化 h_U：

$$\begin{cases} S_N = \int v_N \mathrm{d}t \\ S_E = \int v_E \mathrm{d}t \\ h_U = \int v_U \mathrm{d}t \end{cases} \tag{4-84}$$

对 S_N 和 S_E 进行球面运算，可得运载体相对起始点的纬度变化 L_c 和经度变化 λ_c：

$$\begin{cases} L_c = \dfrac{S_N}{R+h} = \dfrac{1}{R+h}\int v_N \mathrm{d}t \\ \lambda_c = \dfrac{S_E}{(R+h)\cos L} = \dfrac{1}{(R+h)\cos L}\int v_E \mathrm{d}t \end{cases} \tag{4-85}$$

式中，R 为地球半径；h 为运载体高度。

设运载体起始点的初始纬度为 L_0，初始经度为 λ_0，初始高度为 h_0，则运载体所处的纬度 L、经度 λ、高度为 h 为：

$$\begin{cases} L = L_0 + \dfrac{1}{R+h}\displaystyle\int v_N \mathrm{d}t \\ \lambda = \lambda_0 + \dfrac{1}{(R+h)\cos L}\displaystyle\int v_E \mathrm{d}t \\ h = h_0 + \displaystyle\int v_U \mathrm{d}t \end{cases} \tag{4-86}$$

上述导航参数的计算均由惯性导航系统内的导航计算机来实现。输出的导航参数包括纬度 L、经度 λ、高度 h 以及北向速度 v_N、东向 v_E 和天向速度 v_U 等。它们均可显示在控制显示器上。稳定平台测出的姿态参数，包括航向角、俯仰角和横滚角，也可在控制显示器上显示出来。

在导航计算机中，还需要进行有害加速度的计算、陀螺仪与加速度计的误差及误差补偿计算，计算出平台跟踪地理坐标系的加速度，并以此作为控制信号来修正稳定平台的姿态与方位。

4.4.2 捷联式惯性导航系统

捷联式惯性导航系统主要由惯性测量组件、导航计算机和控制显示器等组成。陀螺仪组件和加速度计组件直接固连在运载体上。陀螺仪组件测量载体坐标系 3 个轴的角速度信号，并被送入导航计算机，经误差补偿计算后进行姿态矩阵计算。加速度计组件测量载体坐标系 3 个轴的加速度信号，并被送入导航计算机，经误差补偿计算后，进行载体坐标系至导航坐标系的坐标变换计算。

姿态矩阵一方面用于坐标变换，即把沿载体坐标系的加速度信号变换成导航坐标系各轴的加速度信号，以便于导航参数计算；另一方面，利用姿态矩阵的元素可以提取姿态角信息。这样，由捷联式惯性导航系统中的矩阵计算、加速度计信号的坐标变换以及姿态计算实现了平台式惯性导航系统中稳定平台的功能，从而构成所谓的“数学平台”。

与平台式惯性导航系统相比，捷联式惯性导航系统使用“数学平台”代替了结构复杂的物理实体平台，减少了系统中精密的机械零件、电子线路和电子元件，极大地降低了系统设计的复杂性，因而可靠性高、体积小、质量轻、功耗小、维修方便和成本低。捷联系统中的陀螺仪与加速度计直接固连于载体，载体的角运动会直接传递到这些惯性仪表上，从而引起动态误差，所以对惯性仪表的动态性能要求较高。另外，捷联系统中的导航计算机除了必须承担平台系统所要完成的计算任务外，还要进行姿态矩阵计算和动态误差补偿计算，计算量庞大。

平台式惯性导航系统以其高精度与全自主式为特点，始终在核潜艇和战略武器中有着广泛的应用。捷联式惯性导航系统具有中等精度，因而在船舶、汽车和飞机的导航中有显著优势。由于激光陀螺和光纤陀螺等惯性器件的出现，以及计算机技术的快速发展，捷联式惯性导航系统有更广阔的应用前景。捷联式惯性导航系统原理参见图 4-19。

4.4.3 GNSS/惯性导航组合导航定位系统

惯性导航系统是一种不依赖外部环境的完全自主的三维推算导航系统。通过一定方法获得初始状态后，即可根据惯性传感器输出的信息，经过积分运算计算载体的位置、速度和姿态。惯性导航系统具有自主性强、隐蔽性好、采样率高、短期精度高和导航估计结果完备

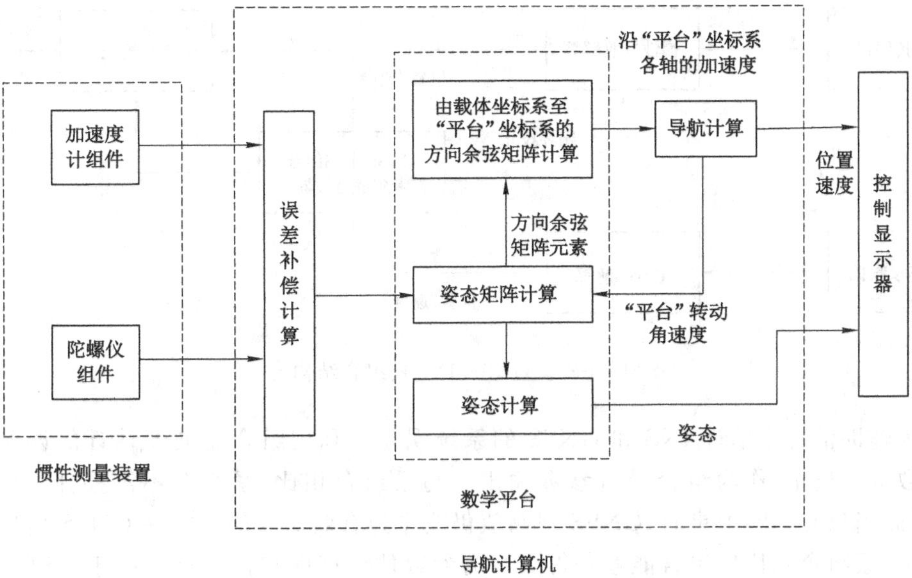

图 4-19　捷联式惯性导航系统原理

等优点。但是，由于导航参数估计结果是通过积分获得的，计算的导航参数结果的误差会随着时间不断累积。全球导航卫星系统具有全天候、实时、全球覆盖以及能够为用户提供高精度三维位置和速度信息的优点。但是全球导航卫星系统具有天然缺陷，卫星信号容易受到外界环境的干扰或遮挡，导致卫星信号质量降低，甚至完全失锁，影响卫星系统提供位置服务。全球导航卫星系统和惯性导航系统具有天然互补特性，将二者组合起来，克服各自系统的不足，发挥各个系统的优势，以提供连续的短时和长时高精度的全状态导航参数。GNSS 与 INS 的组合方式可以分为松组合、紧组合和深组合 3 种。

GNSS/INS 松组合(其结构参见图 4-20)是一种基于两个系统结果层面的组合。将 GNSS 解算的位置或速度以及 INS 估计的位置或速度结果输入到一个卡尔曼滤波器中，在该卡尔曼滤波器中通过组合解算估计导航参数误差。然后利用估计的导航参数误差校正 INS 估计的导航参数，经过校正后的导航参数即松组合计算的导航参数。这是一种 GNSS 辅助 INS 的方式。

GNSS/INS 松组合的优点是结构简单和可靠性高。松组合模式可以使用任何 INS 和 GNSS 设备，便于设备改造。而且 GNSS/INS 松组合滤波方程结构简单。GNSS 具有一个单独的滤波器，当 GNSS 发生故障或者 INS 出现故障时，组合导航系统仍然可以输出导航参数，保证导航结果的完整性。但是松组合模式也有其缺点：GNSS 至少需要四颗卫星才能单独输出导航结果，所以当卫星数目不足时，GNSS 无法输出结果用于辅助 INS；并且卡尔曼滤波器中的观测量是与此相关的。

GNSS/INS 紧组合(其结构参见图 4-21)是将 GNSS 原始观测值与由 INS 预测结果计算出的观测值结合起来的基于观测值层面的组合方式。在紧组合模式下，GNSS 滤波器被包含在组合滤波器中，INS 预测的短期高精度信息可以用来辅助 GNSS 数据解算。在组合滤波器中，以 GNSS 观测的原始数据作为组合滤波器的测量信息，以 INS 预测的伪距和伪

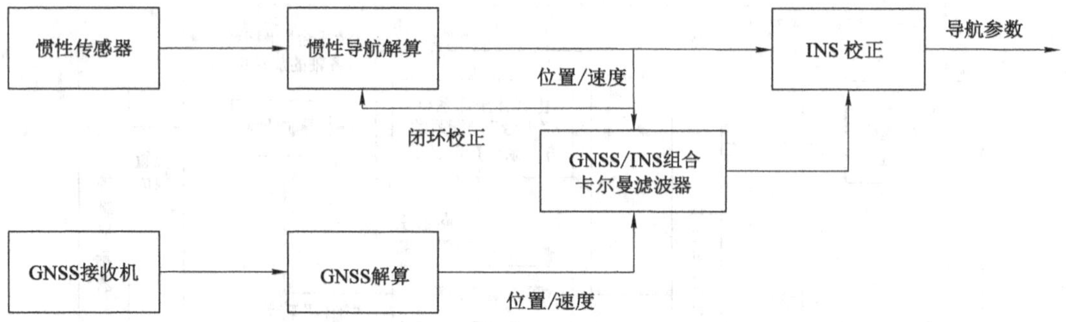

图 4-20　GNSS/INS 松组合结构

距率作为辅助信息来估计 INS 和 GNSS 的系统误差。利用组合滤波器估计的误差对 INS 导航参数进行校正，作为组合导航参数输出。与松组合相比，紧组合不需要独立的 GNSS 解算，因此当只有一颗卫星时，GNSS 观测值仍能作为有效输入信息。在 GNSS 信号被遮挡的环境中，紧组合相比松组合能够获得更好的参数估计精度和抗差性。由于紧组合使用一个滤波器，当 GNSS 由于外界干扰导致观测值出现偏差或 INS 出现大的误差时，都容易导致滤波器发散。相比松组合，紧组合可靠性低。

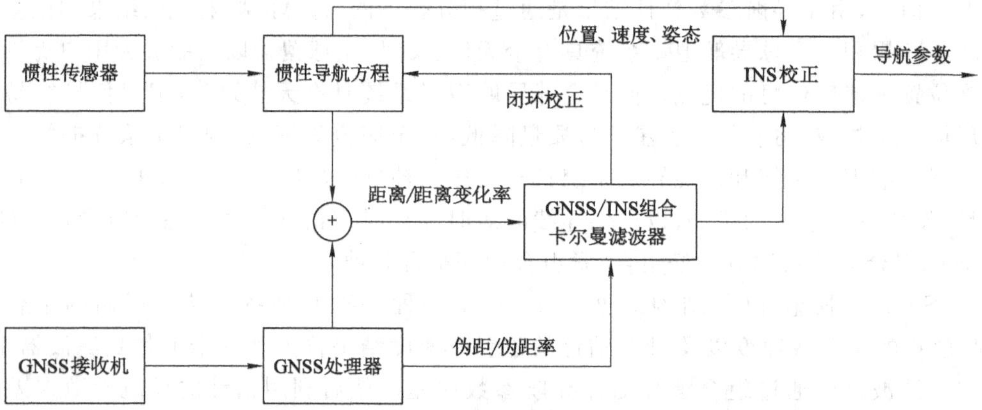

图 4-21　GNSS/INS 紧组合结构

GNSS/INS 深组合(其结构参见图 4-22)是基于信号层面的最深层次的融合方式。在 GNSS/INS 深组合中，GNSS 接收机和 INS 相互独立，与松组合、紧组合的区别在于将 INS 测量信息反馈给 GNSS 接收机的信号跟踪环路，从而帮助接收机更好地跟踪卫星信号的载波和码相位。深组合的 INS 解算部分和松组合、紧组合模式相同。由于深组合是在 GNSS 接收机硬件上实现的，其形成组合观测方程时可根据 GNSS 接收机提供的 GNSS 伪距、载波和多普勒的距离观测信息，以及经 GNSS 定位解算后的位置和速度信息，采用紧组合和松组合模式进行 GNSS/INS 导航解算，并利用卡尔曼滤波器更新后的 INS 信息提高 GNSS 接收机信号捕获能力，使得 GNSS 接收机在复杂环境下具备更强的信号跟踪能力。但是又存在过程实现更复杂的缺点。

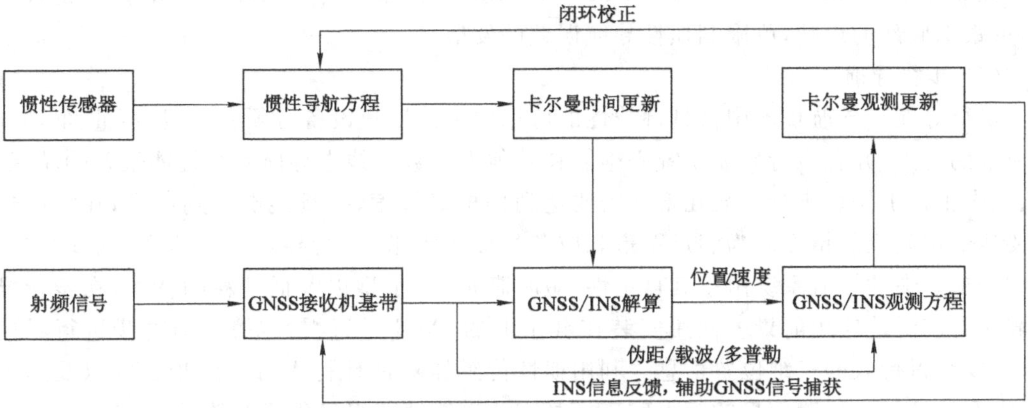

图 4-22　GNSS/INS 深组合结构

4.4.4　惯性导航系统应用

（1）船舶惯性导航系统

难度极大、精度要求极高的惯性导航系统应用场合包括舰艇和潜水艇的导航。它们可能需要在海洋的任何地方隐蔽运行很长时间。位于英国斯劳的海军部罗盘观测站，最早研究了非常稳定的平台系统。早期的系统具有很好的惯性导航性能，但制造和维护起来既笨重又昂贵。这显然限制了这种技术的发展。为了获得精度相当但尺寸较小的系统，各国启动了一些研制项目，但直到 20 世纪 80 年代才取得了重要进展。更小、更低廉且更实用的新型系统的研制始于 1983 年。它一开始是作为船舶低成本惯性导航系统进行研制的，后来变成了国际合作风险投资计划（NATOSINS）。这是一种基于环形激光陀螺仪技术的捷联系统。NATOSINS 采用 3 个机载等级环形激光陀螺和 3 个高精度力反馈摆式加速度计。将这些惯性仪表安装在敏感器组件内，单个温度传感器可用于陀螺和加速度计的在线实时温度补偿。

（2）智能交通系统

现在，小型惯性敏感器可用于各种车辆系统。检测车辆运行、提供改进行车数据或提供行车日志的系统越来越常见。尽管很多车辆装有微机电系统偏航速率敏感器，但有一种趋势是给车辆引入整个 6 自由度测量手段，给中央控制系统提供来自多个子系统的关键数据。这个中央控制系统可以通过一个中央数据高速网向其他系统提供数据，用于整个车辆的数字通信。这类应用场合需要低成本敏感器。一般说来，成本和可靠性是关键要求。用于车辆的导航系统大部分基于卫星导航技术，使用惯性导航传感器信息可以提高基本系统的精度。在树木、建筑物等遮挡环境，卫星信号容易失锁。而惯性导航系统可以弥补不足，可为用户提供连续、相对高精度的导航信息。

（3）水下导航

水下导航被用于军事、海洋资源探测等领域。水下导航系统的核心是惯性导航，同时需要与深度压力传感器和多普勒声呐或相关测速声呐进行组合。INS 提供高带宽和高精度的姿态信息，传感器的性能根据平台大小和任务等级而不同。在军用潜艇上通常采用旋转调制惯性测量单元(Inertial Measurement Unit,IMU)。深度传感器用于对垂直位置进行阻尼,可跟踪底部的声呐,可限制惯性导航误差的发散。

(4) 步行导航

步行导航是导航技术中极具挑战性的应用之一。用户设备必须有小型、轻量、低消耗和低成本的特点,并且步行导航系统必须能在其他大多数无线电导航系统性能很差的城区、树下、室内正常工作。步行导航在室外需要达到楼栋级精度,并且能够辨别街道,在室内通常需要达到房间级的精度。为满足军事和应急救援等需求,步行导航需要达到米级的定位精度和需求。惯性导航系统由于其自主性、短时高精度、小型以及低消耗的特性,在步行导航领域有着广泛地应用前景。使用安装在鞋子上的IMU进行惯性导航,对每步进行零速修正,可以获得行人的三维位置信息。利用惯性传感器对估计行人每一跨步长度以及运动方向,进而估计行人位置信息的行人航迹推算方法也能够获得较理想的效果。

思 考 题

1. 简述惯性导航的基本原理。
2. 简述惯性导航系统的分类及其优缺点。
3. 简述组合导航的优势。
4. 简述欧拉角与方向余弦矩阵的关系
5. 何为科氏定理?
6. 简述惯性导航系统初始对准的目的。
7. 简述GNSS/INS组合导航系统的组合方式及其优缺点。
8. 简述惯性导航系统的种类及其优缺点。

第 5 章　车辆导航系统

交通已成为社会生产、分配、交换、消费等各个环节得以正常进行的桥梁和纽带，车辆安全运营和监控管理是遏制道路交通安全事故的有效监管机制和先进交通技术。本章在介绍车辆导航系统的发展和系统组成的基础上，简要介绍车辆导航系统中的卫星定位、航位推算、地理信息系统、地图匹配等相关技术，最后介绍车辆的安全运营和监控管理系统的应用。

5.1　车辆导航系统概述

5.1.1　车辆导航和定位的发展简介

车辆导航系统(Vehicle Navigation System 或 Car Navigation System)是指安装或者放置在车辆特定位置帮助确定当前车辆位置，并且通过图、文、声、像等多种手段引导驾驶人员到达目的地的电子设备系统。现代车辆定位和导航系统的出现是近四十年来的事，但是在整个人类文明史上，车辆导航系统的研究和发展经历了相当长的历史。

我国公元前 2600 年发明的指南车(又称司南车)是目前为止有史料记载最早的古代车辆导航和定位系统。据史料记载，东汉科学家张衡，三国时期的魏人马钧，南北朝的祖冲之、姚兴，唐朝的金公立，宋代徽宗年间的燕肃等都曾经制造过类似的指南车。但由于年代久远，没有实物流传，并缺乏相关文字资料，指南车的原理、结构、使用方法一直是难解之谜。到了现代，中华人民共和国成立后第一任中国考古所所长王振铎教授历时 20 多年，于 1971 年根据史料的描述仿制了三国魏人马钧的指南车(现存于中国历史博物馆)，如图 5-1 所示，它是一种双轮独辕车，利用一套能自动离合的齿轮系统的定向装置，使得车不论朝什么方向转动，站立在车上的一个木人的手臂能够始终指着一个固定的方向。

后来，我国河南中学生李琛在 2001 年复原了一台结构比王振铎教授仿制的指南车更简单的“黄帝指南车”。如图 5-2 所示，该车两个车轮直径相等，两车轮轮距等于车轮半径，一车轮边缘上做以红色的标记，另一轮面上标出“东”“南”“西”“北”字样，车厢上加一横杆。出发前选择一个方向，如果选择东方，转动另一车轮，使刻有或贴有红色标记轮上的标记与另一轮的“东”字对齐。当需要确定车辆目前的方向时，只需要观察一轮上红色标记与另一轮上的哪一字对齐便知现在车的方向。这类指南车的基本原理类似现代的差分里程计。

另外一个典型的古代车辆导航系统是计里鼓车(见图 5-3，相传为三国魏人马钧发明，一说为汉人张衡，图为王振铎教授的复制品)，它是目前为止发现的最早的记录里程的仪器。记里鼓车利用原动齿轮带动一套大小不同的从动齿轮驱动车上的两个木人的手臂，每当车行驶 1 里的时候，一个木人击鼓一下，每当车行驶 10 里的时候另一个木人击锣一下，从而把

图 5-1　指南车

图 5-2　黄帝指南车

图 5-3　计里鼓车

行车的里数自动地表示出来。

此后，东汉年间又出现了磁罗盘，和里程计、差分里程计一起构成了古代车辆导航系统的基本技术，但限于当时的社会生产力，这些技术只能实现简单的导航功能。如指南车和磁罗盘，它只能给车辆指明一个方向，不能确定车辆的位置；计里鼓车也只能使人确定目前车辆离目的地还有多远，还需要多长时间能够到达目的地。当然，这些传统的技术现在仍或多或少地应用在现代的车辆导航系统中。

在十九世纪末，出现了现代车辆导航技术的雏形。当时汽车工业的蓬勃发展带动了车辆导航技术的兴起。1895 年，在美国第一张供汽车驾驶用的交通图出版，它是面向车辆导航的 GIS(地理信息系统)雏形。20 世纪初，公路上建立了路标并将道路编号。1910 年左右，机械路径引导装置面世。这些装置以其多样化的形式与道路地图信息结合起来，可以自动地提供精确、实时的路径指引。

随着公路标志的改进和地图精确度的提高，人们对路径引导装置的需求和兴趣逐渐减弱了。在第二次世界大战期间，美国为吉普车等军用车辆研制了一种电子车辆导航系统。该系统有一个磁罗盘，磁罗盘的指针位置由一个光电元件检测。罗盘的输出驱动一个伺服机械装置去转动一个与车辆方向相对应的机械轴，该轴与一个机械计算机连接在一起，由计算机根据里程计来算出行驶路程并将其转换成 x 和 y 坐标。同样的，在罗盘轴的驱动下，这些坐标用于自动地在适当比例的地图上绘出车辆的轨迹。在20世纪60年代，美国联邦公路局开始研发电子路径引导系统。该系统利用设置在各个交叉路口的无线电信标进行双向通信，通过中央计算机提供的实时交通数据信息来实时规划最佳路径并反馈到安装在车辆上的平面显示器上，指引车辆行进。20世纪70年代初，随着微电子工业的崛起，出现了第一代采用航位推算(Dead Reckoning，DR)模块和地图匹配(Map Matching，简称MM)算法的自主导航系统，如荷兰的CARIN、德国的ALL-SCOUT、英国的AUTOGUIDE等导航系统。该类导航系统虽然具有自主性好，不受外界控制、抗干扰能力强等优点，但是由于容易产生误差累积，需要在使用过程中不断校准，其实用性受到限制。

美国国防部(DOD)为了满足军事部门对海上、陆地以及空中设施进行高精度导航和定位的要求，于1973年提出将海军的Timation卫星定位计划和空军的621-B计划合并，建立GPS系统。GPS系统的开发研究经历近20年，耗资300多亿美元，到1993年6月，全球定位系统正式启用。由于GPS具有全球性、全天候、持久的三维导航定位能力，并且其接收机具有结构轻便、价格低廉、便于集成的优点，GPS技术很快被广泛应用到车辆的导航和定位中。鉴于GPS的优点，俄罗斯于1996年成功组建了GLONASS系统，我国BDS系统于2020年全面建成并开通使用，欧洲航天局也在抓紧建设Galileo系统。

卫星导航系统以其用户成本低、定位误差没有累积性、结构紧凑便于集成等特点被广泛应用于车辆导航中。但是，当车辆行驶在高楼密集的繁华街道或隧道峡谷地区时，GNSS因信号受到阻挡或者多径干扰而失效。而且，车辆的速度与机动性能常会受到GNSS的约束。因此，卫星导航系统的应用在某种程度上还是受到限制的，而且这种情况会随着我国城镇化进程的推进而加剧。

但GNSS和DR各自的利弊正好可以互补，因此将这两种导航装置集成组合导航系统，就可以使行驶在繁华城市和山区的车辆获得较精确的定位精度。近年来，低成本陀螺仪(如光纤陀螺、压电陀螺和微机械陀螺等)的问世，为车辆导航增加了可用的资源。两种装置给出的定位信息通过切换、卡尔曼滤波或信息融合后可提供连续、精确的车辆位置。由此，在街道空旷的城市可以选用GNSS进行导航定位，在高楼密集的繁华城市，宜采用GNSS/DR组合系统。但低成本的DR系统由于精度低，在长时间没有GNSS信号的情况下误差较大，不能满足人们对车辆定位精度的要求，而高精度的DR系统成本比较高，故GNSS/DR组合导航系统的广泛应用也受到限制。

随着计算机技术的迅猛发展，地理信息系统得到前所未有的发展，数字地图技术也逐渐成熟，人们开始考虑利用数字地图匹配(MM)技术来提高GNSS/DR系统的定位精度，相应可以降低对DR系统的要求，从而降低整个导航系统的价格。在20世纪90年代初，国外就开展了以GPS定位技术为主，融合了现代通信、信息技术的车辆组合导航系统的应用研究。图5-4就是一个典型的车辆组合导航系统结构框图，其中包括了GPS/DGPS接收单元、DR单元、无线接收单元、GIS数据库以及车辆导航定位软件等若干组成部分。其中，GPS/DGPS接收单元主要由GPS接收机组成；DR单元由惯性器件(如Gyro)、里程计(Odometer)或者差分里程计(Differential Odometer)或者磁罗盘(Compass)组成；无线接收单元接收来自交通控制中心(Traffic Control Center，TMC)的气象、交通或者路况信息；车辆导航定位软件综合了GPS、DR、MM组合定位算法，并且能够提供包括最优路径(Best Route)搜寻、路径诱导(Route Guidance)等诸多功能。

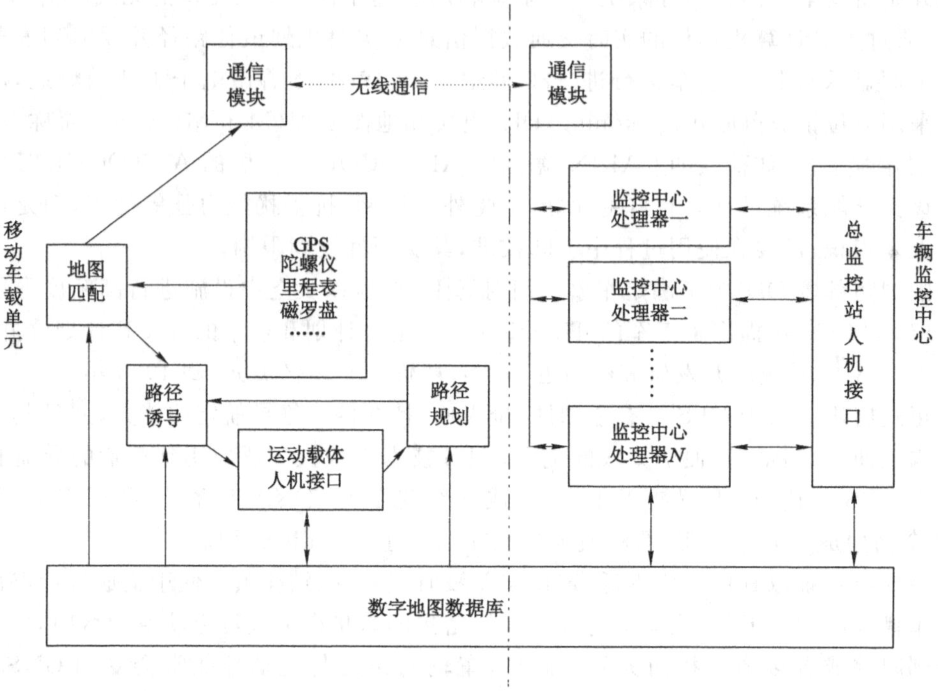

图 5-4　一个车辆组合导航系统结构框图

上述系统模型已基本具备了一个现代车辆导航系统的基本特点。

5.1.2　车辆导航系统组成及功能

车辆导航系统涉及的核心技术包括卫星导航定位技术、多传感器信息融合技术、地理信息理论与技术、通信技术、嵌入式实时操作系统技术等。作为智能运输系统(Intelligent Transportation System,ITS)中的核心部件之一,ITS 中交通管理、动态路径诱导、自动收费、以及涉及公共安全的车辆调度和管理都不同程度地依赖于车辆导航系统提供的位置及姿态信息。

从组成上讲,一个现代车辆导航系统通常包含如下组成模块:定位模块、路径规划模块、路径诱导模块、交通信息获取模块、地图显示模块、地图查询模块等。车辆导航系统借助现代化先进的多通道用户接口技术(包括图、文、声、像等形式)提供友好的车辆导航服务。

① 定位模块:采用 GPS 定位等形式解算当前车辆的姿态信息(位置、航向角、速度等)并将此信息传递给地图显示模块,最终显示在带电子地图的屏幕上。对于定位要求高的场合,通常会采用 GPS/DR 或者 GPS/DR/MM 组合定位的方式。此外,无线运营商还提供 A-GPS 服务,最大程度降低首次启动时间(Time To First Fix,TTFF),从而实现快速定位。

② 路径规划模块:路径规划模块利用定位模块的定位信息和用户输入终点计算最优路径(如最短时间、最少距离等)。现代车辆导航系统基本上都提供实时路径规划的功能,在车辆走错路线时,能够快速计算和及时提醒。从实现方式上讲,路径规划可进行本地计算,也

可利用通信模块调用云端服务实现远程计算。

③ 路径诱导模块：基于当前位置信息，规划路径信息，该模块可实现导航诱导的功能。从实现方式上讲，可采用本地模式也可用云计算模式。

④ 交通信息获取模块：模块通过无线通信模块连接相关服务器获取实时交通信息。

⑤ 地图显示模块：负责将位置信息、地图信息及其他计算信息显示在屏幕上。

⑥ 地图查询模块：提供用户查询兴趣点以及实时交通信息等功能。从实现方式上讲，可采用本地计算也可采用云计算模式。

⑦ 无线通信模块：通常采用车载无线电话、电台或无线运营商数据网络以完成信息交互功能，是各项服务的数据通道。

⑧ 多通道用户接口：利用图、文、声、像等多种媒体技术将定位和计算结果展示给用户，并和用户交互，涉及如语音识别、语音合成、视频处理等核心技术。

⑨ 电子地图引擎模块：负责电子地图空间数据库操作。从实现方式上讲，前装车辆导航系统多用本地存储，本地计算模式；而便携导航设备尤其是智能导航手机多采用云计算模式，电子地图存储在云端，空间计算也多在云端实施。

⑩ 其他模块：如车辆保护、自动报警、游戏、娱乐等，提供了基于位置的服务（Location Based Services，LBS）。在一些现代导航设备中，有些服务可能以单独的应用程序提供。

在现代车辆导航系统中，软件是整个系统的大脑。一个典型现代车辆导航系统的软件与硬件栈可以用图 5-5 表示。现代车辆导航系统多运行在成熟的嵌入式操作系统（如 Android、iOS）上，不再以裸机程序的形式存在。车辆导航系统通过调用操作系统的应用框架接口提供相关功能。此外，在车辆导航系统中，导航应用程序通常只是应用程序中的一部分，车辆导航系统附加的娱乐、游戏等功能常常作为单独的程序来提供服务，而不像以往集成在车辆导航应用程序中。

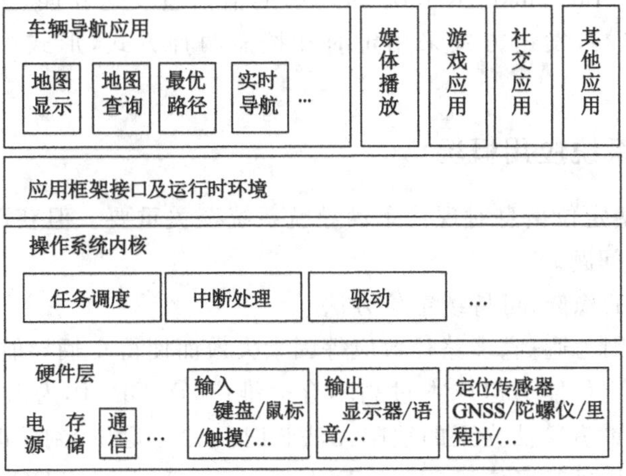

图 5-5　一个典型现代车辆导航系统的软件与硬件栈

在现代车辆导航系统中，嵌入式操作系统提供了系统运行的支撑环境，卫星导航定位技术及多传感器信息融合技术是现代车辆导航系统的核心技术，路径规划与诱导技术是车辆导航系统的核心价值，电子地图是车辆导航系统不可缺少的数据支撑，通信技术实现了车辆导航系统与ITS的集成，而多通道人机接口技术是展示车辆导航系统核心价值的途径。

从用户角度分析，现代车辆导航系统通常支持如下功能：

① 定位及测速：通过GNSS等定位手段确定当前的位置及速度，并将其在附带电子地图的屏幕上或传递至监控中心。

② 实时路况展示：通常包括了附带实时交通信息的路况显示、对特定道路的交通信息查询、对主干道实时路况的查询与显示。实时路况信息通常通过特定的服务发送，因此本功能需要在当地存在实时交通服务。

③ 路径规划功能：在设定终点后，导航系统便会自动根据当前的位置，为车主设计驾驶前和驾驶中的最佳路线(如距离最短、时间最短、高速优先、路段规避等)。该功能包括出行前的路径规划与实时路径规划。路径规划功能可以用本地计算的方式实现，也可以用云计算方案通过调用云端服务完成路径规划。

④ 实时导航诱导：用户查找到目的地后，具备告知选择路况参与规划路径的方式、避开拥堵路段、超速报警、特殊地段提醒等功能，车辆导航系统将使用语音等模式进行实时导航诱导。

⑤ 点信息查询功能：目前可获得的兴趣点(Point of Interest，POI)信息包括美食、电影、购物、演出活动、旅游线路等。POI查找功能可以用本地计算也可以用云计算的方式实现。一般前装系统多用本地计算，便携设备或智能手机可用云计算策略。

⑥ 轨迹显示及轨迹导航：现代的车辆导航系统一般都有记录轨迹并显示轨迹的功能。其功能不仅在于提示当前路径和位置，也可以在用户返回时作导航之用。

⑦ 多媒体娱乐功能：系统提供各种娱乐功能，包括MP3/MP4播放、数字电视、游戏、电子书、工具(时钟/日历/记事本)、电子相册等。

⑧ 信息资讯等其他功能：车辆导航系统通过GSM/GPRS(Global System For Mobile Communications/General Packet Radio Service)通信信道发送新闻、天气、交通事件、日程提醒等资讯信息到终端，发送方式采用定时和按需两种方式，形式可以是文字、图片、网页等。

5.1.3 车辆导航系统应用概况

实时、准确的车辆定位信息对现代车辆导航系统至关重要。但获取车辆位置信息涉及的相关技术存在如下问题。

(1) 不存在单一的稳健、可持续定位方法

GNSS系统容易因为遮挡、多路径效应等因素失效而使得车辆导航系统丧失定位能力，INS具有较高的自主定位能力但成本过高不合适推广，而DR(作为低成本解决方案)容易因惯性器件参数漂移或者算法先天的缺陷无法长时间独立定位，到达时间定位法(Time of Arrival，TOA)、到达时间差定位法(Time Difference of Arrival，TDOA)、到达角度定位法(Angles of Arrival，AOA)等无线定位技术因其精度严重受限于蜂窝密度通常不适用于车辆定位。国内外学者的共识是目前不存在具有可靠、持续定位能力的单一导航定位方法，多传感器融合是目前解决车辆稳健定位的唯一方法。

(2) 导航地图更新困难

电子地图道路网络的缺失在很多情况下可以直接影响车辆导航系统的定位和引导功

能。西方发达国家如美国在道路基础设施建设方面，除了每年对道路网络的日常维护外，修建的新道路非常有限。与此对比，我国正处于城镇化和社会转型飞速发展阶段，城镇和农村面目日新月异，道路网络不断增加，由此导致道路网络数字化工作量巨大、滞后严重。而电子地图道路网络及地物的更新缺乏有效技术手段，难以及时、准确地将变更信息推送到用户设备上。

(3) 远程监控存在无线网络缺失

车辆位置信息监控及实时交通信息的推送对提升交通效率很重要，但我国幅员辽阔，受经济因素、自然条件等的限制，目前的无线通信网络在建设上还难以实现全国范围全覆盖，在部分区域还存在信号弱、通信差等问题，由此导致移动端在部分区域难以及时接收到最新的交通信息，难以及时将自身的位置信息向控制中心反馈。

据《2021 中国卫星导航与位置服务产业发展白皮书》，截至 2020 年年底，国内超 700 万辆道路营运车辆、超过 30 000 辆邮政快递干线车辆、1 400 多艘公务船舶已应用北斗系统，综合交通管理效率和运输安全水平全面提升，重特大事故发生起数下降 93%。

5.1.4　车辆导航定位技术的发展趋势

我国的车辆导航定位技术随着我国汽车保有量的迅速增加和汽车工业的飞速发展而同步发展。随着汽车工业的发展和私家车的普及，政府和相关机构在空间定位、通信技术、交通设施方面做了大量的投入，一个千亿元规模的导航产业已形成。

基于 863 计划、国家自然科学基金、“十一五”国家科技支撑计划的支持，我国相关科研院所在车辆导航定位领域做了大量的卓有成效的研究及示范应用工作。这些研究分别涉及如下核心技术及相关领域：① 卫星导航定位及组合导航技术，如通过 GNSS/INS 组合解决了不论有无 GNSS 信号都能实现持久导航以及 GNSS 信号失锁下的快速重锁定的问题，提出了基于多尺度小波变换的多传感器信息融合及 GNSS/INS 组合定位位置估计算法；② 电子地图生成与更新，如提出了电子地图增量式更新减少同步代价，提高数据现势性；③ 嵌入式操作系统技术，研制了具有自主知识产权的用于车辆导航的嵌入式操作系统；④ 传感器与信息获取技术，如定义了交通信息实时发布内容指标体系及空中接口；⑤ 实时路径优化技术，开放式路径问题及其优化算法以及基于蛙跳算法的路径规划；⑥ 通信及网络技术，提出了基于 WebService 跨平台解决方案的实时传输交通信息、位置信息的服务框架；⑦ 交通信息融合及路网交通状态预测技术，用以辅助实时路径规划和决策。此外，多通道人机接口技术，如多媒体技术、语音识别、语音合成也在相关领域得到了长足的发展，并被应用到车辆导航系统中。

总体而言，近年来车辆导航定位系统大致体现出了如下特点。

(1) 专用车辆导航仪被智能手机大范围取代

因 3G/4G/5G 无线通信技术对定位技术的广泛支持，如安装 iOS 或 Android 操作系统的智能手机因其强大的移动计算能力、良好的用户界面、开放的应用体系大行其道，且出现了大量预装导航软件或第三方导航应用。“通用硬件平台”+“车辆导航软件”的解决方案在大众市场越来越普及。

(2) 云导航模式大行其道

体现远程存储、计算特点的云计算应用体系正逐渐取代本地存储、本地计算的应用策略。车辆导航系统越来越多地从云端获得最新的地图、兴趣点、交通状况和最优路径。典型的例子如美国运营商 Verizon、Sprint、TeleNav 等都推出了各自基于云计算的导航应用；在中国，三大运营商都有自己的云计算方案导航应用，典型的例子如中国电信推出了“天翼导航”，它们几乎都采用了实时下载地图及远程路径规划的策略。

受限于基础设施建设、交通预测方法、标准化建设、稳健可靠定位技术的发展水平以及电子地图更新发布的频率，实现车辆导航系统、智能运输系统、交通实时信息的无缝集成和相互支撑还有较长的路要走。具体体现在以下几个方面。

(1) 现代车辆导航定位系统需要稳健导航能力

目前的车辆导航系统功能越来越齐全，涵盖位置显示、语音提示、实时导航、敏感地带自动提醒等功能。然而，在隧道、高楼林立区域，大部分系统将因 GNSS 信号被遮挡而丧失定位能力，这不能满足关系国计民生的公共安全、消防救援、警车、银行运钞车的定位需求。而集成多种定位技术(如全球卫星导航定位系统、无线视频、惯性推算、视觉测量、数字地图辅助定位等)的多星座、多传感器融合的稳健组合车辆导航定位技术，在未来较长的时间内仍是一个研究热点。

(2) 车辆主动安全自动避碰需要精确定位能力

近年来，车辆涉及的主动安全(如车辆自动避碰)、车车通信技术得到了长足的发展。然而，实现车辆自动避碰，定位精度在车道横向和纵向的误差一般来说不能超过 0.5 m 和 0.75 m。因此，车辆主动安全需要研究廉价、精确的车道级定位技术。

(3) 实时交通信息发布标准化及普及化是车辆导航系统急需的技术

在我国，目前多利用交通广播发送实时路况信息。通过建立交通实时服务平台，车辆导航设备可以利用如连接 5G 无线网络的方式或通过调频副载波的方式接收交通信息，甚至深度集成实时交通信息以进行路线规划和实时导航。这不仅涉及基础设施建设，还需要统一实时交通信息(包括内容、空中接口等方面的企业或行业标准)。

(4) 电子地图快速更新和发布有待进一步的研究

我国交通路网日新月异，这对车辆导航系统的普及推广是很大的挑战，基于云计算的方案可以部分解决上述问题。然而云端的电子地图也需要实时更新。如何高效、协同、分布式自动更新地图，如何实现同步导航定位与自动地图制图，还有很多问题需要解决。

在目前常用的几种车辆导航定位方法中，GNSS 能够提供全天候、全球性、持久的定位能力，且其定位数据不存在累积误差。然而，当车辆行驶在高楼密集的繁华街道或隧道峡谷地区时，GNSS 因信号受到阻挡或者多路径干扰而定位失效。采用惯性器件的 DR 定位系统有着自主性好、不受外界控制和抗干扰能力强等一系列优点，车辆在狭窄的街道、隧道和山谷中行驶都能正常定位，但是它需要车辆初始位置的注入，并且惯性器件的参数漂移和标定误差及里程计数误差必然导致系统定位误差会随着时间累积，从而使定位性能随着时间的延长而下降。地图匹配技术是随着 GIS 技术的发展而出现的，它是借助数字地图数据库存储的高精度道路数据和其他定位技术采集的定位数据，进行比较匹配来确定车辆在地图上的位置，并通过数字地图的道路网数据来校正相关定位传感器，从而提高车载导航系统的定位精度和可靠性的一种辅助定位方法，不能脱离 GNSS 或者 DR 等定位方法而独立存在。

将地图匹配技术引入 GNSS/DR 导航系统，可消除组合导航的随机误差和时间累积误差，使得低成本、高可靠性的 GNSS/DR 车辆导航系统成为可能。GNSS/DR/MM 车载导航定位系统如同“一个三条腿的凳子”，是稳定、可靠的汽车导航平台，也是现代车辆导航发展的一个重要技术。无论是现代车载导航系统本身，还是其作为智能交通系统的一部分，仅仅提供定位信息是不够的，在构造适用于 GNSS/DR/MM 车载导航的 GIS 系统的前提下，对路径规划、最优路径、路径诱导的算法和实现研究都具有很大的实际意义。

5.2　车辆导航系统相关技术

从古代的指南车、计里鼓车到现代 GNSS 系统，车辆导航和定位技术由简单的方向指示或距离推算发展成与现代计算机技术、现代数学紧密结合的一门综合学科。纵览车辆导航和定位的发展历程与研究现状，不难发现，这一领域已经形成了其独特的研究方法和研究手段。

5.2.1　GNSS 定位技术

GNSS 定位技术是利用人造卫星确定陆地、海洋或空中观测点位置的一门技术，在车辆导航定位系统中发挥了重要的作用。目前已经运行、正在部署的全球导航卫星系统包括：美国的 GPS 系统、俄罗斯的 GLONASS 系统、中国的 BDS 和欧盟的 Galileo 系统，其定位的基本原理见第三章。表 5-1 给出了 GNSS 误差源及其对定位的影响。

表 5-1　GNSS 误差源及其对定位的影响

误差源	误差类型	误差范围/m
卫星部分	星历误差；卫星钟差；相对论效应	1.5～15
信号传播	电离层；对流层；多径效应	1.5～15
信号接收	接收机钟差；位置误差；天线相位中心变化	1.5～5
其他影响	地球潮汐；负荷潮	1.0

与海上和空中 GNSS 定位相比，城市 GNSS 车辆定位所受到的制约因素较多，具体表现在以下三个方面。

① 受高层建筑影响，选星范围变小，PDOP 增大，定位精度降低。据测算，在一个宽度为 50 m、两侧有 5 层高的建筑物(高度约为 15 m)的道路上，车载 GNSS 定位系统在道路两侧所能跟踪到 GNSS 卫星的最低高度角为 30°，在这样小的范围内，选择合适的定位星座是很困难的。

② 在浓密的树荫下，GNSS 接收机的信号强度降低，有时甚至中断。Brown 等对各种 GPS 接收机在浓密的树荫下的定位性能进行了实际测试，发现大部分接收机难以确保定位结果的准确性和连续性。

③ 多路径效应的影响更复杂。城市 GNSS 车辆定位系统受多路径效应的影响是非常复杂的。这是由于车顶上的 GNSS 天线不能过高，比如在交通拥挤的街道上，小汽车上的 GNSS 天线接收的卫星信号会包含旁边大汽车或楼房折射过来的微弱信号，这种多路径引

起的定位误差有时会严重影响导航系统的定位性能。

5.2.2 航位推算的基本原理

航位推算技术是一种非常原始的定位技术，也是一种最常用的自主式车辆定位技术。在18—19世纪期间，各种海图十分缺乏，价格亦非常昂贵，海上船只常常通过已知的航向和速度，利用数学公式推算出当前的位置，这种技术被称为估计推算法(Deduced Reckoning)，后来又简称Ded Reckoning，几经演化成为今天的航位推算(Dead Reckoning，DR)，国内亦有学者称为推测航法。航位推算的现代定义由Cotter提出，即从一个已知的坐标位置开始，根据运载体在该点的航向、航速和航行时间，推算下一时刻的坐标位置的导航过程称为航位推算。

航位推算的基本原理是利用测得的车辆行驶距离和转角，推算车辆的位置(见图5-6)。航位推算过程可用式(5-1)表示。

$$\begin{cases} X_n = X_{n-1} + \mathrm{d}R_{n-1}\sin\theta_{n-1} \\ Y_n = Y_{n-1} + \mathrm{d}R_{n-1}\cos\theta_{n-1} \\ \theta_n = \theta_{n-1} + \mathrm{d}\theta_n \end{cases} \tag{5-1}$$

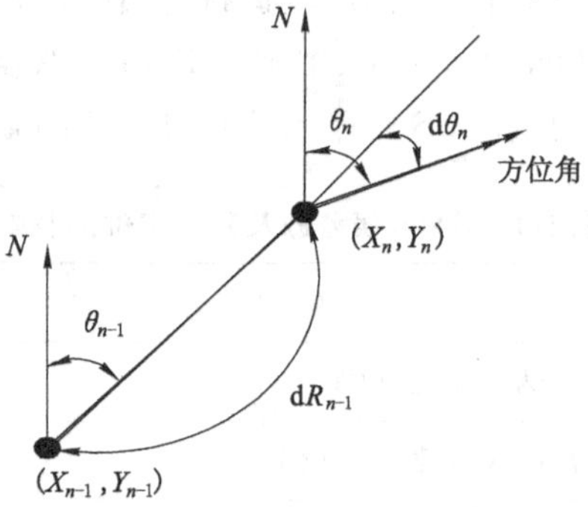

图5-6 航位推算示意图

其中，$\mathrm{d}R_{n-1}$和$\mathrm{d}\theta_n$为从$n-1$时刻位置(X_{n-1}，Y_{n-1})到n时刻位置(X_n，Y_n)位移矢量和航向的变化量。

航位推算中采用的传感器主要有：里程表、速率陀螺仪、磁罗盘等。里程表是提供车辆行驶距离的传感器，它具有以下几种形式：光电式、电磁式、磁传感式、多普勒雷达等。通常车辆导航适用性价比最好的光电式。首先由里程表检测车辆输出变速箱轴的转角，然后将测得的转角乘以标定系数得到车辆行驶的距离。标定系数与车轮的半径成比例，因此车轮半径的变化会造成车辆行驶路程的计算误差。车轮半径的变化与以下几个因素有关。① 车辆速度：随着车辆速度增加车轮半径增加；② 轮胎内部压力：随着轮胎内部压力增加轮胎半径增加；③ 轮胎胎面：随着轮胎胎面的磨损车轮半径减小。这三种因素的实际影响见表5-2。在实际应用中，里程表造成的误差可控制在行驶路程的2%(非驱动轮)。

表 5-2　影响里程表误差的因素

误差源	尺度(%)	备注
轮胎内部压力	1.65/bar(非刚线) 0.35/bar(刚线)	在正常压力下误差较低
车辆速度	0.016/km/h(非刚线) 0.0023/km/h(刚线)	线性变化 可以计算机校正
轮胎胎面	3	在车辆维护过程中可以重新标定 计算机校正

磁罗盘是用来测量地球磁场水平分量方向的传感器，它对本地磁场的变化特别敏感，因此测量精度与车辆的磁环境有很大的关系。磁罗盘测量航向精度时易受到以下因素的影响：① 地磁场；② 外界磁场；③ 车辆本身的磁场；④ 传感器对准误差。

测量车辆航向的另一种方法是通过速率陀螺仪。速率陀螺仪通过测量车辆转角的速率，并对时间进行积分得到车辆的角度变化量，根据前一时刻的车辆方向来确定当前车辆的行驶方向。速率陀螺仪存在漂移误差，且随时间积累，但几乎不受外磁场影响。通常采用的速率陀螺仪为光纤和压电两种，光纤陀螺的精度较高，但成本较高，所以目前较普遍采用的是低成本压电陀螺。

一个典型的航位推算系统的基本组成可以为：车辆里程表＋速率陀螺仪＋磁罗盘。针对航位推算系统的传感器特点，目前采用了很多方法来提高整个系统的精度(包括传感器的标定、建模和滤波等)，但是由于其固有的缺陷，目前纯航位推算系统的定位精度在车辆行驶路程的 3%～10%之间。因此，需要引入其他方法来降低航位推算系统的累积误差。

5.2.3　GIS 简介

5.2.3.1　GIS 的定义及组成

地理信息系统(Geographical Information System，GIS)，即在计算机软硬件支持下，按照空间分布及属性，把各种地理信息以一定的格式输入、存储、更新、显示、制图、综合分布和应用的技术系统。GIS 是测绘、遥感、计算机、应用数学以及各种应用学科的有机结合。GIS 以地理空间数据库为基础，采用空间分析方法，能够适时提供多种空间和动态信息，并为地理研究和地理决策服务。GIS 具有如下特征。

① 具有采集、管理、分析和输出多种空间信息的能力，具有空间性和动态性。

② 以地理研究和地理决策为目的，以地理模型方法为手段，具有区域分析、多要素综合分析以及动态预测能力，能够产生高层次的地理信息。

③ 计算机系统支持是 GIS 系统的重要特征。用计算机模拟常规和专门的地理分析方法，并作用于空间数据，产生有用的信息，从而可快速、精确、综合地对空间数据进行动态分析。

从计算机科学的角度讲，GIS 由计算机硬件、计算机软件、空间数据库和用户组成。其中，计算机软件是 GIS 的核心；空间数据库反映了 GIS 的地理内容；用户决定了系统的工作方式和表达方式。这种系统构成可以用图 5-7 表示。

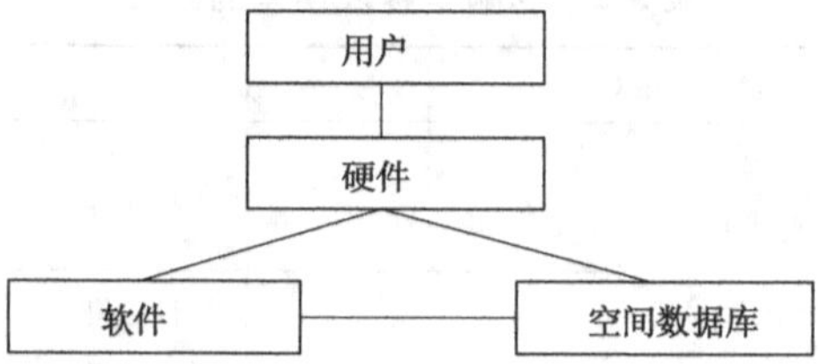

图 5-7　计算机科学角度的 GIS 构成

GIS 的硬件结构体系如图 5-8 所示。计算机和外部设备连接成一个可以建立各种 GIS 的硬件环境。计算机是硬件的核心元素，用于数据的信息管理和加工分析；与之相连的外部设备包括输入、输出设备以及存储设备，如扫描仪或者其他测绘仪器，常用的输出设备是打印机或者绘图仪；硬盘和光驱被用以实现数据的读入读出。

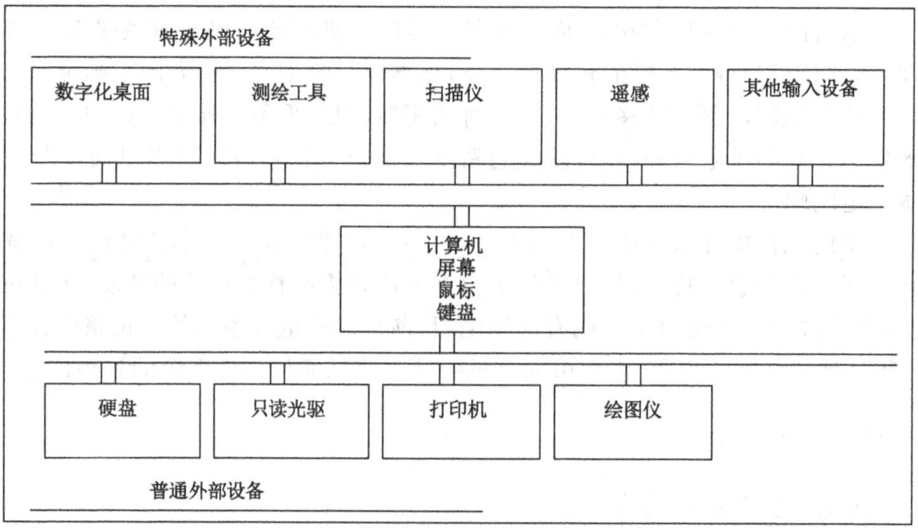

图 5-8　GIS 的硬件结构体系

GIS 的软件是系统的核心，它关系到系统的功能。按照 GIS 系统的功能划分，GIS 软件的模块组成可以用图 5-9 表示。由图 5-9 可以看出，GIS 软件中空间数据库占据着极其重要的位置，一切 GIS 的操作都可以归结为空间数据库过程操作。

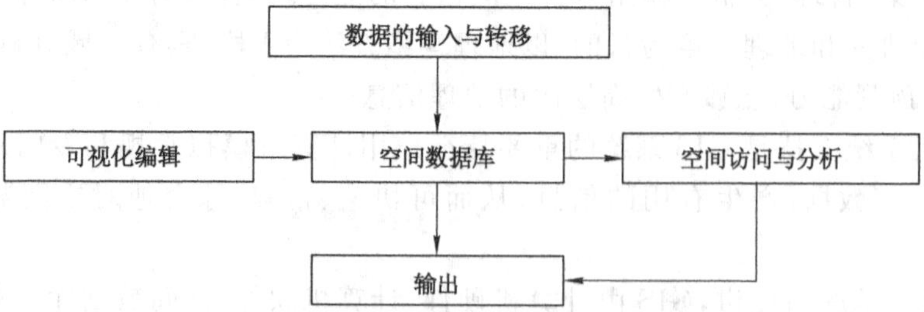

图 5-9　GIS 的软件模块组成

GIS 按其空间数据结构，可以划分为 2 维、2.5 维、真 3 维以及时空（多维）GIS 系统。其中 2 维 GIS 只支持平面实体，如点、线和平面区域等实体；2.5 维 GIS 除了可以处理平面点、线、面实体外，还可以使实体附带高程信息，有较弱的 3 维功能；时空 GIS 系统不仅能够处理空间信息，而且能够处理空间物体附带的时间信息，如生存时间等。

GIS 按其应用范围可以划分为全球、区域和局部的 GIS。

GIS 按其内容可以分为三大类：① 专题信息系统，即具有有限目标和专业特点的地理信息系统，如森林动态监测系统、水土流失信息系统；② 区域信息系统，主要以区域研究和全面的信息服务为目标，可以是国家、区级或省市级的区域信息系统，可以是以自然分区或者以流域为单位的区域信息系统；③ 地理信息系统外壳，即一组具有图形数字化、图像数字化、存储管理、查询检索、分析运算和多种输出功能的地理信息数据库的软件包。

5.2.3.2　GIS 的历史发展过程

地理信息系统的创立和发展与空间数据库的表示、处理以及诸多应用手段的发展是分不开的。地理信息系统本质上是计算机图形学、数据库技术在空间数据分析上的应用。1950 年 MIT（麻省理工学院）为其旋风一号计算机制造了第一台图形显示器。1958 年美国 Calcomp 公司首次研制成滚筒式绘图仪。1962 年 MIT 的 Ivan Edward Sutherland 在自己的博士学位论文中首次提出了计算机图形学（Computer Graphics，CG）的概念，并确立了这一分支学科的独立地位。与此同时，数据库技术在 1960 年代中期开始出现，1969 年 IBM（国际商业机器公司）成功研制了层次型 DBMS 软件 IMS。1970 年关系型数据库之父 E. F. Codd 提出了“大型共享数据库的关系模型”概念，开创了数据库关系方法和关系数据理论的研究，为数据库技术奠定了理论基础。地理信息系统正是在这些相关学科的影响和促进中发展起来的。一般认为，从 20 世纪 60 年代到今天，GIS 的发展经历了四个阶段：

（1）发展阶段

1960 年代初，计算机技术开始应用于地图量算、分析和制作。到 1960 年代中期，对自然资源和环境的规划管理和应用加速增长，大量空间数据存储、分析和显示技术需要改进，计算机技术在资源管理中的应用迅速发展，均促使对地图进行综合分析和输出的系统产品日益增加。美国城市和规划师 Howard T Fisher 于 1963 年研制的 SYMAP 被认为是第一个可综合分析地图的程序。早期 GIS 发展的另一个特点是诞生了许多 GIS 相关的机构。1966 年美国成立了城市和区域信息系统协会（Urban and Regional Information Systems Association，URISA）。1969 年又成立了州信息系统全国协会。国际地理联合会（International Geographical Union，IGU）于 1968 年成立了地理数据收集和处理委员会。这些组织和机构的建立对 GIS 的传播和发展起了极大的作用。

（2）巩固阶段

进入 1970 年代后，计算机软硬件技术得到了很快的发展，使得 GIS 迅速朝着实用化的方向发展，不同专题、不同规模和不同类型的各具特色的地理信息系统在世界各国得以纷纷研制。在 1970—1976 年间，仅美国地质调查局（United States Geological Survey，USGS）就建立了 60 多个地理信息系统。1975 年 IGU 成立了地理数据传输和处理委员会，1978 年国际测量师联合会（International Federation of Surveyors，法文缩写 FIG）决定其第三次委员会的任务是研究 GIS，同年在德国达姆斯特工业大学召开了第一次 GIS 研讨会。这一时期的 GIS 的研究还有一个特点，就是 GIS/RS 集成得到人们的重视。

(3) 突破阶段

这个时期地理信息系统逐渐走向成熟,这一时期的 GIS 发展有如下特点:人们从应用开始,在应用中不断开展理论研究。世界各国的很多大学和研究机构投入这种研究中,如 New York State Univ. 建立了 GIS 实验室,到 1988 年成为由包括 Univ. Of CA 和 MaineState Univ. 在内诸多大学研究机构组成的美国国家科学基金会支持的国家地理和信息分析中心(National Center for Geographic Information & Analysis,NCGIA)。这一时期 GIS 技术已经成为引人注目的领域,得到了政府、商业公司和大学的普遍重视。在计算机软件的研制上,由于微型计算机的蓬勃发展,出现了一大批功能强大的 GIS 软件,如 ARC/INFO, IGDS/MRS,TIGER,Microstation,System 9,Genamap 等。

(4) 深化阶段

到了 1990 年代,微型计算机已经普及公司、企业和普通家庭,GIS 的发展出现了新的趋势,这些趋势包括:① 多种高技术综合、集成和社会化的应用趋势。地理信息系统不仅融合进其他学科的最新成就,而且向其他学科渗透。② 和网络技术结合。③ GIS 的研究在理论上也取得了很多成就,如三维乃至时空数据模型等。

5.2.3.3 GIS 的现状和发展方向

近年来,计算机硬件得到了飞速的发展,硬件成本逐年下降;在软件技术上,面向对象技术、组件技术在软件设计中得到了越来越多的应用;Internet 的迅速普及使得远程分布式计算和数据的世界范围内共享已经变得轻而易举。在这种趋势下,未来的地理信息系统将在如下几个方面得到发展,并吸引学者做更多的研究。

① 面向对象的地理信息系统。面向对象技术已经深入人心,面向对象数据库管理系统是数据库管理系统发展的必然阶段。然而,对于面向对象数据库管理系统而言,目前仍旧存在很多问题没有解决。例如,缺乏统一的数学模型和数学形式化描述语言,在数据共享上存在诸多困难,这些理论困难都有待研究。此外,在应用上目前多通过扩展关系型数据库来实现数据库系统的对象外壳,即所谓的对象关系模式。

② 空间数据库模型研究。地球以及各种物体都是三维空间实体,因此目前的二维或者是二维半 GIS 完整地描述地球上的对象有一定的困难。一个三维空间数据库管理信息应该能够模拟、表示、管理和分析与三维实体相关的信息。此外,对于地理信息系统而言,空间实体常常具有时效性,近年来时空(四维)数据结构得到了一定的研究,它不仅能够明确表示空间实体的集合位置与拓扑关系,而且能够表示出空间实体的生成期、消亡期。

③ 标准化研究及 OpenGIS。空间数据库的标准化是世界范围内共享的必然趋势,这种标准涉及数据模型、数据格式、数据内容、数据精度以及数据操纵接口等。目前,一种跨平台方式、多用户的 OpenGIS 技术已经成为一个研究热点,它致力于理想的外部数据交换方式,开放式数据互操作协议(建立类似于关系型数据库 ODBC 的空间数据操作 API)以及数据共享平台。这些标准化研究使不同政府部门、企业和研究机构的不同数据能够方便地被访问,有利于网络 GIS 及分布式 GIS 空间数据库的建立,拓宽 GIS 系统的应用领域和功能。

④ 组件 GIS 技术以及 WebGIS。组件技术使近二十年来兴起的面向对象技术进入成熟的实用化阶段。在组件技术的概念模式下,软件系统可以被视为协同工作的对象集合,其中每个对象都会提供特定的服务,发出特定的消息,并且以标准形式公布出来,以便其他对象了解和调用。组件间的接口通过一种与平台无关的语言 IDL(Interface Define

Language)来定义，使用者可以直接调用执行模块来获得对象提供的服务。早期的类库提供的是原代码级的重用，只适用于较小规模的开发形式；而组件则封装得更加彻底，更易于使用，且不限于 C++之类的语言，可以在各种开发语言和开发环境中使用。由于组件技术的出现，软件产业的形式也会有所改变。大量组件生产商会涌现出来，并推出各具特色的组件产品；软件集成商则利用适当的组件快速生产出用户需要的某些应用系统。大而全的通用产品将逐步减少，很多相对较为专业、但用途广泛的软件，如 GIS、语音识别系统等，都将以组件的形式组装和扩散到一般的软件产品中。目前常用的组件模型有 Microsoft COM+、对象管理组织 OMG 的 CORBA 以及 Sun JavaBean 等。信息高速公路的建立极大地方便了世界各国用户之间的信息共享和信息交换，由于 GIS 能够提供丰富的空间信息、属性信息以及空间分析和管理能力，因此 GIS 已经成为 Internet 非常重要的服务形式。

⑤ 海量空间数据库的规划和空间索引技术。对于大区域的 GIS 系统而言，数据库规划合理与否，空间数据库索引设计的合理与否，都将对系统的整体性能产生强大的影响。

⑥ 空间数据的可视化技术研究。虚拟现实 VR 能够提供视觉、听觉、触觉、味觉、力觉等逼真模拟，使人置身于虽幻犹真的虚拟世界中，如对数字地形图的真实感显示，对于飞行训练、可视化导航有着极其重大的应用价值。此外，这类应用还有虚拟城市等。

⑦ GIS 和多媒体数据融合及 GIS/GNSS/RS/AI 集成应用研究。GIS 和多媒体数据的融合以及 GNSS/RS/AI 的集成可以使空间数据库的管理更加灵活多变。GNSS 可以作为 GIS 的数据采集源，同时可以利用 GIS 的数据进行辅助导航。因此这种融合拓宽了 GIS 的信息来源和应用，使建立更加科学的决策系统成为可能。

5.2.4 地图匹配原理

地图匹配(Map Matching，MM)将已知车辆行驶路线的数学特征与地图数据库中道路的特征相比较，从而直接或间接(例如通过卡尔曼滤波)确定车辆的位置和行驶轨迹并校正传感器的误差。地图匹配的前提是假设车辆行驶在道路上，而且与定位有关的道路地图数据已知，其定位精度取决于数字地图的精度。该方法的原理示意图见图 5-10。其中，当车辆驶过交叉路口越远，拐到路 R2 行驶的概率越小；当这种概率下降到一定程度后，就可以确定路 R1 为车辆正确的行驶道路，同时可以校正航位推算的误差。

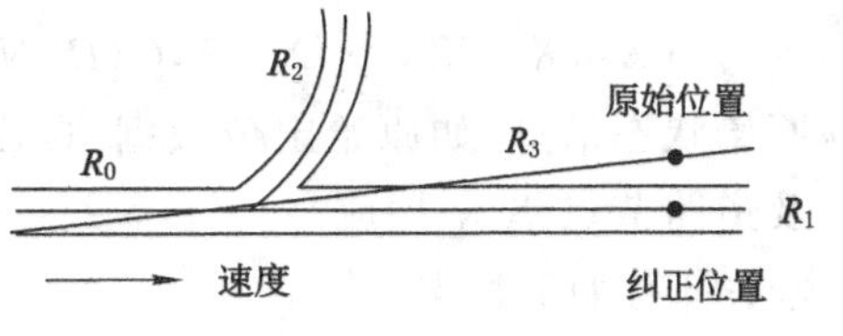

图 5-10 地图匹配示意图

将地图匹配引入车载导航系统的意义在于 4 个方面：

① 可以提供可视化的导航效果。不管是 GNSS 单独定位、DR 单独定位，还是 GNSS/DR 组合定位，定位系统的误差是不可避免的，此外数字地图也存在一定的误差。因此，在不存在地图匹配的前提下，车辆的位置通常都要偏离道路对应的位置。

② 可以提高导航定位系统的定位性能。在直线道路上地图匹配算法可以有效消除道

路法向(Normal Direction)上的随机误差,当车辆运行至交叉路口拐弯时或车辆运行在曲线路段时,地图匹配算法可以消除系统的累积误差(见图 5-11)。

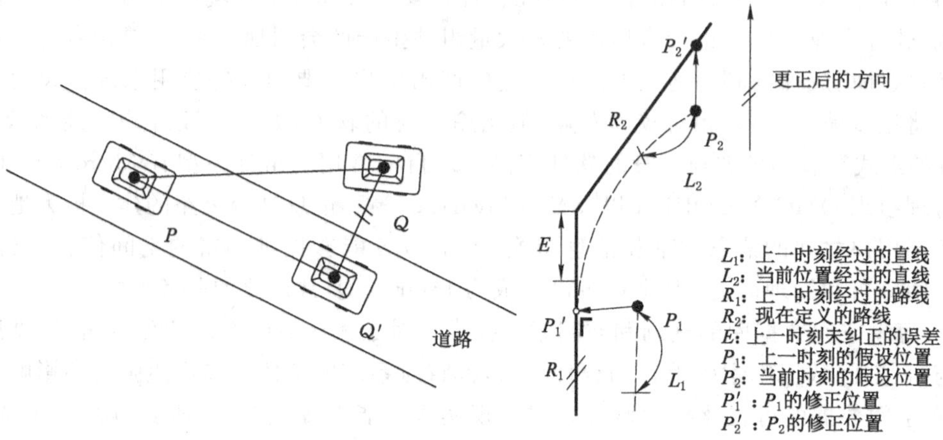

图 5-11 利用地图匹配消除定位误差

(3) 可以实时校正传感器参数以及航位推算系统的系统参数。在城市高楼区、林荫道、立交桥、隧道等环境下,GNSS 定位功能极有可能长时间失效,此时必须依赖 DR 系统进行定位,通过对传感器参数的不断校正,可以有效减少由于算法缺陷带来的累积误差。

(4) 地图匹配是车辆导航系统实现路径诱导(Route Guidance,RG)的必要条件。车辆进行最优路径规划和发布实时导航指令都要依赖地图匹配的结果。例如,要获取当前点到某一终点的最优路径,首先要知道当前点的位置在哪个路段。同样对于路径诱导,要发布导航指令,如左拐、右拐、到前方多少米处拐弯等,都依赖于当前位置及当前路段。

地图匹配最早由 R. L. French 提出,其定义为“正如驾驶员比较纸质地图上的路标和道路形状,与他附近的路标和真实道路形状一样,地图匹配就是这样的一个过程,它不断地关联车辆行驶路径的几何轨迹和数字道路数据库中(相应)道路的形状”。地图匹配算法几乎都可以用式(5-2)进行形式化描述:

$$\hat{X}_N = f((X_0, X_1, X_2, \cdots, X_N)^{\mathrm{T}}, G(R, N)) \tag{5-2}$$

式中,X_i 表示 i 时刻的车辆原始状态信息,如原始定位数据、速度、行驶方向等;G 表示道路网络,它由道路路段集 R 以及道路节点集 N 构成。

显然,所有的地图匹配算法都有如下特点:

① 对原始定位数据存在依赖性。任何地图匹配算法都是非自主导航定位算法。地图匹配算法需要原始定位数据作为数据源。因此任何希望用地图匹配进行车辆导航和定位的系统,本身必须具有其他绝对定位的方法或手段,如 GNSS、无线电定位或者这些方法的组合。

② 对数字地图道路网络数据存在依赖性。地图匹配的实现不能离开数字地图中的当前行驶地点对应的道路网络数据。这意味着如果不存在数字地图道路网络数据,地图匹配则无法实现。另外,数字地图道路网络必须存在与当前行驶路段对应的数据,如果不存在,

那么匹配将可能失败(误配或者失配)。

③ 地图匹配的精度受限于原始定位数据的精度。原始定位精度必须足够高,如果原始定位精度太差,如定位误差超过了道路网络中相邻平行道路的间隔距离,误配几乎是不可避免的。

④ 地图匹配的精度受限于数字地图道路网络的精度。道路网络本身必须能够达到一定的精度,目前的地图匹配算法通常建立在数字地图具有足够精度的前提下。这种精度不仅涉及几何位置精度而且涉及拓扑精度,即道路的邻接信息。几何精度表征了位置上的误差,它的重要性不言而喻,当数字地图道路位置精度大于 30 m 时,通常很难得到正确的匹配结果。

任何一种地图匹配算法都涉及两个根本的问题:

① 当前车辆在哪一条道路上。

② 当前车辆在对应道路的哪一个位置。

一方面,如果知道了当前车辆所在的道路,具体的位置点总可以依据某种准则估计出来;另一方面,如果已经确定了车辆的具体位置,当前位置对应的道路也不难求取。然而,这两个问题相互依赖,解决任何一个问题同时往往需要考虑另外一个问题,因此在地图匹配过程中,这两个问题的解决过程总是交叉进行的。

5.2.5　当前车辆导航技术的比较

车辆定位系统最基本的任务是连续地保持车辆位置的精确定位。当前主要用在车辆导航定位方面的技术有 GNSS 卫星导航技术、惯性导航系统、航位推算系统、信标技术、无线电导航技术、地图匹配技术等,各导航方法的优缺点见表 5-3。其各自性能详细分析如下。

表 5-3　当前车辆导航方法的优缺点

导航方法	优点	缺点
卫星导航 (GPS,GLONASS,BDS)	绝对定位精度高; 不存在累积误差; 适合大区域导航	存在峡谷效应; 存在多路经效应; 建设和维护成本较高
无线电导航; (DECAA,OMEGA,LORAN-C, FM 无线台)	精度较高; 运营成本低	信号噪声以及城市地区信号的衰减和屏蔽; 建设和维护成本较高; 作用区域有限
惯性导航(INS)	精度高; 自主; 每次费用低; 无范围限制	需要不断更新校正; 费用高(高性能时)
航位推算(DR)	自主,不依赖外部信号; 成本低	存在参数漂移; 存在累计误差; 一般需要和其他技术组合使用

表 5-3(续)

导航方法	优点	缺点
红外信标	高精度:10～100 m	需要太多信标(建设和维护成本很高); 不可能应用于乡村地区
地图匹配	低成本; 是实现路径诱导等服务的基础; 高度可视化	非自主,需有对应区域的数字地图; 精度受原始定位数据、数字地图精度影响; 对应的地图道路网络必须完备; 正确匹配道路库中必须存在相应道路的纪录

(1) GNSS 卫星导航技术

以 GNSS 为代表的卫星定位技术目前是车辆导航定位的最主流技术。目前 GNSS 系统主要有美国的 GPS、俄罗斯的 GLONASS、中国的 BDS 以及欧盟的 Galileo 等。以 GPS 为例,通过在太空的 24 颗导航卫星将位置和时间信息传输到车辆中 GPS 接收机上,从而解算出车辆位置。从用户角度来看,其成本只来源于 GPS 接收机,但是 GPS 系统易受到干扰,其接收机必须能够至少观测到 4 颗 GPS 卫星。高楼、树荫以及隧道都可能对 GPS 接收机造成遮挡,从而造成 GPS 导航的失效。

(2) 惯性导航系统(INS)

惯性导航系统的高性能是以高的成本为代价的,如果不涉及姿态测量(Attitude Determination),那么车辆导航领域较少采用这种技术。

(3) 航位推算系统(DR)

依靠车辆里程表和低成本速率陀螺仪测得车辆行驶距离和航向,可计算车辆相对于初始点的位置。此方法成本较低,可用于 GNSS 短时间内不能正常定位的辅助定位方法。但是由于惯性仪表的漂移误差和里程传感器的标度误差,需要对系统进行定期校正来降低累积误差。因此,目前 DR 系统常常需要和其他系统组合使用。

(4) 信标技术(Beacon)

信标技术采用固定在道路边的信标,车辆上安装接收/发射器,当车辆接近信标时,车载设备与信标通过红外线或微波进行数据交换,从而确定车辆的位置(从某种意义上讲,信标也是绝对定位系统)。其优点是车载单元的成本较低,但在大范围内设置信标需要较大的基础设施投资,同时,信标的作用距离有限,且只有在设置信标的道路上才能确定车辆的位置,且车辆的位置精度和信标的密度有很大关系。

(5) 无线电导航系统

该系统可通过低频无线电波来确定车辆位置,该系统运营成本昂贵且易受电磁干扰,并且覆盖范围有限。

(6) 地图匹配技术(MM)

数值地图数据库中的道路网络本身就是一个辅助定位网络,因此如果数字地图精度足够高,地图匹配技术甚至可以达到一般差分 GNSS 的精度,并且它可以提供可视化的定位效果,为路径诱导的实现提供基本信息。但是地图匹配是一种非自主算法,它需要原始定位数据和数字地图道路网络,因此地图匹配算法只能够辅助其他技术进行定位。

由上述分析和比较可以看出,任何一种导航设备和系统都是为了完成某种特定的导航需要而产生的，既有强项也有弱点，不可避免地存在着局限性，没有一种单一技术可以既经济又精确地完成车辆导航定位的功能，成熟的系统要求全面稳定的性能，因此需要两种或更多的导航技术组合在一起，才能连续有效地工作。

考虑成本、覆盖范围等因素，低成本的 GNSS 接收机、性价比不断提高的惯性传感器和日益广泛出现的数字化地图，使得 GNSS、DR 和 MM 技术成为车辆组合定位技术的主流。

5.3　车辆导航系统实现与应用

随着经济的不断发展，交通已成为社会生产、分配、交换、消费等各个环节得以正常进行的桥梁和纽带。然而，道路交通安全事故已成为威胁人类公共安全的严重问题之一，已在世界各国引起了广泛关注。随着车辆数量的增加，道路网日趋复杂，交通事故发生率也逐步增长。其中，营运车辆是造成特大事故的重要原因。道路交通安全的发展历程表明，只有以“防患于未然”的交通安全概念为指导，应用有效的安全监管机制和先进交通技术，实现事前、过程、事后三位一体的主动型动态监管方式，对超速、超载、疲劳驾驶、途中火险等安全隐患进行及时的预防和处理，才能有效地遏制或减少道路事故，保证交通安全。

车辆安全运营和监控管理系统是一种集 GNSS 技术、INS 技术、GIS 技术、网络通信技术、多媒体技术、数据库管理技术、软件工程技术等于一体的复杂系统，本节仅从系统的主要功能、监控平台软件和手机客户端软件三个方面，对车载导航系统及其应用进行简单的介绍。

5.3.1　系统的主要功能

车辆的安全运营和监控管理系统的运行效率和实用性如何，除取决于相关的技术、软硬件条件外，还与系统的功能设计有关。车载导航系统的总体功能是实现对车辆的导航定位和监控管理，其主要功能包括以下几个方面。

(1) 高精度定位功能

车载终端系统在地基增强网络、数据处理中心、网络通信系统、终端定位设备的协同下，实现终端系统定位信息采集和高精度解算功能，监控(调度)中心可实时监控车辆运行状态并进行信息存储。

(2) 高精度导航功能

车载终端系统在高精度定位的基础上，配合现势性强的高精度电子地图，在 GIS 系统和语音系统支持下，根据当前位置和设置的终点，实现高精度导航和实时路况报告。

(3) 监控管理功能

监控(调度)中心对车辆的运营任务、路径、时间、地点、速度、停车、车辆基本信息(如规格型号、生产厂商、车牌号、发动机号码、颜色等)、车辆健康状态、违规情况、驾驶人员信息等进行监控和管理，确保车辆运营安全。

(4) 报警功能

车载终端系统应具有主动报警和响应监控中心报警的能力。当驾驶人员遇到突发事故(如抢劫、交通事故、车辆故障、检测到危险信号等情况)时，通过按钮主动向监控中心报警；远程监控中心根据车辆当前行为和行驶规则，对驾驶人员进行提醒和报警，如路线偏离提醒、疲劳提醒、越界报警、超速报警、逆向行驶报警等。

(5) 视频功能

车载终端系统具有车载实时视频传输和历史视频浏览等功能,监控车内外的现状、超载情况或事后有关事故的处理分析过程。

(6) 查询功能

监控中心、车载终端系统具有对车辆的运行现状、历史记录、车辆基本信息等进行查询的功能。

(7) 统计分析功能

监控中心可以根据需要,可对车辆及驾驶人员的信息进行统计分析。如车辆行驶里程、耗油量、服务年限、交通事故等情况统计,驾驶人员的基本信息、违规驾驶、交通事故等情况分析。

(8) 手机客户端功能

为便于没有监控中心软件的人员及时查看和监管车辆信息,车载导航系统应包括手机客户端系统。手机客户端主要功能包括车辆信息查询、车辆实时监控、地图模式切换、实时路况提醒、车辆历史轨迹查询播放、离线地图管理和意见反馈等功能。

5.3.2 监控平台软件

监控平台软件,是车辆安全运营和监控管理系统的主要功能模块之一,具有系统管理(如机构档案管理、角色管理、用户管理、角色权限设置、用户数据权限管理等)、实时监控、轨迹回放、多媒体管理、报警管理、与上级政府平台的对接、数据管理(如车辆档案、司机档案、车辆维修等)、统计报表(如历史轨迹报表、停车报表、疲劳驾驶报表、里程统计报表等)管理等功能,以对车辆安全运营状态进行监控和管理。

(1) 车辆监控

监控(调度)中心可以选择配置车载设备,使其满足特定条件时车载终端可主动上报位置数据。可设定的条件包括:指定时间间隔、指定距离间隔等并发送位置信息到监控中心;也可进行约束回报条件设置,如"停车不汇报"以节省 GPRS 流量;还可以根据不同应用要求设置不同的定位跟踪频率。将车辆回报的数据保存在数据库,以备监控中心查询。

监控中心可对车辆的 GNSS 信息、工况信息等实时监控,已经监控的车辆会在对应的信息栏里面显示。若车辆已经登录,并在信息栏显示为绿色,则表示该车辆已经定位。双击需要监控的车辆,在地图区域会显示该车辆的当前位置信息。

(2) 车辆查询

车载设备通过 GNSS 模块接收卫星信息,该信息通过无线通信(GPRS)手段传回监控中心后在电子地图上显示出来,可以确定车辆的地理位置。监控中心可以选择定时、定位两种查询方式。定时查询可查询某时间段内车辆的位置信息,定位查询可查询指定区域内的车辆信息,并且支持末次位置或停车记录查询,方便用户进行位置的查看。监控中心可以根据管理的需要查询指定时间和区域的所有车辆信息。

(3) 历史轨迹回放

监控中心保存车辆的所有监控和报警数据,可以选择在任意时间查询任意车辆的轨迹并回放数据。轨迹回放时可以选择回放速度、回放时间等。

(4) 报警设置

通过对车辆动态信息的实时采集，对严重违法驾驶行为进行及时提醒和统计，如偏离路线、超速行驶和疲劳驾驶等行为。根据实际设定路段（包括不规则区域和线路）的最高行驶速度，若车辆持续超速并达到预设值时，则监控中心会上传报警信息；监控中心可以根据预设的车辆行驶路线，当车辆的行驶轨迹偏离预设路线时触发报警。

路段报警：监控中心在路段管理中设置特定路段的限速值，在车辆行驶中，如车速超过该限速值，车载终端就会向监控中心发送超速报警信息。

区域报警：监控中心可以在电子地图上设置一个区域，填写好区域的名称并备注，选择好区域用途（限制区域、监控区域）和区域类型（区域的形状可为圆形、矩形、多边形，也可为省市区域），并设定相应的区域规则，每当车辆进出该区域时，即可向监控中心发送相关信息。

（5）多媒体

通过多媒体操作指令可以对安装有摄像头的车辆发送拍照、音频、摄像等指令，随时记录查看车辆内部情况。

（6）车辆管理

车辆管理包括与其相关的使用情况、证件、保养维修、轮胎、保险、加油等信息管理。

（7）信息管理

信息管理包括操作员管理、角色管理、机构资料管理、从业人员管理、报销信息管理、订单信息管理、客户信息管理、机构信息管理、上级平台管理、短信息管理、运管资料管理、维保管理等。

（8）信息统计

信息统计包括事件报告、信息点播、提问应答、电子运单、行驶记录、压缩数据、图像数据、驾驶员信息、车辆注册信息、多媒体事件上传信息、多媒体检索应答、油耗信息等。根据车辆上报的数据进行分析统计，形成可用的数据供相关部门人员参考。

5.3.3　手机客户端软件

为便于没有监控中心软件的人员及时查看车辆位置信息，可以采用手机客户端软件，以随时随地查看和监管车辆的信息。手机客户端软件的主要功能包括车辆信息列表查询、车辆实时监控、普通地图与卫星地图模式切换、实时路况跟踪、车辆历史轨迹查询播放、离线地图管理和意见反馈等。

用户在手机上安装车载导航系统客户端软件并正确注册和登录后，即可使用该客户端软件。

（1）车辆信息列表查询

车辆信息列表界面主要由标题栏、车辆信息、菜单按钮等三部分组成。车辆信息中可以查看车牌号、驾驶员姓名、驾驶员电话等；菜单按钮包含实时监控、历史轨迹、车辆控制等功能按钮，点击功能按钮就可以进入相应的功能界面。

（2）车辆实时监控

只有实现车辆监控系统实时，才能够达到车辆有效管理的目的。通过手机客户端可及时掌握车辆的运行状态（如当前位置、运行速度、驾驶员信息等）。

（3）普通地图与卫星地图模式切换

在实时监控界面下,可以实现普通地图和卫星地图两种模式的相互切换。卫星地图是卫星拍摄的真实的地理面貌,卫星地图可用来监测地面信息以及了解地理位置、地形等信息。因此,实时监控的卫星地图可以用于城市交通疏导管理。

(4) 实时路况跟踪

实时路况,是针对当前城市交通道路拥堵情况所提出的一个概念。实时路况也是交通信息频道的简称。实时路况已经是一项成熟的车载智能交通导航技术,能实时反映区域内的交通路况,指引最佳、最快捷的行驶路线,提高道路和车辆的使用效率。

(5) 离线地图管理

离线地图能在不消耗手机流量的前提下,节省手机存储空间和电量,这让身处弱网环境或非服务区的用户可轻松使用,满足用户核心需求。

思考题

1. 何谓车辆导航定位系统?其核心技术包括哪些?该系统一般由哪些部分组成?

2. 何谓地图匹配?在车辆导航定位系统中有何作用?地图匹配的前提条件是什么?

3. 何谓地理信息系统?在车辆导航定位系统中发挥什么作用?

4. 与普通电子地图相比,基于GIS的车载导航电子地图有何特点?航位推算和地图匹配算法的基本原理是什么?

5. 车辆安全运营监控管理系统包括哪些基本功能?

6. 试举例说明我国的BDS系统在车辆安全运营监控管理中发挥的作用。

第 6 章　其他导航定位技术

导航定位技术除前述的无线电导航(RNS)、全球导航卫星(GNSS)、惯性导航(INS)等技术外,还有天文导航(CNS)、脉冲星导航(XNAV)、地形辅助导航(TAN)、地磁导航(GN)技术以及常用于室内定位的蜂窝定位技术、Wi-Fi 定位技术、蓝牙定位技术、超宽带定位技术、RFID 定位技术、ZigBee 技术等,这些定位技术应用于不同的目的和场景,具有各自特点和优势。本章对这些导航定位技术的特点、基本原理和应用进行简单介绍。

6.1　天文导航

天文导航是以空间位置准确已知的自然天体为基准,通过天体测量仪器被动探测天体位置,经解算确定测量点所在载体的导航信息。天文导航不需要其他地面设备的支持,所以具有自主导航特性,也不受人工或自然形成的电磁场的干扰,不向外辐射电磁波,隐蔽性好,定位、定向的精度比较高,定位误差不随时间积累,具有广泛应用。

天文导航是在航天、航海和航空领域正在得到广泛应用的自主定位导航技术,尤其对登月、载人航天和远洋航海是必不可少的关键技术,还是卫星、远程导弹、运载火箭、高空远程侦察机等的重要辅助导航手段。

6.1.1　天文导航发展简史

导航技术的直接应用是为载体提供有时间参照的位置、航向和姿态信息。导航设备作为定位、定向及授时数据源,是船舶、飞机、车辆、航天器等运动载体的重要保障系统,天文导航作为一种古老的导航方式,在导航领域占据了一席之地。

中国古籍中有许多关于将天文应用于航海的记载,西汉时期《淮南子·齐俗训》载有“夫乘舟而惑者,不知东西,见斗极则悟矣”,意为“如在大海中乘船而不知东方或西方,那观看北极星便明白了”。晋代葛洪的《抱朴子外篇》载有“夫群迷乎云梦者,必须指南以知道;并乎沧海者,必仰辰极以得反”,意为“如在云梦(古地名)中迷失了方向,必须靠指南车来引路;在大海中迷失了方向,必须观看北极星来辨明航向”。东晋高僧法显从印度搭船回国的时候说,当时在海上见“大海弥漫,无边无际,不知东西,只有观看太阳、月亮和星辰而进”。一直到北宋以前,航海中还是“夜间看星星,白天看太阳”。只是到北宋才加了一条“阴天看指南针”。大约到了元明时期,我国天文航海技术有了很大的发展,已能通过观测星的高度来定地理纬度。这是我国古代航海天文学的先驱。这种方法当时叫“牵星术”。在明代时古代航海知识积累和应用达到了鼎盛。郑和七下西洋创造了世界航海史上的奇迹,完成了极其艰难复杂而又史无前例的航行。郑和的船队要在浩瀚无边的海洋中航行,仅靠观测星辰和指南针是远远不够的。郑和七下西洋形成了一套行之有效的“过洋牵星”的航海技术。所谓“过洋牵星”，是指用牵星板测量所在地的星辰高度，然后计算出该处的地理纬度，以此测定船只的具体航向。这种航海技术是郑和船队在继承中国古代天体测量所取得成就的基础上，创造性地应用于航海，形成了一种自成体系的先进航海技术，从而使中国当时天文航海技术达到了相当高的水平，这个水平代表了15世纪初天文导航的世界水平。

欧洲在15世纪以前仅能白昼顺风沿岸航行。15世纪出现了用北极星高度或太阳中天高度求纬度的方法，当时只能先南北向驶到目的地的纬度，再东西向驶抵目的地。16世纪虽然已有观测月距(月星之间角距)求经度法，但不够准确，而且解算烦冗。18世纪，六分仪和天文钟问世，前者用于观测天体高度，大大提高了准确性；后者可以在海上用时间法求经度。1837年美国船长T.H.萨姆纳发现天文船位线，从此可以在海上同时测定船位的经度和纬度，奠定了近代天文定位的基础。1875年法国海军军官圣伊芙尔发明截距法，简化了天文定位线测定作业，至今仍在应用。

6.1.2 天文导航特点

天文导航简言之，就是利用恒星在短时间内的绝对恒定，来确定一个坐标系，从而确定载体所在的位置、前进的方向等一系列问题。由于天体位置是已知的，测量天体相对导航用户参考基准面的高度角和方位角就可计算出用户的位置和航向。

天文导航具有如下特点：

① 被动式测量、自主式导航。天文导航可利用光学敏感器测得天体(恒星、近天体)的信息进行载体位置的计算。天文导航和惯性导航技术一样同属自主导航技术。

② 导航精度较高。相比其他导航方法，天文导航的精度不是最高，但其不像惯性导航存在误差随时间积累的问题，这对长时间运行的载体来说是非常重要的。天文导航的定位精度主要取决于光学敏感器的精度。

③ 抗干扰能力强、可靠性高。天体的空间运动不受人为干扰，具有很好的稳定性，同时天文导航不受电磁场的干扰。

④ 可同时提供位置和姿态信息。天文导航不仅可以提供位置和速度信息，还能在不增加硬件成本的前提下提供姿态信息。

⑤ 导航误差不随时间积累。地球到恒星的方位基本保持不变，非常适合长时间自主运行和导航定位精度要求较高的领域。

天文导航的缺点主要是：输出信息不连续；在某些情况下(如气候条件十分恶劣)会受到外界环境的影响。

6.1.3 天文导航过程

天文导航的过程是：选定一个通过测站且和地球有某种确定关系的地方矢量(如铅垂线或水天线)，并选定若干个位置和位置变化已知的天体，直接测定地方矢量和天体矢量之间的相对位置变化获取导航信息，最终获得测站地理位置及方向基准，具体可分为以下两步。

① 画圆。测量测站与若干已知位置和位置变化已知的天体之间的距离，分别以天体为圆心，相应距离为半径在空间中画圆，如图6-1所示。

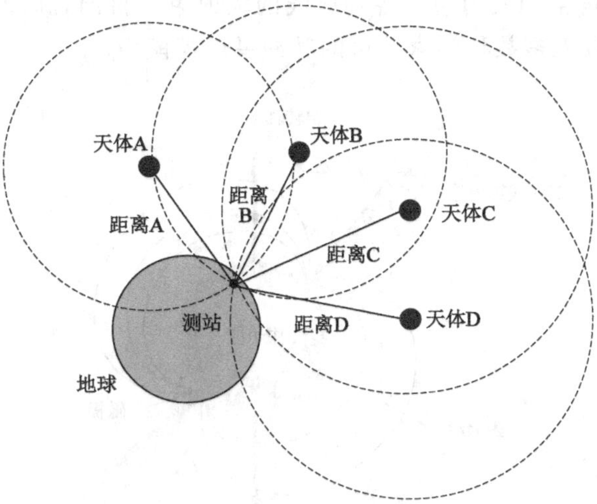

图 6-1　天文导航基本原理

② 求交点。在上一步"画圆"的基础上，利用高度差法来求解两圆或三圆的交点（观测不同天体或不同时间观测同一天体可以得到不同的位置圆），即可得到观测点所在载体的位置信息。

6.2　脉冲星导航

在当前深空探测领域中，脉冲星作为一个稳定信号源，航天器仅需要搭载一个不到一平方米的探测器就能接收到脉冲星的 X 射线脉冲信号，并以此作为其空间三维状态确定的辅助信息，这使得 XNAV（X 射线脉冲星导航）成为非常热门的话题。X 射线脉冲星的发现弥补了现有的惯性导航等技术的不足，适用于深空探测任务。如何提升 XNAV 的导航精度对于深空探测的进一步发展具有极其重要的意义，而 X 射线脉冲星脉冲 TOA 是 XNAV 的一个重要测量参数，是精准导航的关键一环。同时，导航滤波算法也是 XNAV 的重要环节，对于脉冲星导航定位的精度有着直接的影响。因此，保证以上两个环节的估计精度，就能很好地确保 XNAV 的准确性。

6.2.1　脉冲星导航体系结构概述

脉冲星是一种高速旋转并且具有超强电磁场的中子星，其自转周期非常稳定。目前，基本上认为脉冲星是大质量恒星在演化末期形成的中子星。恒星在演化末期，缺乏继续燃烧所需要的核反应原料，内部辐射压降低，由于其自身的引力作用逐渐坍缩。质量不够大（约为数倍太阳质量）的恒星坍缩后依靠电子的简并压力（粒子间抵抗引力的相互排斥力）与引力相抗衡，成为白矮星，而在质量比这还大的恒星里面，电子被压入原子核，形成中子，这时候恒星依靠中子的简并压力与引力保持平衡。这叫作简并中子态的恒星，又叫中子星。质量更大的恒星则坍缩成黑洞。典型中子星的半径只有几千米到十几千米，质量却在 1～2 倍太阳质量之间，因此其密度相当大，每立方厘米可以达到上亿吨。由于恒星在坍缩的时候角动量守恒，坍缩成半径很小的中子星后其自转速度往往非常快。脉冲星的独特自身环境使得脉冲星不断地向宇宙空间发射包含各种射线的辐射束。目前,脉冲星的内部机理还没有定论。图 6-2 是目前被大多数科学家认可的脉冲星灯塔模型。

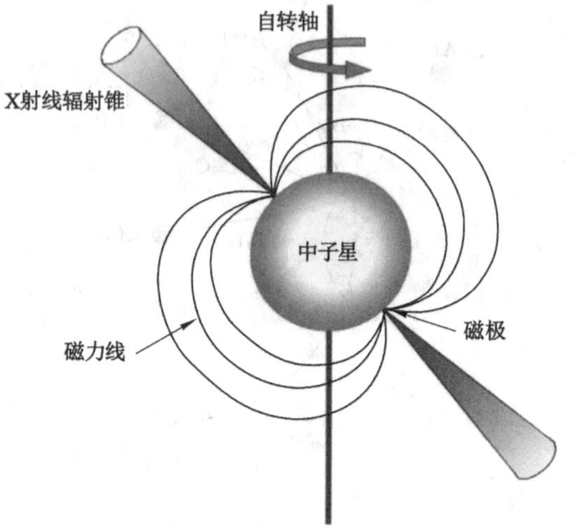

图 6-2 脉冲星灯塔模型

由于脉冲星自身的电磁场非常强大,脉冲星的辐射束只能沿着磁极方向以一个很小的夹角发射出来,形成一个圆锥形的辐射区。当脉冲星的自转轴与磁极方向不重合时,脉冲星的辐射束就会周期性地扫过宇宙空间。这时的中子星就好像是宇宙中快速旋转的灯塔,它发射的电磁波就像是灯塔的光束。当光束扫射的方向恰好对着地球的时候,地球上的人们就观察到了急促而有规律的脉冲信号,脉冲星的信号周期就是自转周期。

脉冲星的脉冲周期极其稳定,这主要是由于中子星的自转周期基本恒定。但它的周期也不是完全不变的,而是会逐渐细微地变慢,大约每日周期加长 1.5×10^{-13} s。从脉冲星周期的细微变化中可以推测它的年龄。

脉冲星的发现并被证实为中子星,为恒星晚期演化理论提供了关键性的支持,为宇宙中物质形态多样性的观点提供了有力的证据,为现代物理学科的发展提供了新的领域及动力。这一发现的意义的确十分重大,它当之无愧地被列为 20 世纪 60 年代天文学的四大发现之一。脉冲星的发现者——赫威斯教授因对脉冲星的相关研究获得了 1974 年度的诺贝尔物理学奖。

脉冲星的辐射束中包含各种各样的射线,其中的 X 射线最容易被人们观测到。所以,目前的脉冲星导航研究大多以 X 射线脉冲星导航为主。根据灯塔模型,脉冲星的辐射束是周期性扫过地球的。因此,在地球上的观测者们用 X 射线探测器检测到的 X 射线强度也会呈现周期性的强弱变化。如果以时间参数为横轴,X 射线流量强度为纵轴,则观测到的 X 射线信号会呈现出周期性重复的轮廓,如图 6-3 所示。

当然,单个脉冲轮廓都没有这么标准,各自的脉冲宽度等特征信息也各不相同,但是由大量的单个脉冲叠加而得到的平均脉冲轮廓却是几乎完全一样的,如图 6-4 所示。而且每个脉冲星信号的平均脉冲轮廓都是独一无二的,这个平均脉冲轮廓称作标准脉冲轮廓,也作为各个脉冲星之间相互区分的独特标识。经过大量单个脉冲叠加得到的标准脉冲轮廓,其

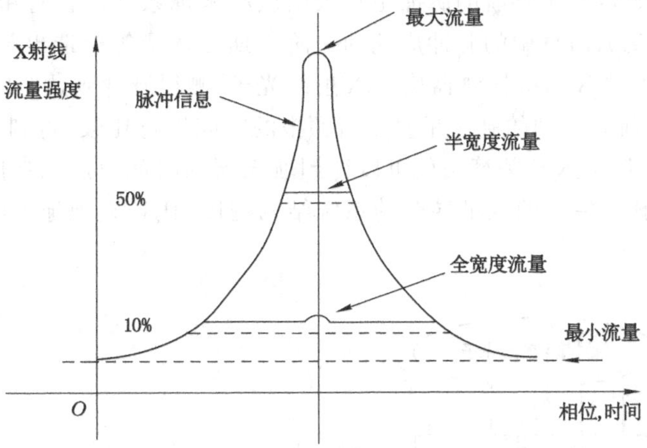

图 6-3　脉冲轮廓图示

脉冲宽度一般不超过周期的 50%。其次,该周期(即脉冲之间的间隔)非常稳定,经过各项观测因素的修正之后,其长期稳定度甚至比目前最好的原子钟还要好。所以,脉冲星被称为自然界赐予人类最稳定的天然时钟。而高精度的时间基准是一切导航定位的核心,因此具有高稳定度周期辐射特性的脉冲星受到科学家们的极大重视,利用脉冲星导航也由此受到人们越来越多的关注。

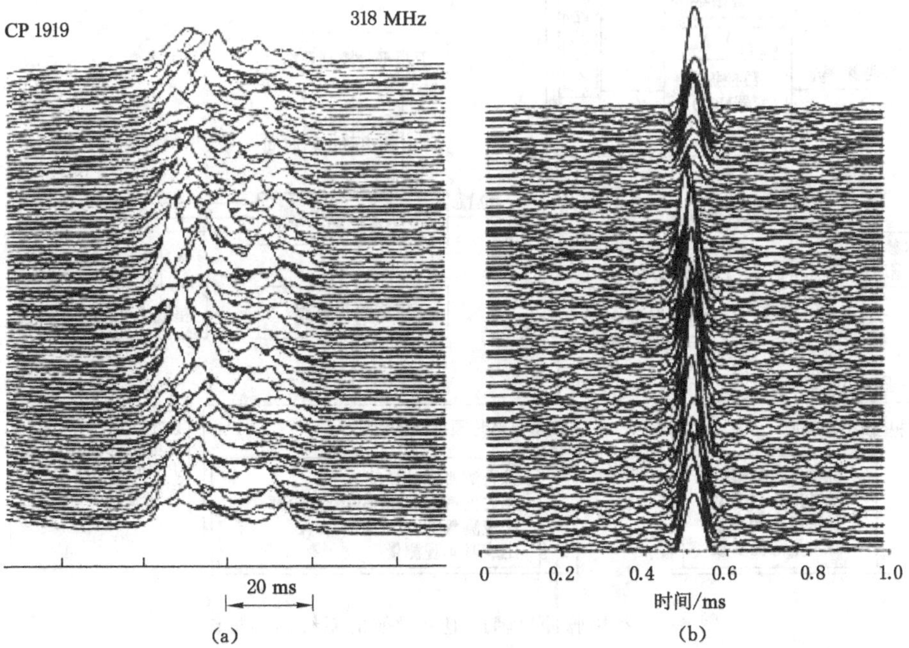

图 6-4　单个脉冲与全部脉冲

利用X射线脉冲星对航天器实现导航的基本思想是：首先用各种观测手段，通过多年的观测信息积累来确定用于导航的脉冲星在太阳质心坐标系下的位置单位矢量（即脉冲星的方位信息）；再用观测信息中的脉冲周期和一阶周期变化量等构造出脉冲星相位模型；然后用安装在航天器上的X射线探测器接收X射线光子，测得脉冲到达时间（Time of Arrival，TOA），将该时间与前面得到的脉冲星模型所预报的时间进行比较，得到一个差值。集合多个脉冲星的观测信息，引入相关算法就可以得到航天器的时间、位置、速度和姿态等导航信息。图6-5是利用脉冲星辅助卫星导航的系统结构框图，比较直观地说明了脉冲星导航的基本原理。

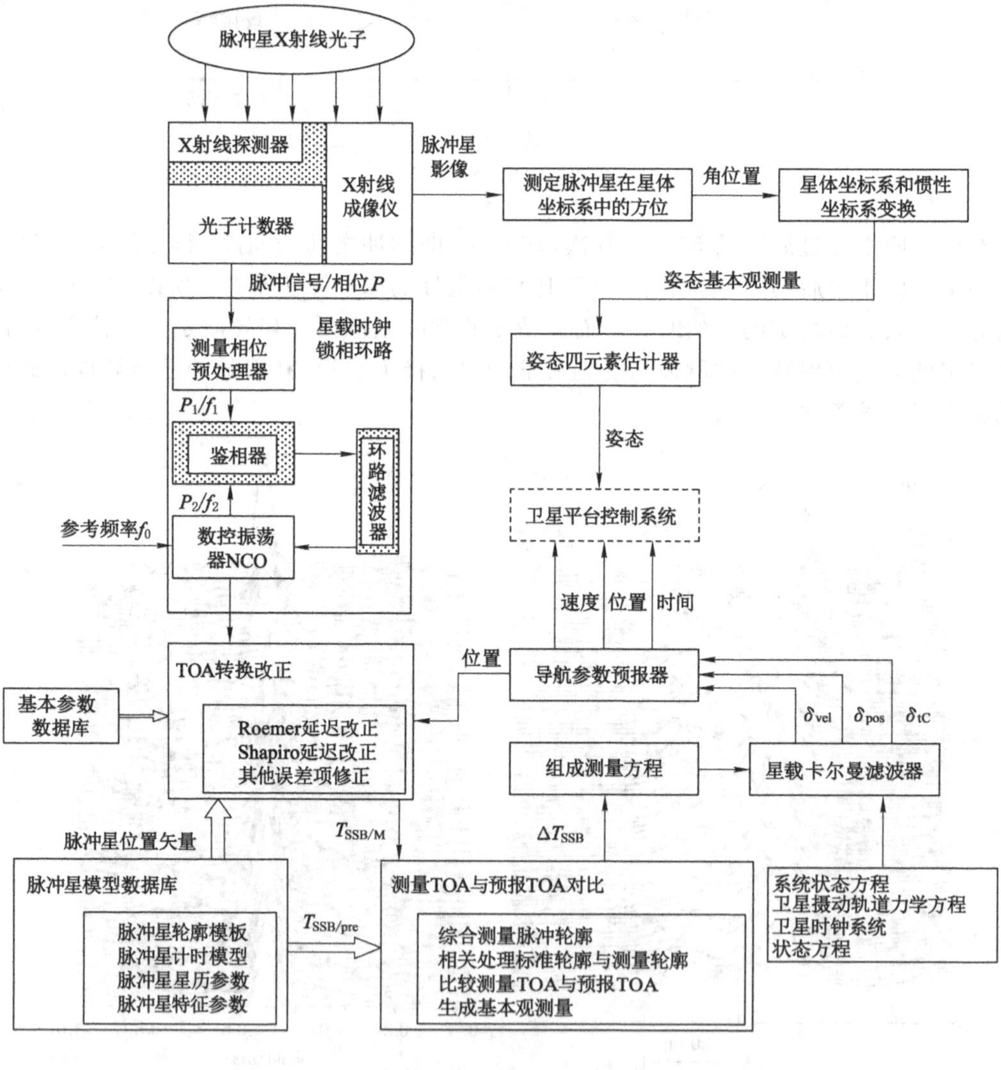

图6-5 利用脉冲星辅助卫星导航的系统结构框图

由图6-5可以看出，利用脉冲星实现航天器自主导航的基本过程如下。

首先，利用大量的观测数据为所选用的导航脉冲星建立一个脉冲星模型数据库。这个模型数据库包含脉冲星轮廓模板、计时模型、星历参数和一些特征参数信息。这些信息都可以通过多年对脉冲星的观测数据(比如脉冲星自转周期及周期变化率)得到。该脉冲星模型数据库可以预报任何时刻脉冲星信号到达太阳质心的时间和相位等关键信息。

其次,通过 X 射线探测器和光子计数器等观测设备对脉冲星发射出来的 X 射线光子进行处理,可以得到观测脉冲轮廓。该脉冲轮廓反映了脉冲星信号到达航天器的时间和相位信息。

最后,把观测脉冲星信号到达时间和预报到达时间进行比较,并代入相关的导航算法,就可以得到航天器的位置和速度等导航信息。

脉冲星导航是天文自主导航的一种。因此,导航信息四要素中的姿态确定可以参考现有的天文导航方法,比如天体在各波段的光成像技术,只不过在这里是利用在 X 射线频段的成像。另外,脉冲星发出具有稳定周期的脉冲信号,这点与 GNSS 定位卫星发射周期性无线电脉冲非常相似。因此,在利用脉冲星对航天器定位方面也可以借鉴现有的并且已经成熟的 GNSS 卫星导航系统。

总的来说,脉冲星导航作为一种新兴的导航技术,是从现有的导航技术发展起来的,虽然与其他导航技术有相似之处,但是由于其独一无二的特性,相对于其他导航技术,脉冲星导航具有明显的优势和相应的技术难题。

6.2.2　基于 X 射线脉冲星的导航方法

脉冲星具有非常强大的磁场,射线束只能沿着磁极方向,以一个很小的夹角发射出来。当脉冲星的磁轴方向与自转轴方向不同时,射线束就有可能以极快的速度并周期性地扫过地球。这就是人们所说的脉冲星灯塔模型,只不过这里的光线是 X、α、β 等射线。其中又以 X 射线最容易被观测,所以目前的脉冲星导航研究以 X 射线脉冲星为主。

根据观测到 X 射线的强度信息变化,通过探测器和相关电路可以得到 X 射线脉冲信号的周期性轮廓图。这个信号图虽然规则,但是极为单调,而我们就是要从这样周期性重复的观测信息中得到想要的导航信息。一般说来,导航信息包括四个方面:时间、姿态、速度、位置。下面就从这四个方面分别做介绍。

(1) 定时

实践表明,精确的时间基准是一切导航系统的基础。通过前面的介绍,我们认识到一些脉冲星的周期稳定性甚至比目前世界上最好的原子钟还要出色,在长期稳定度上更是如此。从时间校对的意义上来说,具有更高精度的脉冲星应该可以用来提高飞行器上的机载原子钟精度。实际上,这里所说的脉冲星定时并不能确定绝对时间,而是以修正机载原子钟的方式来获得更高精度的时间基准,进一步得到更精确的导航信息。脉冲星授时的优势是只需要机载脉冲星信号观测设备、机载原子钟和机载电脑就可以工作,而不需要地面设备的支持,具有非常强的自主性。

一个利用脉冲星修正原子钟的锁相环回路如图 6-6 所示。

如图 6-6 所示,在该反馈回路中,鉴相器使得本地原子钟和脉冲星周期信号的相位差最终趋向于零。通过对脉冲星信号的连续观测和计算,原子钟的所有误差都能被清除,由此就能大大提高时间基准的精度。

同时,单个的脉冲到达时间也可以用来修正原子钟。机载 X 射线观测设备实测的脉冲到达时间和脉冲星模型预测的到达时间之间的偏差为机载原子钟的修正提供了一个观测量。这个误差观测量的值包括了飞行器速度、相对论、原子钟本身以及其他各种因素造成的

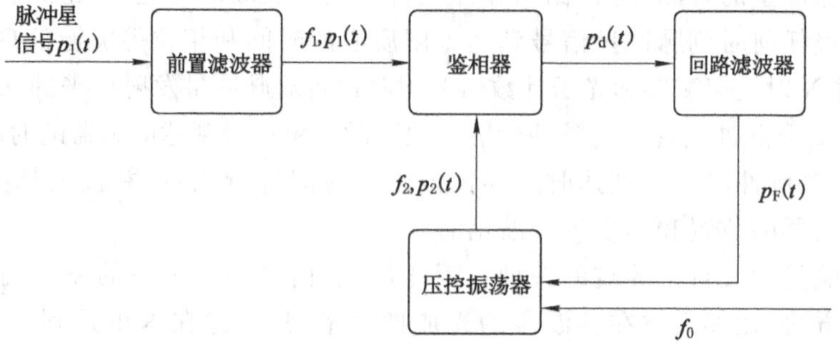

图 6-6　锁相环回路

时间误差。用相应的算法去掉其他因素的影响后得到的结果,就可以用来修正机载原子钟。

目前 GNSS 等近地轨道的导航系统和飞行器提供时间基准的一般是机载原子钟和本地晶体振荡器,其定时、授时精度可以达到一般飞行任务的基本要求。但是随着时间和宇宙环境的影响,原子钟和晶体振荡器的频率会产生一定的漂移。在这种情况下,对于低轨飞行器来说,可以通过地面站以无线电的方式对飞行器的时间基准进行校正。对于无线电信号难以到达的深空轨道和星际空间来说,就需要一种更灵活的方法对航天器进行时间基准修正。而星际空间中广泛分布的 X 射线脉冲星具有不亚于地面上最好原子钟的周期稳定度,无疑为人们提供了新思路。随着对 X 射线脉冲星研究的不断深入,人们越来越多地认识到利用 X 射线脉冲星修正时间基准的优势:

首先,脉冲星是天然的射线源,距离非常遥远,但是在宇宙空间中分布比较广泛,即使在战时也不用担心被摧毁,其自主运行稳定性和安全性都非常强。

其次,在宇宙空间中可用于定位导航的脉冲星数目众多,且大多数具有比原子钟更高的周期稳定度,这使得在航空、航天任务中的时间基准更加灵活。

(2) 定姿

航天器的姿态信息对于导航来说同样非常重要,因为它指示航天器的飞行方向和飞行状态。目前,航天器的定姿一般通过可见光频段的成像来实现。而 X 射线脉冲星发出的脉冲信号持续且稳定,利用 X 射线成像技术就可以使其与其他高亮度的恒星一样为航天器提供姿态信息。在航天器上安装一个位置固定的 X 射线探测器后,航天器的姿态就可以通过观测射线源在星敏感器视场(Field Of View,FOV)中的位置,再与已知数据库中的射线源信息比对而得出。

利用 X 射线进行姿态确定的关键,是把 X 射线敏感器探测到的 X 射线源在飞行器本体坐标系中的方位和基于已知星图的 X 射线源方位的期望值做比较,产生一个误差信号来确定飞行器在惯性空间中的姿态。

姿态确定的关键是精确瞄准 X 射线源的方法选择。若瞄准系统是基于光学成像的 X 射线镜头,则瞄准方法就类似于光学恒星追踪器对 X 射线源自动扫描跟踪。Uhuru 是第一颗使用 X 射线星追踪器来进行姿态确定的卫星,其方位测量精度达到了角分的精度。但是 X 射线镜头价格昂贵、质量大,无法作为导航设备使用。因此需要研究基于 X 射线探测器的方位测量。一种可能的解决办法是:用一个精确校准的 X 射线探测器对 X 射线源进行扫描，当响应达到最大值时，探测器所指方向就是 X 射线源方向。对多个方向进行扫描，就可以得到飞行器在惯性空间内的方位信息。

利用 X 射线源进行定姿有如下几个优点：

第一，X 射线源数目少，信号结构简单，简化了识别的难度。

第二，周期性地对射线源进行扫描，可以很好地解决确认导航星时的问题。

第三，X 射线探测器的鲁棒性很强，不需要任何光学仪器和特别的制冷设备。

第四，姿态的测量是在惯性系中进行的，其精度和一般的星跟踪器相当。

第五，时间、姿态和位置的测量可以由单一的仪器自主完成。

(3) 测速

在航天器的某些飞行任务中，需要知道其飞行速度。

确定速度的一种最简单的方法是：测量一个固定时间范围内，该航天器位置的相对变化量，然后用多种算法得到位置变化量与时间间隔的比值，即得到航天器的速度。该方法虽然简单，但是获取时间间隔时引入的误差会对计算出的速度值产生巨大影响。所以，该方法测出的速度值精度一般极差，应用范围不广。

另一种方法是通过观测脉冲星信号的多普勒频移实现速度测量。因为脉冲星发出的脉冲信号在宇宙中是有周期性的，当航天器飞向或者飞离脉冲星时，多普勒效应就会出现在脉冲星信号的观测数据中。测量一个脉冲星的脉冲信号频率，再与脉冲星模型给出的频率值进行比较，就可以得出多普勒频移量。而这个频移量就可以转化成航天器沿着脉冲星视线方向的速度。在这种情况下相当于发射源相对静止，多普勒频移公式可以表示为：

$$f_1 = \frac{c+v}{c}f = f + \frac{v}{c}f \tag{6-1}$$

式中，f 为实测脉冲星信号频率；f_1 为脉冲星信号模型频率；c 为 X 射线在宇宙中传播速度，这里取光速；v 为航天器相对射线源方向的飞行速度，飞向脉冲星则取负号，飞离脉冲星则取正号。

航天器的飞行速度可以由测得的频移量推导得出：

$$v = \frac{c}{f}(f_1 - f) \tag{6-2}$$

如果同时对多个脉冲星的信号进行多普勒频移观测，就能得到航天器在三维方向上的速度。

(4) 定位

在导航信息的四个要素中，位置信息是最重要的。因为位置信息影响航天器飞行过程中的轨道定制、轨道修改以及航天器之间相互避让等一系列重要工作。对于这些任务来说，位置信息的精度越高越好。与 GNSS 卫星导航原理类似，在集合了多个脉冲星的观测信息后，航天器的位置信息是可以确定的。但是，由于脉冲星距离人类非常遥远，其精确的位置信息无法测得，所以脉冲星导航不能像 GNSS 卫星导航一样得到航天器相对导航星座的绝对位置。在脉冲星导航定位中，一般把需要的位置信息换算到一个惯性坐标系下。由于脉冲星是宇宙空间中极其稳定的中子星，它们在太阳质心坐标系中的位置基本上是固定不变的。因此，在脉冲星导航定位中一般把位置信息换算到以太阳质心为原点的太阳质心坐标系中。而目前，人类的宇宙空间探索活动基本上都是在太阳系中进行的，脉冲星导航给出的相对于太阳质心的位置信息能够为人类的探索活动提供有力的支持。

6.2.3 基于脉冲星的几种定位方法

脉冲星导航是天文自主导航的一种,所以最先被提出来的脉冲星导航方法是从天文导航借鉴而来的。比如,掩星法和仰角法,是将持续稳定发射脉冲信号的中子星当成恒星并作为参考天体进行定位的。随着技术的不断发展,又提出了许多新的能更好利用脉冲星的导航方法。如,绝对定位法、相对定位法和航天器定位法,利用这些方法能获得更好的定位精度。以下分别进行介绍。

(1) 掩星法

地球边缘对脉冲星 X 射线的遮蔽现象可以为地球轨道飞行器提供位置信息。当飞行器绕地球运行时,X 射线被地球边缘遮挡,然后出现在另一边,这段时间差对应地球盘的弦长。如果知道了脉冲星和地球的三维坐标以及地球直径,就可以计算出飞行器相对地球的位置。在掩星法中需要注意的是,地球大气层会吸收 X 射线光子。所以,在使用该方法时需要掌握空间参数、星历和大气环境等要素,遮挡时间的计算也需要考虑大气的相关参数。图 6-7 是掩星法示意图。

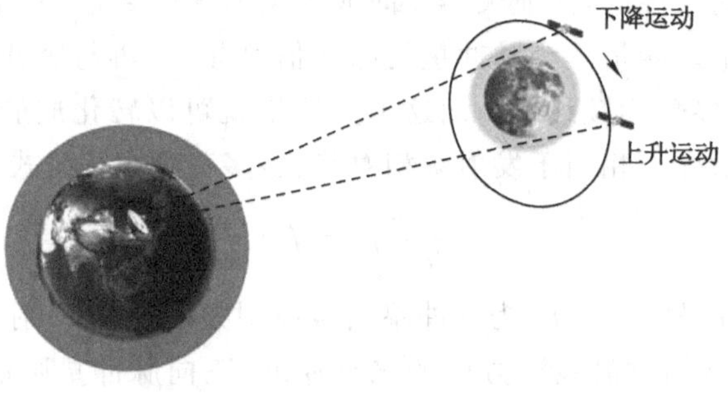

图 6-7　掩星法示意图

(2) 仰角法

在仰角法中,一个已知惯性姿态的航天器把机载探测器对准一颗选定的 X 射线脉冲星,同步观测参考星体与脉冲星的夹角和参考星体的直径,可以得到航天器相对参考星体的距离。利用多颗参考星体可以得到航天器的三维位置信息。再结合对其他参考天体观测结果,就可以得到航天器的三维位置矢量。图 6-8 是仰角法示意图。

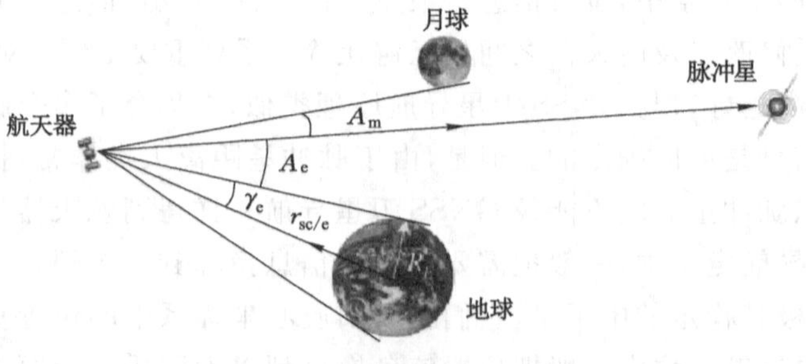

图 6-8　仰角法示意图

在图6-8中，γ_e 是航天器相对地球质心和地球边缘的观测夹角，其值可以通过航天器上的六分仪等观测设备直接观测得到；A_e 是航天器相对脉冲星视线方向的仰角，A_m 是航天器相对行星月球的仰角。航天器距离地球质心的位置可以由观测得到的夹角等信息表示：

$$r_{sc/e} = \frac{R_e}{\sin \gamma_e} \tag{6-3}$$

式中，R_e 是地球的半径，在这里视为已知量。

$r_{sc/e}$的值仅仅表示航天器相对地球质心的位置，为了满足太空导航的要求，至少需要知道航天器相对太阳系的位置。相应的，在仰角法中由式(6-3)可以表示航天器相对脉冲星视线方向上的位置信息：

$$\hat{\eta} \cdot r_{sc/e} = - r_{sc/e}(A_e + \gamma_e) \tag{6-4}$$

由式(6-4)可以看出，利用仰角法可以通过观测航天器的仰角计算出航天器的位置信息。由于该方法得到的是航天器关于地球的相对位置矢量，所以只要知道地球的绝对位置参数就能得到航天器的绝对位置信息。缺点是对于深空旅行探测器，行星的可见性差，难以满足观测要求，所以仰角法一般只适用于围绕行星转动的卫星。

上面讲到的掩星法和仰角法共同的缺点是需要一个以上的参考天体，这是传统的天文导航在脉冲星导航上的新应用，实现起来较复杂。接下来将介绍几种仅仅依赖脉冲星观测的定位方法。

(3) 绝对定位法

在绝对定位法中，航天器仅仅依靠机载设备和对脉冲星的观测值，即可获得自身的三维位置信息，不需要任何外部导航系统协助。而且在一些不利条件下，比如在系统重启或者断电的情况下，该方法仍能正常工作。在绝对定位过程中，必须要知道的是在某一特定时刻观测到的是脉冲星的哪一束脉冲波。而脉冲星只是简单重复发射一系列没有任何标识的脉冲信号，但是可以通过几颗脉冲星相位比较等方法来确定观测到的是第几束脉冲波，即整周模糊度的解算问题。这与GNSS卫星导航中涉及的模糊度有相似之处，一旦解算出准确的模糊度值，就可以得到航天器的绝对位置信息。具体算法参阅相关文献资料。

(4) 相对定位法

相对定位可以在已知位置物体的参考坐标系下进行相对导航，不需要换算到惯性参考系；该方法的另外一个优点是，仅需要计算相对位置偏差和距离偏差，不需要进行三维坐标解算。在某些要求特殊的飞行任务中，相对定位法不但能使导航系统简单化，而且能更好地满足导航的需求；同时，会面临绝对定位法中整周模糊度的解算，但解算过程更为简单。这是因为，这里涉及的相对距离比航天器与惯性参考系的距离要小得多，即比整周模糊度的范围要小得多。图6-9是相对定位法示意图。

相对定位法需要确定的是航天器相对一个参考物体的位置变量，一般用一个位置固定不变的航天器来充当参考物体，目的是方便航天器之间通信，使相对定位法更加灵活，更加准确。

实际上，脉冲星相对定位系统与GNSS卫星导航的相对定位存在很大的相似之处。只不过在卫星相对定位导航中，用作参考物的是不断与飞行器通信的地面基站。运动中的航天器与参考航天器的通信会使得导航系统的运算变得复杂，但是其在某些导航任务中却具有独特的优势，比如航天器的对接、轨道的定制等，所以相对定位法仍有比较广泛的应用。相对定位法的姿态确定示例如图6-10所示。

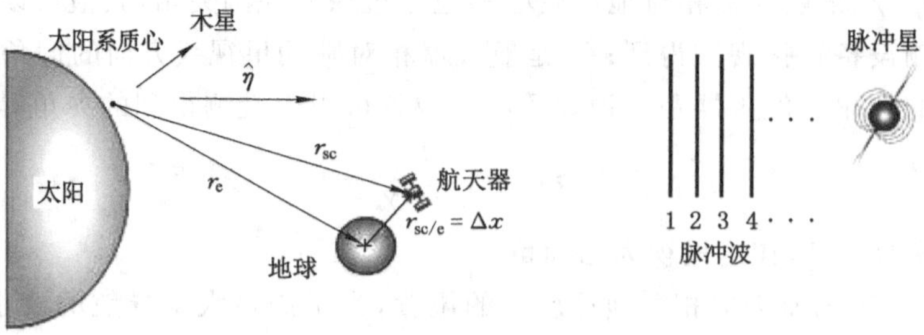

图 6-9　相对定位法示意图

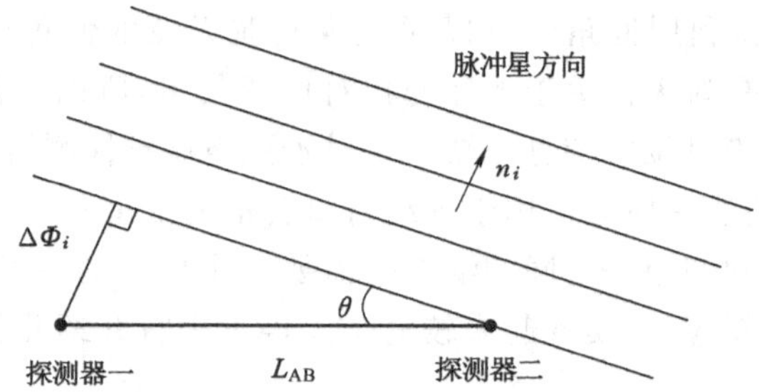

图 6-10　相对定位法的姿态确定示例

利用相对定位法确定航天器姿态的基本思路是：在航天器相隔一定距离的两个位置安装位置固定且类似的 X 射线探测器，通过扫描等工作后将两者都对准同一个 X 射线脉冲星。然后通过观测和计算探测器一与探测器二之间的相对位置差 $\Delta\Phi_i$，结合已知的两个探测器之间的距离 L_{AB}，就可以得出航天器相对脉冲星视线的飞行方向，即航天器的姿态信息。通过对多个方向上的多个脉冲星进行相对定位处理，就可以得到航天器的三维姿态信息。

$$\sin\theta=\frac{\Delta\Phi_i}{L_{AB}} \tag{6-5}$$

该方法有一个明显的优势是不需要考虑整周模糊度的问题，因为目前观测到的即使是周期最短的脉冲星，其波长也远远大于航天器的尺寸，所以可以确定安装在航天器上的两个 X 射线探测器观测到的脉冲信号，一定是脉冲星发射出来的同一个脉冲。在没有整周模糊度的问题之后，姿态角的计算大大简化。但是，姿态角的精度还是与两个探测器测得脉冲到达时间的精度以及两个探测器之间距离 L_{AB} 有直接联系。目前的条件还很难满足姿态角精度的要求，但随着对 X 射线脉冲星研究的深入和航天器制造技术的发展，这个利用相对定位来确定姿态角的简便方法将会有巨大的发展潜力。

(5) 航天器定位法

对于近地轨道卫星的导航，主要手段有两种，一种是利用地面测控站和卫星本身自带的天文导航设备(如红外地平仪等)进行定轨和导航，另一种是利用星载 GNSS 设备导航。在利用星载 GNSS 设备的时候需要注意的是，这种卫星的轨道高度不能高于 GNSS 卫星的轨道高度，否则导航信号无法覆盖。上述两种方法也可结合起来运用。

对于转移轨道和绕月轨道以及火星的飞行轨道，这类轨道中的航天器无法利用 GNSS

导航，因为其轨道高度超过了 GNSS 轨道高度。另外，由于其距离地球较远，如果两个测量天线之间的距离比较近，在使用无线电导航时，测定出来的轨道会有比较大的误差，因此需要两个距离比较远的天线，从而诞生了一种基于甚长基线干涉测量（Very Long Baseline Interferometry，VLBI）的深空导航定位技术 δDOR（Delta Differential One-Way Ranging），其导航定位精度除了与天线增益和接收机性能有关外，还取决于天线之间的基线长度。而基线长度原则上不受限制，可达数千千米，因而可以极大提高测量精度。目前的测角精度达毫角/米量级，当应用于奔月轨道时，其定轨误差只有几米。

δDOR 系统的原理是航天器首先发射一组 S 频段、X 频段或者 Ka 频段的正弦波或者方波信号，称为测音信号，这些信号可以是单音也可以是通过伪随机码进行扩频的信号，以更加精确地模仿自然界中的射电信号。地球上不同地理位置的观测站对该测音信号进行观测并同步记录在一定的存储介质中。观测站间的基线很长，因此测音信号到达各站的时间存在延迟，将各站的观测数据通过一定的方式传输到数据处理中心，通过相关处理器处理就可以解算出信号到达各站的延迟，从而确定航天器相对于观测站的角度。但这种未校准测量结果中存在许多误差，如电离层延迟、对流层延迟、时钟偏差、站址偏差及接收机设备延迟等。

为了消除这些误差，利用 δDOR 观测时引入了射电天文坐标系，该坐标系以宇宙中若干恒定射电源作为基准点，这些射电源的位置由国际天文组织经过长期的 VLBI 观测得到，角位置精度可达到 nrad 级。射电源信号与航天器信号所经过的信道完全一致，因此，可以认为测量射电源信号时由空间环境及设备引入的延迟误差与测量航天器信号时引入的误差相等，这一误差项可以通过射电源的时延测量值与标准值求差解算出，再利用该误差项对航天器的位置进行修正就能得到高精度的航天器方位角值。实际测量时，射电源和航天器不可能同时进行天线的跟踪，对射电源信号和航天器信号的接收只能交替进行，如采用射电源-航天器-射电源或航天器-射电源-航天器等方式。射电源选择的原则是位于航天器的附近，一般在 10°以内，目前国际天文组织已公布了许多免费的星历表，如 SDSS、ICRF、LBQS 及 JPL 深空网专用星历表等，以便寻找与探测器位置最为匹配的射电源。δDOR 系统原理和工作流程如图 6-11 和图 6-12 所示。

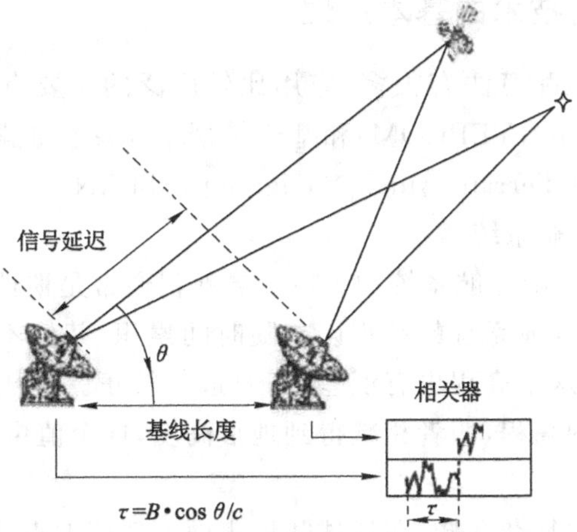

图 6-11　δDOR 系统原理

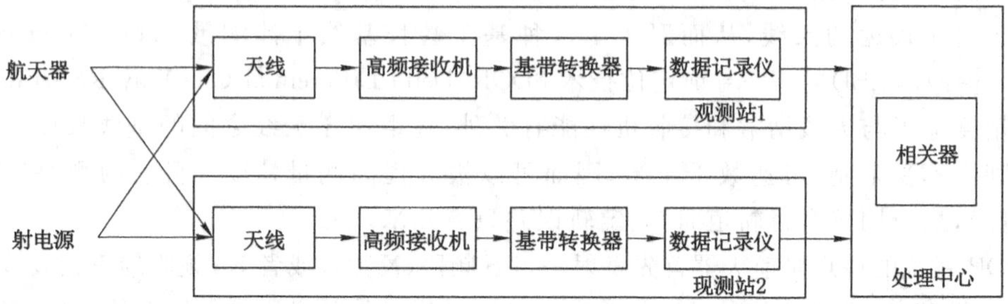

图 6-12　δDOR 系统工作流程

6.3　地形辅助导航

6.3.1　地形辅助导航技术的概念

在海湾战争中，据统计，在开战第一周就发射了 30 枚“战斧”式巡航导弹，攻击成功率达到 95%。地形辅助导航系统，作为这种导弹的制导系统，也因此名噪一时。

地形辅助导航(Terrain Aided Navigation，TAN)通常简称地形匹配，是指用数字地图提供参考信息，来辅助校正惯性导航系统，以达到提高导航精度，增强系统可靠性等目标的一种导航技术。它的优点是自主、连续、可以全天候工作，并且定位误差不会随时间累积。TAN 技术通过实时测量载体航迹正下方的地形高度，与装载在数字地图数据库中的已知的地图进行比较和校正，得到载体的精确的位置信息。这种技术不受天气、季节等环境因素的影响，在夜间和恶劣天气下也能正常工作，对测绘技术的要求相对较低，使用十分方便。

6.3.2　地形辅助导航技术的基本原理

地形辅助导航系统匹配算法有很多，应用比较广泛的主要有两种：地形轮廓匹配算法(Terrain Contour Matching，TERCOM)和基于扩展卡尔曼滤波器的桑迪亚惯性地形辅助导航算法(Sandia Inertial Terrain Aided Navigation，SITAN)。

(1) 地形轮廓匹配导航系统

图 6-13 是地形轮廓匹配导航系统的组成。导航仪通常是惯性导航系统，其提供经纬度和高程的估值，因为惯性导航系统的高程误差随时间累积，其值不准确，利用气压高度表可以推算出运载体的高程，这个高程也有误差，需要进行校正。气压高度表测得海拔高程，雷达高度表测得相对地面的高程，两者相减得到地形高度，这个值再与地形数据库的高程相关以进行位置修正。

因为地球陆地表面的复杂多样，在地球陆地表面上任何地点的经纬度坐标，都可以根据其周围区域的地貌或等高线地图来唯一地确定，这是地形轮廓匹配算法的基本工作原理。地形轮廓匹配导航系统相关处理的作用是在预先存储的数字地图上找一条路线，这条路线

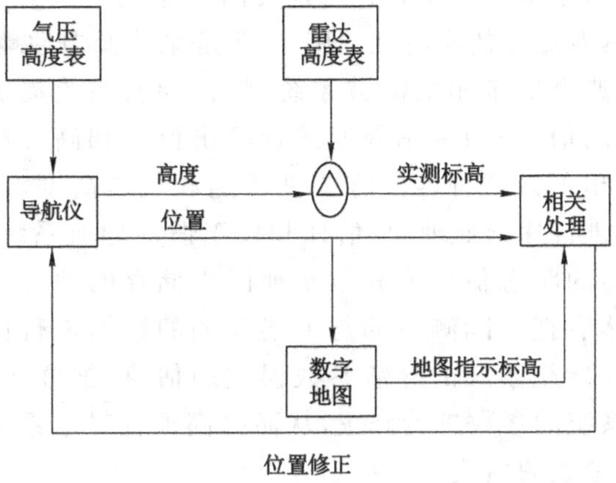

图 6-13　地形轮廓匹配导航系统的组成

和导航仪指示的路线平行，并且其高程序列值和高度表实测的路径最为接近。如图 6-14 所示，当运载体飞行一段距离后，利用雷达高度表和气压高度表可以测得一串真实航迹下的地形高程序列值。把这个高程序列和预先存储在运载体上的数字地图进行对比，做相关性分析，运载体的估计位置就是具有相关峰值的点，也就是最相似的位置。因为需要进行序列值的对比，从数字高程地图数据库中提取出某一特定区域的数字地图，这个区域是根据惯性导航系统提供的运载体的概略位置来确定的，这一数字地图应该精度足够、范围够用，把运载体有可能出现的位置序列包括在其中，以保证相关分析处理能够正确进行。在得到估计位置之后，可以用这个比较精确的位置来修正惯性导航系统指示的位置。

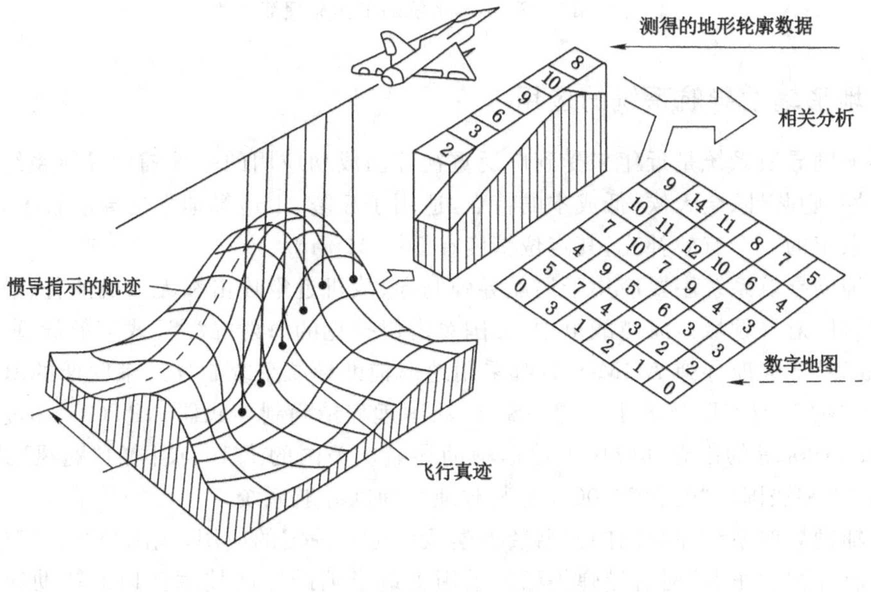

图 6-14　地形轮廓匹配的原理图

(2) 桑迪亚惯性地形辅助导航

桑迪亚惯性地形辅助导航(SITAN)算法是美国桑迪亚国家实验室研制的,和地形轮廓匹配导航系统相比,具有更好的实时性。图 6-15 是桑迪亚惯性地形辅助导航系统的工作原理简图。这是一种典型的卡尔曼滤波系统,惯性导航系统提供经纬度和高程估值,利用实际的地形高程量测值,采用卡尔曼滤波计算出位置和高程修正值,实现连续不断校正惯性导航系统的输出值。这种匹配方式把雷达和气压高度表测得的高程值作为卡尔曼滤波器的测量数据进行递归处理,来估计和校正惯性导航系统的导航误差。当获取量测值后,立刻使用当前的状态估算值和数字地图中储存的地形高程数据,来推算高程计离地高度的估测值,然后把实际测量的与上述预测的数据进行比较,其差值通过卡尔曼滤波器解算,产生惯性导航系统的导航参数误差的估值,把这些误差估值反馈给惯性导航系统,对惯性导航系统的参数进行修正,从而提高惯性导航系统的精度,并且提供校正后的更加精确的状态参数的估值。

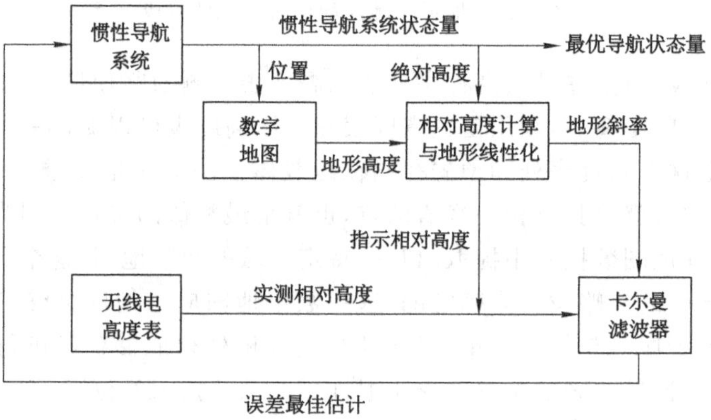

图 6-15 SITAN 系统的工作原理简图

6.3.3 地形辅助导航系统的应用

地形辅助导航系统是近年来受到广泛重视并已成功应用的一种辅助导航系统。该系统具有自主性、隐蔽性、全天候、低成本的特点,适用于丘陵、山地等地形的导航技术,是对全球导航卫星系统的一个有效补充,其定位精度在 50~100 m。

地形辅助导航系统主要应用于巡航导弹制导、战机近空攻击和无人机侦查、潜艇的隐蔽航行和威胁回避等领域。海湾战争中,美国袭击伊拉克的海射“战斧”式巡航导弹 BGM-109 和空射“战斧”式巡航导弹 AGM-86B 都采用地形辅助导航系统制导。俄罗斯的海对陆核攻击导弹 SS-N-21、空对陆核攻击导弹 AS-15、法国远程精确制导武器 APTGD、印度“海洋”巡航导弹 Sagarika 等的制导都应用了地形辅助导航。美国的 F-16、英国的“飓风”式飞机、俄罗斯的苏-34 和法国的“幻影”2000N 都装载地形辅助导航系统。

地形辅助导航系统在我国的武器装备建设中也有一定的应用,我国的“红鸟”巡航导弹、“鹰击”巡航导弹、“东海”巡航导弹等已经采用了地形辅助导航技术。地形辅助导航系统可以有效提高组合导航系统的精度和可靠性,增强武器系统的精确打击能力,特别是在导弹、无人机等领域。由于地形辅助导航系统是一个完全自主的导航系统，不受外部条件的影响，可以应用于现代化的电子战和导航战。此外，加入了地形辅助导航技术的水下导航系统也能很好地解决潜艇水下长时间精确定位的问题。经过几十年的发展，地形辅助导航技术已经成为重要的军事导航技术之一。

6.4　地磁导航

地磁导航(Geomagnetic Navigation，GN)是利用地磁场的特征进行导航的新技术，近年来得到了迅速发展。地磁场是地球的固有资源，由不同变化规律的磁场成分叠加而成。根据地磁场球谐函数模型，地球上每一点的磁场矢量与其所处的经纬度和离地心的高度是一一对应的。就是说，在近地空间内任意一点的稳定磁场强度与该点的经纬度具有对应关系。从理论上讲，只要能够测定载体所在位置的地磁场特征信息，就可确定出其所在位置。利用磁传感器可以测量地磁场的各要素，包括总磁场强度、东向分量、北向分量、垂直分量、磁偏角、磁倾角以及磁场梯度。地磁场具有全天时、全地域和短期稳定性等特征，并且在不同方位具有不同的磁场要素，故可将其作为导航场。地磁导航同重力导航、地形导航一样，是一种自主隐蔽的导航技术，具有抗干扰能力强、无累积误差和精度适中的优点。随着地磁理论的不断完善以及敏感器、微处理器和导航算法的日趋成熟，地磁导航技术成了当前导航研究领域的一个热点。

6.4.1　概述

地磁场是地球上一种重要的固有资源，地磁导航就是基于地磁场形成的。其原理是：首先，通过地磁传感器测量载体所在位置的地磁信息，再与事先测绘完备并储存在载体计算机上的地磁图进行匹配，得出载体的实时位置信息；其次，捷联于载体上的地磁传感器随着载体变换姿态，地磁传感器根据不同的姿态输出不同的磁场矢量信息，以反映载体的姿态信息。从地磁导航的原理上看，要想实现地磁导航，导航信息与地磁量测信息以及地磁图三者的关系是研究的重点。

迄今为止，国内外已提出很多地磁场模型分析方法，但在研究全球地磁场时空变化时，从 19 世纪 30 年代高斯理论问世以来，球谐分析一直是被采用的主要方法。在地球物理学中，表示地球主磁场的国际标准叫作“国际地磁参考场”(International Geomagnetic Reference Field，IGRF)，它以球谐级数的形式表达，其最高阶通常为 10，共 120 个球谐系数。2000 年以后的模型球谐级数截断到 13，共 195 个球谐系数，能够表示的最短波长为 3 000 km。目前最新的是 2005 年修订的第十代，即 IGRF210。然而对于区域地磁场模型研究，有学者指出，球谐分析法已不再适用，可用矩谐分析法表示区域磁异常。各国学者应用泰勒多项式、矩谐分析、球冠谐分析、曲面样条分析、自然正交等多种方法，得到了各个国家与区域的地磁场模型。地磁场模型与地磁图是研究地磁导航制导技术的基础，地磁场建模和地磁图的精确程度是决定地磁导航技术可行性的关键因素，地磁场各分量示意图如图 6-16 所示。

(1) 地磁场模型

如图 6-16 所示，地球磁场矢量 $\boldsymbol{B}$ 可以用正交分量 X(北向强度，北为正)、Y(东向强度，东为正)、Z(垂直强度，下为正)来描述；总强度 F、水平强度 H、磁倾角 I(表示水平面与地磁

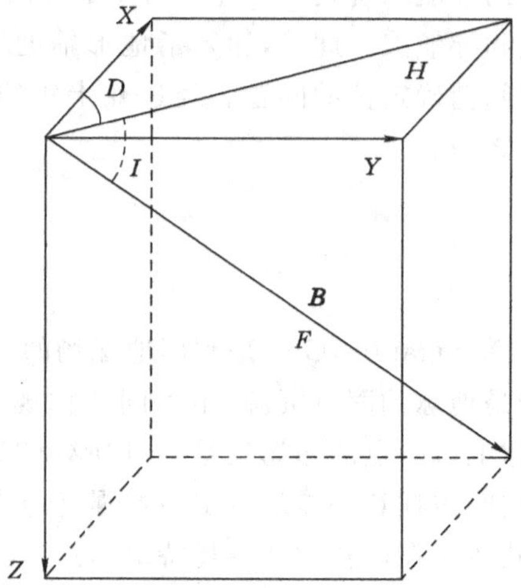

图 6-16 地磁场各分量示意图

总强度之间的夹角，在水平面以下为正）、磁偏角 D（表示地磁场向量在水平面的投影与正北方向的夹角）间的数学关系如下：

$$\begin{cases} D = \arctan \dfrac{Y}{X} \\ I = \arctan \dfrac{Z}{H} \\ F = \sqrt{H^2 + Z^2} \end{cases} \tag{6-6}$$

式中，$H=\sqrt{X^2+Y^2}$。

在全球范围内，磁偏角 D 为 $-30°\sim+30°$，磁倾角 I 为 $-85°\sim+85°$，总强度 F 为 2 400～6 400 nT；在中国大陆范围内，D 为 $-10°\sim+15°$，I 为 $+20°\sim+65°$，F 为 4 400～5 600 nT。由于地磁场的这种大范围的变化（而地球引力场的变化相对小得多），地磁场在导航制导领域有着非常巨大的应用潜力。

地磁场按其起源可分为内源场和外源场，内源场是由地球内部结构产生的，外源场则由地球附近的电流体系产生，如电离层电流、环电流、磁层顶电流等，受太阳活动、磁暴等多种因素的影响而不断变化。因此地磁场随空间 r 和时间 t 的变化而变化，其场强 $B(r,t)$ 可以表示为：

$$B(r,t) = Bm(r,t) + Ba(r) + Bd(r,t) \tag{6-7}$$

式中，$Bm(r,t)$ 为主磁场（又叫地核场），由处于地幔之下、地核外层的高温液态铁镍环流引起；随时间缓慢变化，全球平均变化幅值为每年 80 nT；空间分布为行星尺度，在地表处的强度为 30 000～60 000 nT，占地磁场总量的 95%以上。$Ba(r)$ 为异常场（也叫地壳场），产生于磁化的地壳岩石，几乎不随时间变化，空间分布频率丰富，波长从几米到几千千米，在地表处的强度占地磁场总量的 4%以上。$Bd(r,t)$ 为干扰磁场，源于磁层和电离层，既包含规则的日变和年变干扰，又包含磁暴、亚磁暴等不规则干扰，非磁暴时干扰磁场一般为数十纳特，磁暴时可超过 1 000 nT。

（2）地磁图制备

在我国古代，人们就知道了利用地磁场指北的特性来辨别方向和指引道路，但这只是地磁导航最简单的应用。进入现代社会，随着科技的发展，地磁导航技术发生了根本性的变革。现代地磁导航技术中，地磁场是一个矢量场，其强度大小和方向是位置的函数，同时地磁场具有丰富的诸如总强度、矢量强度、磁倾角、磁偏角和强度梯度等特征，这些为地磁匹配提供了充足的信息。因此，可以把地磁场当作一个天然的坐标系，利用地磁场的测量信息实现对飞行器或水面、水下航行器等的导航定位。

一个足够精确的地磁场模型或地磁图，可以为导航定位提供精确的基准。地磁场模型包括全球地磁场模型和局部地磁场模型，现有的全球地磁场模型仅是对主磁场部分的描述，精度有限且不能反映出复杂的地磁异常信息，因此在高导航精度要求的场合需要采用局部地磁场模型或局部地磁图。为了满足现代国防和经济建设的需要，世界各国都积极研制全球的或感兴趣区域的地磁场模型和地磁图；我国从20世纪初至今，也一直在开展这项工作。部分国家除了定期(5年)更新绘制世界地磁图并建立全球地磁场模型外，还定期(3—5年)更新本国的地磁场模型和地磁图。当前，美国和英国联合研制世界地磁场模型的主要目的在于实现空间和海洋地磁自主导航，为其国防部和北大西洋公约组织的导航和定姿/定向参考系统提供标准模型。我国从20世纪50年代至2000年，由中国科学院地球物理研究所每10年研制新一代中国地磁图和地磁场模型。1970年，我国有关部门联合实现了首次地磁普测和地磁图编绘，测点之多，在国内外都是空前的；该工程获得了我国迄今使用率最高的地磁测量资料，研制了我国迄今质量最好、精度最高、磁场结构描述最细致的一代地磁图和地磁场模型。

另外，仅有地磁场模型和地磁图还是不够完善的，还需要研究影响地磁导航效果的一些重要因素，这些因素包括变化磁场对匹配的影响、地磁场随高度和时间变化的规律和地磁场起伏规律等，而目前对于这些问题尚无太多的结论。其中地磁场随高度变化规律有望通过分析卫星航空地磁场测量数据获得。

2018年2月2日，我国在酒泉卫星发射中心用长征二号丁运载火箭，成功将电磁监测试验卫星"张衡一号"发射升空，卫星顺利进入预定轨道。我国因此成为世界上少数拥有在轨运行高精度地球物理场探测卫星的国家之一。

在国家重点研发计划"重大自然灾害监测预警与防范"重点专项资助下，相关研发团队基于"张衡一号"卫星磁场数据，综合考虑地球主磁场和外源场，利用球谐分析法研发了CGGM 2020.0模型。2021年，首个基于我国卫星观测数据和模型构建技术建立的全球地磁场模型CGGM 2020.0在"张衡一号"卫星科学应用中心、国家自然灾害防治研究院网站同时发布。该模型主磁场最大截止阶数为15阶，前8阶同时考虑时间变化；外源场包括磁尾电流以及内磁层环电流贡献，最大截止阶数为2阶；该模型空间分辨率约3 000 km。CGGM 2020.0模型公布了磁偏角、磁倾角、磁场总量、北向分量、东向分量和垂直分量6个参考地磁场参量，同时发布了模型系数和计算器。经国际同行专家评估，该模型结果与其他基于欧洲航天局Swarm卫星等数据建立的全球主磁场模型结果一致，入选国际地磁和高空物理学会(IAGA)新一代全球地磁场模型IGRF-13，填补了我国在全球地球物理场地磁信息建模领域的空白，提升了我国在该领域的国际学术地位和自主科技实力。

6.4.2 地磁导航原理

(1) 地磁匹配

所谓地磁匹配(Geomagnetic Matching,GM),就是把预先规划好的航迹上末段区域某些点的地磁场特征量绘制成参考图(或称基准图)并存贮在载体计算机中,当载体飞越这些地区时,由地磁匹配测量仪器实时测量这些点的地磁场特征量,以构成实时图。在载体上的计算机中,对实时图与参考图进行相关匹配,计算出载体的实时坐标位置,供导航计算机解算导航信息。地磁匹配类似地形匹配系统,区别在于地磁匹配可有多个特征量。地磁匹配导航原理如图 6-17 所示。

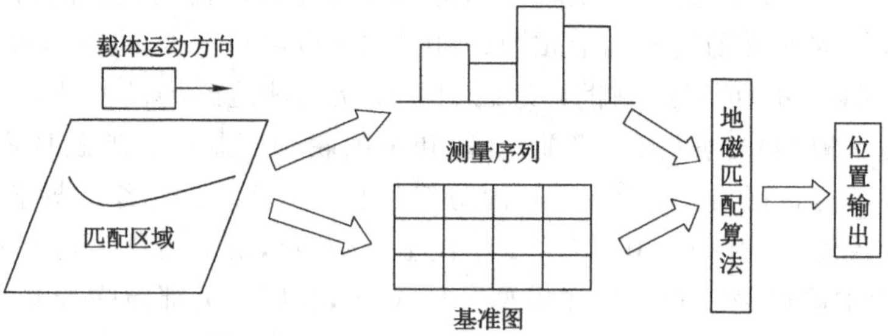

图 6-17　地磁匹配导航原理

由于图像匹配和地形匹配技术在某些场合存在一定缺陷,研究地磁匹配导航制导技术具有重要的现实意义。例如在图像匹配时,实时图是低空摄取的大视角图像,而参考图是卫星遥感图,由于不同天气条件下光照不同,不同季节地表覆盖物的灰度不同,以及山地、建筑物的相互遮挡等影响,实时图和参考图之间存在较大的差异,灰度和位移特征也都有变化,这些均影响匹配精度和可靠性。此外当飞行器飞越海洋和平原时,其灰度和纹理等特征基本相同,无法实现图像匹配,因而利用稳定地形的地形匹配技术,在海面和平原地区无法使用。因此,在跨海制导方面,地磁匹配制导具有无比的优越性。另外,地磁匹配制导属于被动制导,隐蔽性强,不受敌方干扰。俄罗斯曾以地磁场强度为特征量,采用磁通门传感器以地磁场等高线匹配制导方式进行过试验。

地磁匹配算法属于数字地图匹配技术,是地磁导航的核心技术,目前主要分两类:一类强调它们之间的相似程度,如互相关算法(COR)和相关系数法(CC);另一类强调它们之间的差别程度,如平均绝对差算法(MAD)、均方差算法(MSD)。在求最佳匹配点时,前一类算法应取极大值,后一类应取极小值。

有关地形图像匹配导航算法也可以应用到地磁匹配导航中。例如,地形匹配导航中的 ICP 匹配算法,将实时测量的地形特征数据通过反复的刚性变换(旋转和平移)减小匹配对象和目标对象之间的距离,使得匹配对象尽可能地接近目标对象,从而达到匹配的目的。在用于地磁匹配导航的算法中,比较典型的还有豪斯多夫距离算法。该技术是一种极大极小距离,受物体平移、旋转、缩放等变换的影响较小的算法。它可以使地磁匹配基于一种新的测度,能更为有效地表征基准图和测量序列之间的相关性。

(2) 地磁滤波

地磁滤波的特点是,需要载体在较长一段时间内连续递推滤波导航定位,对初始误差要求较高;如果飞行器的飞行轨迹在等磁线变化较为丰富的区域,使用滤波修正导航偏差更为有效,这在一定时间内既能提高滤波收敛速度,又能提高收敛精度。根据所采用磁传感器类型的不同,地磁滤波的实现方式可以分为两种。若采用当前发展迅速的三轴磁传感器敏感三个不同方向的地磁场强度,则可得到所测地点完整的地磁矢量信息,在这种情况下,不需要得到异磁场强度而可以直接把三分量地磁数据作观测量进行地磁滤波,滤波精度和三轴磁传感器的观测精度有直接关系。然而目前三轴磁传感器设计并不完善,测量精度有限,如果采用应用比较广泛的高精度的光泵磁力仪作为地磁传感器,测量得到的只是磁场的模量而对磁场的各个分量方向的变化不响应;若采用质子磁力仪作为地磁传感器,可以测得垂直或者水平单一方向的地磁强度。在这种情况下,地磁导航存在系统不完全可观的弊端,因此地磁滤波过程中必须对载体的飞行轨迹进行优化。

由于地磁场观测模型是非线性的,在地磁导航滤波算法里,多采用扩展卡尔曼滤波(Extended Kalman Filter,EKF)、无迹卡尔曼滤波(Unscented Kalman Filter,UKF)、自适应卡尔曼滤波(Adaptive Kalman Filter,AKF)和联邦滤波(Federation Filter,FF)等,目前主要采用的是前两种算法。

6.5　蜂窝定位技术

随着移动通信技术的发展,无线蜂窝网(Wireless Cellular Networks)的覆盖面越来越广,移动电话普及率越来越高,移动电话发起的紧急呼叫数量在全部紧急呼叫中所占的比例也随之上升,而现有的蜂窝网能为移动用户提供的辅助决策信息非常少,调查表明,约有25%的移动用户在发起紧急呼叫时不知道自己所处的确切位置,这对及时合理地处警带来很多限制。

6.5.1　蜂窝定位技术的分类

蜂窝定位技术一般是指在蜂窝系统中利用无线电信号来确定一个移动对象(一般是手机)所在的地理位置。利用蜂窝定位技术,移动通信运营商可以为用户提供很多的定位相关服务。如提供用户所在的位置信息,根据用户所在的不同位置进行灵活的收费服务;在蜂窝系统中进行网络优化和资源管理等。蜂窝系统定位一般根据检测移动台和多个收发信号机之间的无线电信号的有关特征参数,来确定移动台的几何位置。根据获得移动台位置信息方式的不同,蜂窝定位系统大致可分为三类:基于网络的定位系统、基于移动台的定位系统和移动台辅助定位系统。

按照定位所使用的特征参量,可以将蜂窝无线定位分为信号场强定位、传播时间(Time of Arrival,TOA)定位、传播时间差(Time Difference of Arrival,TDOA)定位和入射角(Angle of Arrival,AOA)定位等单一定位方法和联合两种或两种以上特征参量的混合定位方法(如TOA/AOA,TDOA/AOA 等)。还可以根据定位算法是否使用历史信息,将其分为静态定位算法(如 LS 算法、SX 算法、Chan 算法、Fang 算法等非递归算法以及 Taylor 算法等递归算法)和动态定位算法(如卡尔曼算法、扩展卡尔曼算法和无迹卡尔曼算法等)。上述定位算法按照其定位步骤的不同又可以分为"一步定位"算法和"两步定位"算法。其中,"一步定位"算法通过增加参与定位基站(Base Station,BS)数量,对移动台(Mobile Station,MS)进行直接定位，通过改变不同定位参量的权重或者利用冗余信息增加算法的鲁棒性；“两步定位”算法通过重构定位测量值，抑制测量误差和非视距误差，然后基于某种算法利用重构以后的测量参量对 MS 进行定位。

6.5.2 蜂窝定位的基本原理

(1) 基于电波传播时间(TOA)的定位法(圆周定位模型)

如果移动台 MS 和基站 BS 处于可视的范围内，则其间的距离 d_i 为：

$$d_i = c\Delta t_i \tag{6-8}$$

式中，c 为光速；Δt 为无线电信号在 MS 和 BS_i 之间的传播时延。

当 MS 至少与三个 BS 的传播时延已知时，就可计算出 MS 的位置(见图 6-18)。当移动台 MS 与 BS 间不处于直视范围，则对 MS 位置的估计会产生误差，即图中的圆弧不能相交于一点。如此可采用 MS 位置与 TOA 圆弧间的距离为均方根误差最小值的方法。如果有多于 3 个的 TOA 测量结果，则精度可以提高。

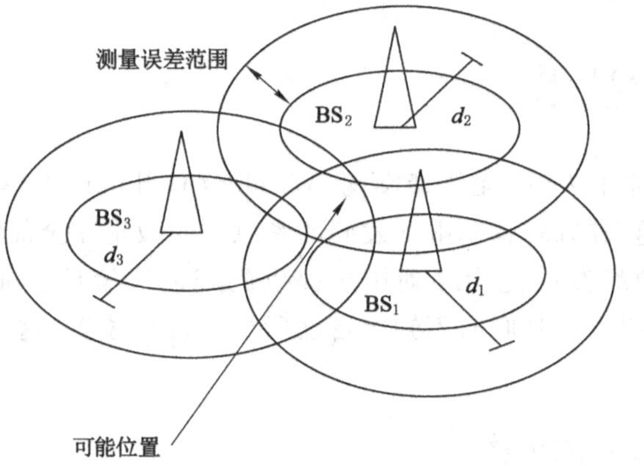

图 6-18　据 TOA 定位法估计 MS 位置

(2) 基于电波到达时差(TDOA)的定位法(双曲线定位模型)

该方法依据的是收到不同基站 BS 的信号的时差。如果 MS 收到相邻 BS_1 和 BS_2 的信号的时间差为 Δt，如果这时 MS 与 BS 处于可视范围内，则 MS 的位置在一条双曲线上(见图 6-19)。

$$d_1 - d_2 = c\Delta t \tag{6-9}$$

式中，d_1 为 MS 到 BS_1 的距离；d_2 为 MS 到 BS_2 的距离；c 为光速。

采用三个不同的基站可以测到两个 TDOA(到达时差)，移动站位于两个 TDOA 决定的双曲线的交点上。与 TOA 法相似，TDOA 法可以采用移动站 MS 到双曲线的距离均方根误差最小的算法，其条件是有两个以上的 TDOA 值可以用来计算。TDOA 法相对 TOA 法的优点之一是：当计算 TDOA 值时，计算误差对所有的基站是相同的且其和为零，这些误差包括公共的多径时延和同步误差。

(3) 基于到达角度(AOA)的定位法(方位角定位模型)

该方法假定基站可以测量出移动台发射信号到达基站的角度。如果移动台和基站处于

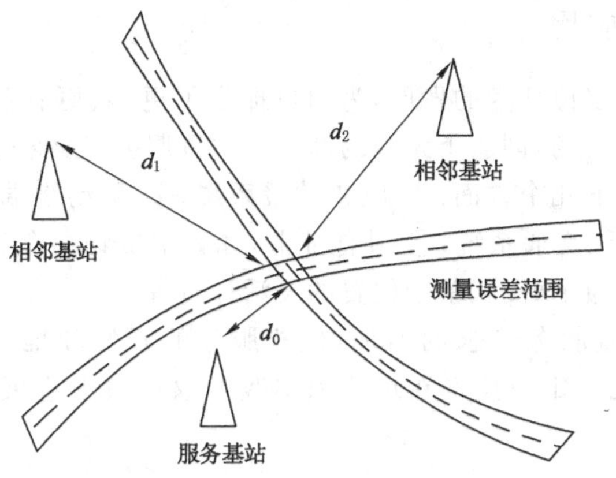

图 6-19　据 TDOA 定位法估计 MS 位置

视距范围，则 AOA 法可以采用，这时移动台位于两个到达射线的交点（见图 6-20）。实际上，与 TOA 法和 TDOA 法相似，采用 AOA 法也会产生误差，AOA 的误差范围决定了移动用户定位误差的大小。由于多径传播可使测量产生很大误差，在市区采用 AOA 法定位，误差尤为严重，这种定位方法要求基站配备能够测量到达角大小的天线。

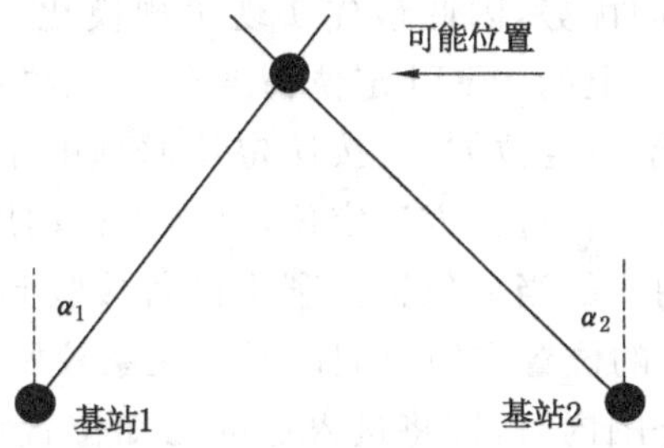

图 6-20　据 AOA 定位法估计 MS 位置

另外，还可采用到达角与到达时间相结合的定位法，即基站可以同时测量到用户的 AOA 和 TOA，则 AOA 的角度数值所指的直线与到达时间确定的圆周，两者交点的位置就可用来确定用户的位置。此方法的主要优点是基站与移动用户之间只进行一次测量，缺点与 AOA 法相同。

(4) 定位精度的影响因素

为了提高蜂窝网络中 MS 的定位准确度，除了需要研究对定位特征参量有良好鲁棒性的高精度定位算法外，还要对影响定位精度的主要因素进行研究，寻找方法对其进行抑制。由于蜂窝无线网络的非理想性，MS 和 BS 之间的非视距（Non Line of Sight，NLOS）传播、多径传播等普遍存在。对于码分多址（Code Division Multiple Access，CDMA）系统，还存在多址接入干扰问题。如何更好地寻找对策抑制这些因素的影响，提高定位特征参量的测量准确度，对于提高定位精度至关重要，这也是当前蜂窝无线定位技术研究的重要方向。

6.5.4 蜂窝定位的应用

随着蜂窝移动电话定位技术的发展，为用户提供了更多、更有益的业务，同时为移动通信运营商开辟了广大的市场，创造了无限的商机。位置服务，已经成为一种新的移动增值业务。其业务主要包括以下几个方面：① 应急救援系统；② 移动终端防盗管理；③ 信息查询业务；④ 车辆导航和智能交通系统；⑤ 其他业务，如大宗货物的存放和管理、网络系统的优化设计、地图业务、远程通讯处理、基于位置的灵活计费等。

综上所述，随着位置服务需求的增加，位置服务的开发和推广越来越受到人们的重视。基于蜂窝系统的无线定位技术在理论和实践中取得较大进展，但仍面临着很多新的问题。

6.6 Wi-Fi 定位技术

基于 Wi-Fi 的室内定位系统由于其具有不需特定硬件的优势，在其刚一出现便受到广泛关注，Wi-Fi 定位技术可以实现复杂的大范围定位，方便组网，很容易架设在现有的无线 Wi-Fi 网络中。Wi-Fi 定位可以用于医疗机构、主题公园、工厂、商场等各种需要定位导航的场合。用户在使用智能手机时开启过 Wi-Fi 网络，就可能成为数据源。该技术具有便于扩展、可自动更新数据、成本低的优势，因此最先实现了规模化。但 Wi-Fi 热点受周围环境的影响会比较大，精度较低，市场上的 Wi-Fi 定位精度在 2 m 左右。

基于 Wi-Fi 信号强度的室内定位方法，按照定位原理的不同，大致可分为三大类型：近似法、三角测量法和指纹匹配法。近似方法定位，是指当移动用户靠近某一个已知位置物体时，便用该已知的位置作为用户的当前位置。利用设备接收到的信号强度(Received Signal Strength，RSS)与路由器 AP 的位置在短时间内对应关系较好的特性，当用户接收到特定的信号，其强度值在一定阈值范围内时，即将接入点的已知位置信息赋予用户，作为其当前的位置。该方法不需要任何复杂的计算，只需要进行接入点地址匹配，根据信号强度值大小判断即可简单实现，但定位精度极低。三角测量法受周围环境的影响很大，因此在实际情况中很难应用。基于 Wi-Fi 指纹库的定位方法是比较实用的定位方法。

6.6.1 Wi-Fi 位置指纹定位基本原理

Wi-Fi 位置指纹定位利用接收信号强度与物理位置的对应关系来估算位置，主要包括离线和在线两个阶段。离线阶段，进行数据采集。在目标区域选取若干参考点采集 Wi-Fi 信号数据，采集内容包括参考点位置信息、信号强度值和接入点 AP 的地址信息等数据，保存所有参考点上的数据记录，建立该区域的指纹数据库。在线阶段，进行位置估算。当用户设备接收到实时 Wi-Fi 信号数据后，将该数据与指纹数据库中的记录进行比较匹配，利用匹配程度最高的参考点位置估算目标用户位置。Wi-Fi 位置指纹定位基本原理如图 6-21 所示。

6.6.2 典型位置指纹定位算法

利用位置指纹定位算法可实现在线阶段用户位置估算。典型的算法有最近邻算法、朴

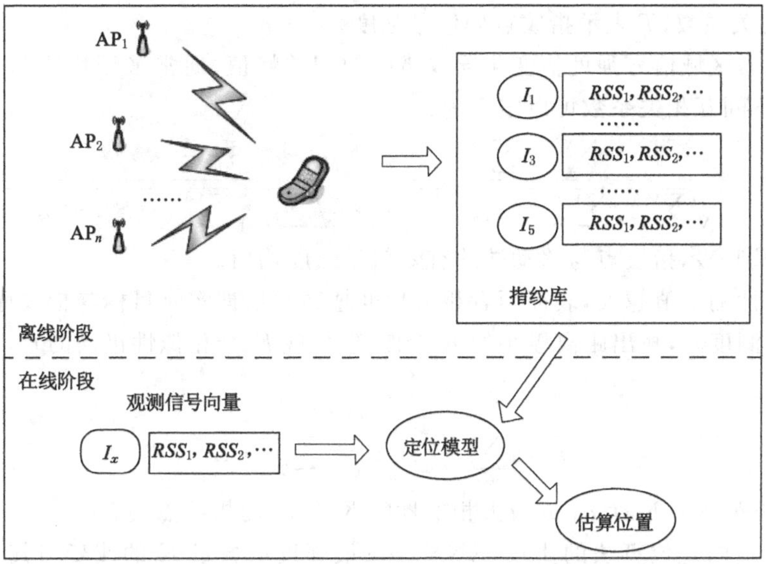

图 6-21　Wi-Fi 位置指纹定位基本原理

素贝叶斯算法、人工神经网络算法和支持向量机算法等。

(1) 最近邻算法

最近邻算法，又叫 K 近邻(K-Nearest Neighbor，KNN)算法，是将目标归到与目标距离最近的特征空间样本类中。在离线阶段，布设样本点建立指纹库，一般将目标区域划分成规则格网状，以格网角点作为训练参考点(Reference Point，RP)，也称为指纹点。传统 RSS 指纹库建立基于每个参考点所有可视无线信号接入点(Accessed Points，AP)所接收到的 RSS 测量值与坐标(X_{RP}，Y_{RP})，第 i 个参考点信息可表示为：

$$\boldsymbol{R}_i=\begin{bmatrix} P(A_1O_1\mid Pt_i) & P(A_2O_1\mid Pt_i) & \cdots & P(A_nO_1\mid Pt_i) \\ P(A_1O_2\mid Pt_i) & P(A_2O_2\mid Pt_i) & \cdots & P(A_nO_2\mid Pt_i) \\ \vdots & \vdots & & \vdots \\ P(A_1O_v\mid Pt_i) & P(A_2O_v\mid Pt_i) & \cdots & P(A_nO_v\mid Pt_i) \end{bmatrix} \tag{6-10}$$

式中，A 表示接入点 AP 信息；O 表示信号强度 RSS 观测值；Pt_i 表示指纹点坐标值。

然后计算各指纹点上接收到的每个 AP 的信号强度平均值，以这些平均值构建室内定位系统的指纹数据库，即第 i 个指纹点指纹数据可表示为：

$$\boldsymbol{R}_i=[\bar{S}_i\mid Pt_i]=[P(A_1\bar{O})\quad P(A_2\bar{O})\quad \cdots \quad P(A_n\bar{O})\mid Pt_i] \tag{6-11}$$

当用户每次实时接收到信号强度 S 后，将其与指纹库数据作匹配运算，即计算实时信号矢量与每个指纹点之间的信号强度距离：

$$d_i=\parallel S-\bar{S}_i\parallel \tag{6-12}$$

或以空间相似性指标衡量信息空间中移动终端(Mobile Terminal，MT)与参考点 RP 所接收信号强度观测向量间的相似度。

$$r = \sum_{n=1}^{N} \sum_{m=1}^{M} (T_{nm} \times S_{nm}) \tag{6-13}$$

式中，r 表示相关系数，T 表示指纹点处信号强度。

为避免搜索区域信号强度值变化导致错误的相关峰值，通常采用均值归一化互相关技术，两观测向量间互相关系数可以定义为：

$$r = \frac{\sum_{n=1}^{N} \sum_{m=1}^{M} [(T_{nm} - \mu_T) \times (S_{nm} - \mu_S)]}{\sqrt{\sum_{n=1}^{N} \sum_{m=1}^{M} (T_{nm} - \mu_T)^2} \times \sqrt{\sum_{n=1}^{N} \sum_{m=1}^{M} (S_{nm} - \mu_S)^2}} \tag{6-14}$$

式中，μ_T、μ_S分别表示指纹点与移动端的有效信号强度均值。

空间相似性测度值越大，表征两者相关程度越高。根据实时目标与指纹库的距离 d_i 或者空间相似性测度 r_i，找出距离极小的 K 个距离 d_i 或 K 个相似性极高的 r_i，利用下式得到目标的坐标 $\bar{L}$：

$$\bar{L} = \sum_{i \in C} \frac{L_i}{d_i} \text{ 或 } \bar{L} = \sum_{i \in C} r_i \cdot L_i \tag{6-15}$$

式中，C 是极小距离的 K 个 d_i 或极大相似性的 K 个 r_i 的指纹点集合。

通过多种室内定位算法的比较，KNN 算法最邻近点数量 K 的改变与其定位精度不存在单一的正比例关系，修正 K 参数可降低定位误差，可根据室内空间布局选取一维或二维 K 参数。由此可知，采用 KNN 算法进行定位计算，其计算精度与参数 K 相关。通常情况下，K 的取值为 3 或者 4。

（2）朴素贝叶斯算法

朴素贝叶斯算法把位置估算问题当做分类问题处理，其核心思想是最大似然估计。假设用户在某个未知位置上获得的观测信号向量为 $R=[RSS_1, RSS_2, \cdots, RSS_n]$，则指纹库中可使后验概率 $P(l|R)$ 取得最大值的位置 l 就是估算的位置。

（3）神经网络算法(Artificial Neural Network，ANN)

在离线阶段，把采集的 RSS 样本和与之对应的位置坐标分别作为神经网络的输入量和输出量进行训练，通过训练得到网络中适当的权重值。通常，定位系统采用一个含有隐层的多层感知器(Multiple Layers Perceptron，MLP)网络。首先，将输入信号强度向量乘以训练的输入权重矩阵，如果输入偏差已知，要加入输入偏差。其次，该结果被输入隐层神经元的传递函数中，传递函数的结果再乘以训练的隐层权重矩阵，如果隐层偏差已知，要加入隐层偏差。最终，系统的输出为一个包含 2 个或 3 个元素的向量，分别对应一个 2 维或 3 维的估计位置坐标。

（4）支持向量机(Support Vector Machine，SVM)

作为一种统计分析和机器学习的工具，支持向量机已被广泛应用在自然科学、医学和工程领域，它能较好地解决数据分类与回归问题。SVM 的关键在于核函数。为了解决低维空间里的向量集难于划分的问题，将向量集映射到高维空间中，由此会引起计算复杂度增加的问题，而核函数恰好可解决此问题。采用不同的核函数会产生不同的 SVM 算法。确定了核函数之后，由于确定核函数的已知数据也存在一定的误差，考虑推广性问题，引入了松弛因子以及惩罚系数两个参数来加以校正。在确定了核函数的基础上，再经过大量对比试验确定这两个系数。在位置指纹定位时，以参考点上的 RSS 向量作为输入向量，参考点位置坐标作为输出向量，通过训练，对目标位置进行分类预测。

6.6.3 指纹数据库建设

基于指纹数据库的定位方法可分为两类:确定性方法和概率性方法,两者分别采用确定性推理算法和概率性推理算法实现行人位置计算,因算法所使用基础数据不同,两种定位方法相应的指纹数据库不一样。比较有代表性的无线定位系统指纹构建方法主要包括:2000 年美国微软研究院实现的 RADAR 系统首次提出了指纹定位方法概念,在每个基站记录采样方向及对应采集的信号强度值。采样时间戳和基站坐标值作为离线指纹数据库建立的基础数据,采用经验方法和信号传播模型方法构建无线定位的指纹数据库,在线定位阶段采用 K 邻近算法实现用户位置定位;2001 年加利福尼亚大学洛杉矶分校提出的 NIBBLE 系统针对信号强度的信噪比,通过贝叶斯网络模型建立信号空间的连续概率分布图,构建以信号强度信噪比为基础数据的指纹库,然后采用贝叶斯网络方法估算行人位置;2004 年马里兰大学提出的 HORUS 系统针对信号强度值,同样采用概率模型统计各接入点信号强度的直方分布情况,用此直方分布值和相应参考点位置坐标构建指纹库。

指纹数据库的建立是将信号空间与物理空间之间的关联进行先验存储,其建立过程包括:在感兴趣区域设置参考点 RP,然后在每个参考点上采集测量所有可见的接入点信号空间信息,对采集的信号空间信息选择性入库到指纹库中,同时入库用于定位的物理位置信息。

(1) 指纹数据库布设方案

通过对比分析指纹点间距 1 m、2 m、3 m、4 m 的多种情况,定位试验结果表明,其精度随着参考点密度的增大而变高,当 1 m 变成 2 m 时,定位精度没有很大变化,当 2 m 变成 3 m、4 m 时,定位精度急剧下降。由此可知,设定合理的采样间距,是提高基于 Wi-Fi 指纹数据库定位精度的数据基础。著名的 RADAR 定位系统在走廊的指纹点按不等距布设;HORUS 系统将走廊划分成 1.52 m 指纹点的采样网格。

在狭长的走廊环境设定试验场,针对现有试验环境,将采用规则四边形(1.2 m×1.2 m)网格结构(如图 6-22 所示)和交错三角网(2.4 m×1.69 m×1.69 m)结构(如图 6-23 所示)布设指纹点,实现指纹数据库的建设。

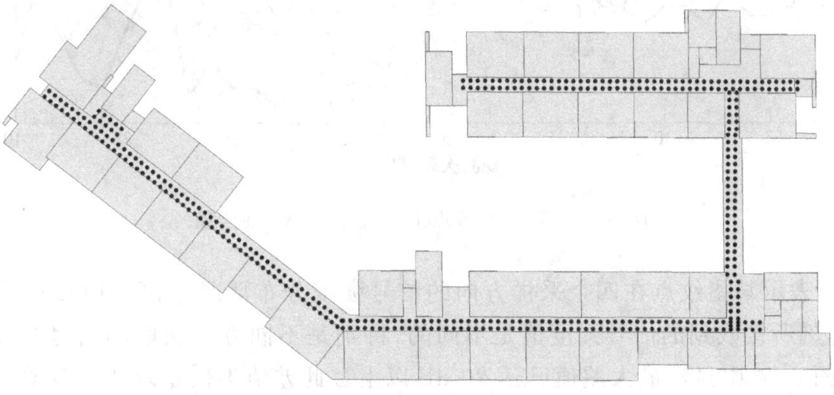

图 6-22　基于四边形规则网格结构指纹点

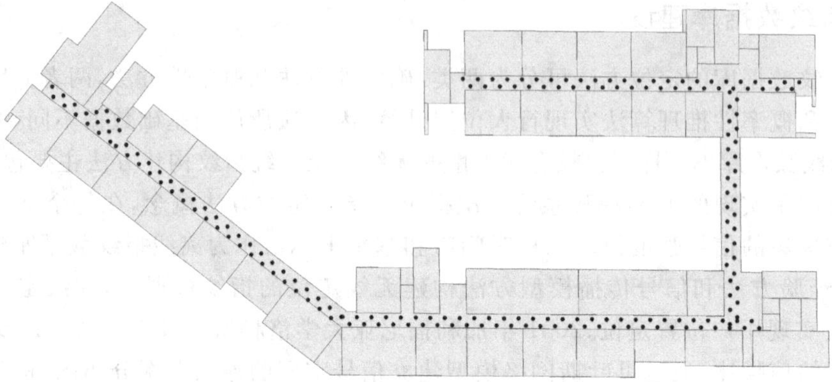

图 6-23　基于三角形网状规则结构指纹点

(2) 离线数据采集及预处理

按照上述两种形状布设指纹参考点进行离线数据采集，在各指纹点上采集的信息包括 Wi-Fi 信号强度、接入点 AP 地址、参考点位置坐标等。通常情况下，所采集的 Wi-Fi 信号强度值带负号，绝对值越小，其表示的信号强度越大。为简化数据计算，将负号去除，则数值越小(非零值)表明信号强度越大。试验组在每个指纹点 RP 上按走廊平行、垂直的四个方向各采集 10 次，共得 40 个信号强度值。图 6-24 所示是某一参考点上各接入点 AP 观测值(可扫描图中二维码获取彩图)。

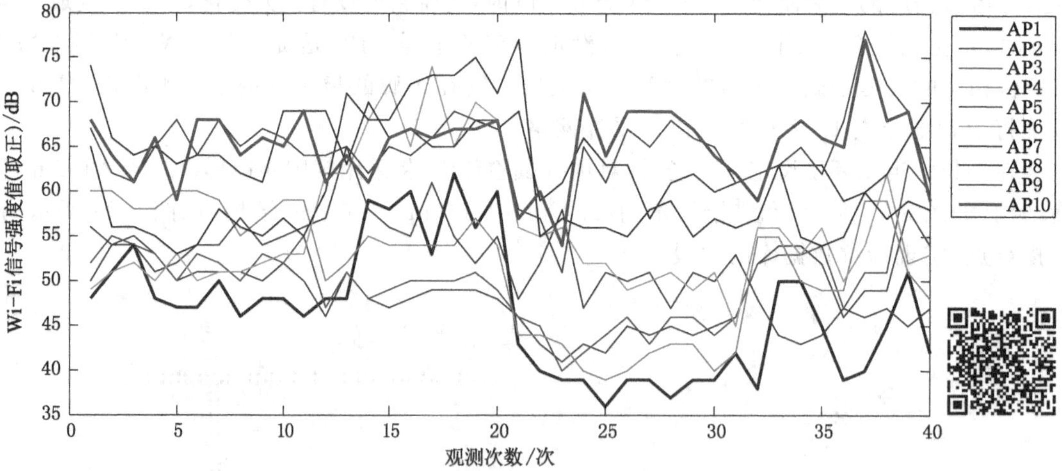

图 6-24　某一参考点上各接入点 AP 观测值

图 6-25 表示某指纹点在四个采样方向的信号强度分布情况，结合图 6-24 可知，在同一位置不同时刻所接收到的信号强度值是不同的，特别是不同方向获取的信号强度值存在更大的差异，图 6-24 中显示最大差值已达 20 dB 以上。此差值不仅是环境布局导致多路径影响所产生，这是因为有关文献指出人体本身也是干扰无线信号传播的因素之一。

在数据库建立前，需要进行数据预处理。首先定义所接收到信号强度值的非零个数与总观测个数比例达 75%的接入点 AP 为有效接入点 AP。预处理包括指纹点采集信息中有

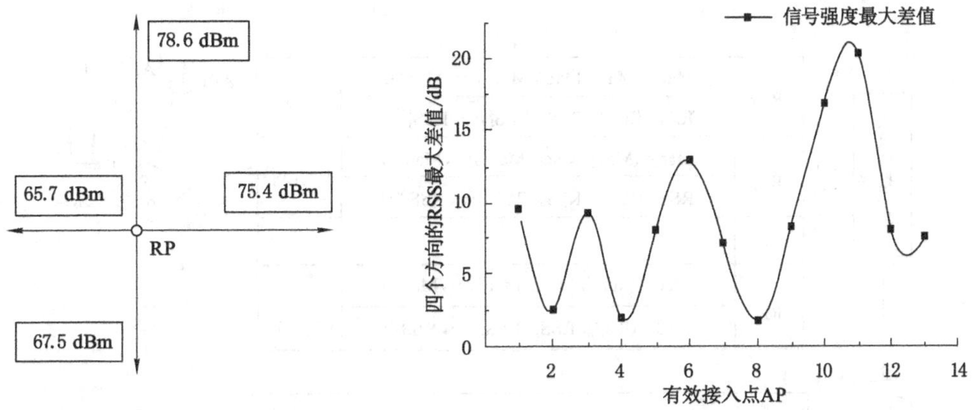

(a) 某AP四个方向平均值　　(b) 某RP的AP四个方向平均最大差值

图 6-25　某指纹点在四个采样方向的信号强度分布情况

效接入点的判断识别以及有效接入点信号均值计算。提取平均信号强度最大的前 10 个有效接入点观测量，作为指纹数据库建立的基础数据。由于观测值为 0 在多种情况下都可能发生，比如 WLAN 源突然中断导致无信号或信号接收终端无法识别该无线发射设备等，对于此类无效信号，可考虑直接剔除。

(3) 指纹数据库建设流程

离线数据采集过程中，在每个参考点上记录所有可见的接入点信号强度值和该参考点位置坐标，经预处理后将每个点上前 10 个较大的有效接入点平均信号强度值及位置信息存储至数据库中。

指纹数据库建设流程如图 6-26 所示。其中，n 为布设的参考点数量，RP_i 表示第 i 个参考点，Mac_i 是第 i 个参考点上的接入点地址，RSS_i 是第 i 个参考点上各接入点对应的信号强度值；$m_i(i=1,2,3,\cdots,n)$ 为第 i 个参考点上存在的所有可见接入点数量；mac_i 表示第 i 个参考点上平均信号强度最强的前 10 个有效接入点地址，$\overline{\mathrm{RSS}}_i$ 则是第 i 个参考点上平均信号强度值较大的 10 个值。

(4) 指纹数据库建设实验

在实验楼建立试验场，在走廊两侧按一定间距布设无线路由器，试验条件如图 6-27 所示，在试验环境的楼道内按照第一种方式布设规则格网指纹参考点。

试验中进行离线指纹数据采集，采集过程如下：在学习模式中输入采集点数，本试验中设为 40，在每个样本点上按垂直与平行楼道四个方向各采集 10 次数据，大约每个方向持续 10～15 s，得到原始数据。

对原始数据进行预处理分析，得到指纹数据库，对每个指纹点上的前 10 个信号强度较大值数据进行均值 $\overline{\mathrm{rss}}_i$ 和方差 var_i 计算。

$$\overline{\mathrm{rss}}_i=\mathrm{mean}(\overline{\mathrm{RSS}}_i)=\mathrm{mean}(\overline{\mathrm{RSS}}_i^1,\overline{\mathrm{RSS}}_i^2,\overline{\mathrm{RSS}}_i^3,\cdots,\overline{\mathrm{RSS}}_i^{10}) \tag{6-16}$$

$$\mathrm{var}_i=\mathrm{var}(\overline{\mathrm{RSS}}_1)=\mathrm{var}(\overline{\mathrm{RSS}}_i^1,\overline{\mathrm{RSS}}_i^2,\overline{\mathrm{RSS}}_i^3,\cdots,\overline{\mathrm{RSS}}_i^{10}) \tag{6-17}$$

对四边形指纹数据库的信号强度平均值和方差进行数据分析，最终可获得覆盖试验场地的信号分布状态图。

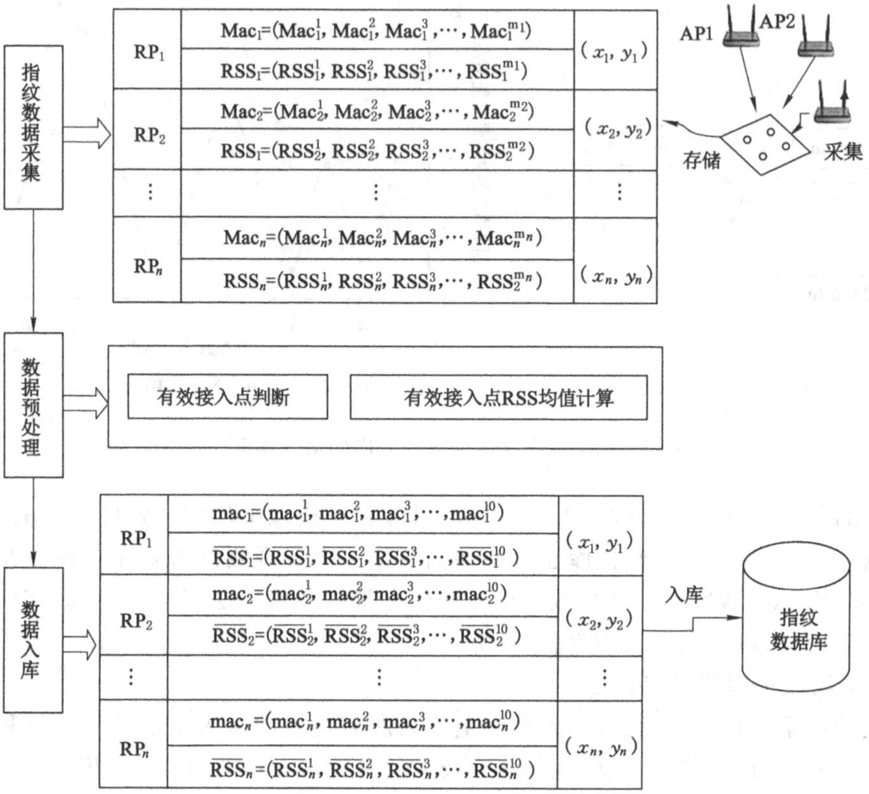

图 6-26　指纹数据库建设流程

(a) 试验场环境

图 6-27　试验条件

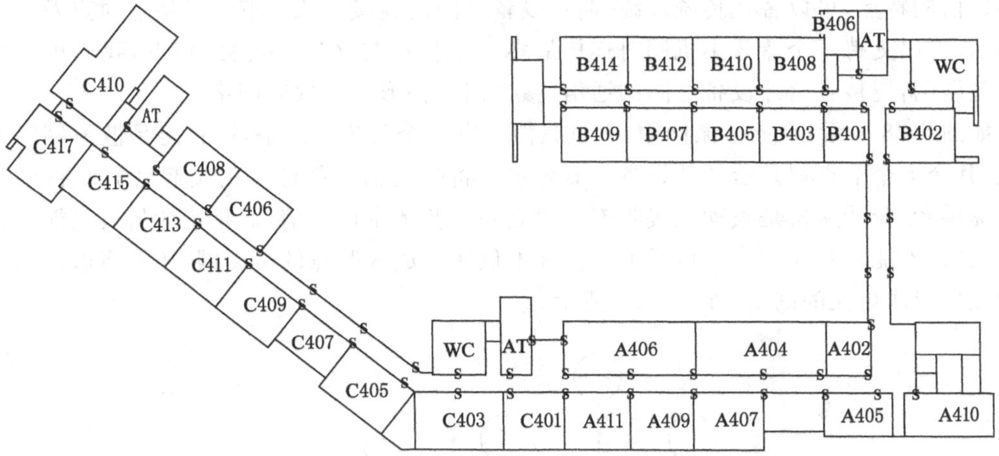

(b) 试验场接入点安装环境

图 6-27(续)

6.7　蓝牙定位技术

蓝牙定位技术适用于测量距离短、功耗较低、应用范围小的定位,精度一般为 1～3 m,有中等的安全性和可靠性。蓝牙设备体积小,易于集成在 PDA、PC 及手机中,因此很容易推广普及。对于持有集成了蓝牙功能移动终端设备的客户,只要设备的蓝牙功能开启,蓝牙室内定位系统就能够对其进行位置判断。

6.7.1　蓝牙软硬件及蓝牙组网设计

(1) 蓝牙技术简介

蓝牙是一种支持设备间进行短距离无线通信的技术,传统蓝牙通信距离为 10 m 左右,而 BLE4.0 版本的蓝牙通信距离能达到 100 m。蓝牙技术能将各种使用蓝牙的电子设备(包括蓝牙音箱、蓝牙耳机、蓝牙笔记本等)连接起来进行无线通信,不需再部署大量的线缆,从而简化设备间的连接。蓝牙采用分布式网络结构,支持点对点及点对多点通信,工作在全球通用的 2.4GHz ISM 频段。

蓝牙 4.0 技术集传统蓝牙技术、高速传输技术和低功耗技术于一体,优势显著。在速度上,蓝牙 4.0 支持 1 Mbps 数据传输速度下的超短数据包传输,如此在传输小数据量时可以缩短传输时间;在连接延迟上,蓝牙 4.0 可以在最短 3 ms 内完成设备连接并开始数据传输,延迟极短;在通信范围上,蓝牙 4.0 最大通信距离可以达到 100 m,远远超过同类产品传输距离;在功耗上,蓝牙 4.0 支持设备不工作时进入休眠状态,从而降低设备功耗,延长设备使用寿命;在使用安全性上,蓝牙 4.0 使用 AES.128 加密算法对数据包进行加密和认证,足够保证数据传输的安全性。

(2) 蓝牙网络设计

蓝牙技术是通过无线技术将各电子设备连接起来的桥梁，它具有功耗低、成本低、可短距离通信的特点，可以替代传统线缆，简化设备之间的连接方式。蓝牙支持点对点及点对多点通信，可以支持一个蓝牙主机同时连接最多 7 个从机与之通信，由此特点，我们可以组成蓝牙微微网，连接各蓝牙设备之间的通信，微微网拓扑形式为散射网络。

如图 6-28 所示，在该微微网中，有且只能拥有一个蓝牙主设备，即只能是散射网络中心节点，其余七个节点都是蓝牙从设备。蓝牙主设备是通信连接建立的发起者和时钟同步信号的提供者，蓝牙从机是被动地接收连接建立并与蓝牙主机通信，而且蓝牙从机只能与蓝牙主机通信，不能与其他蓝牙从机通信。蓝牙不仅能组成 8 节点的微微网，还能将微微网与微微网连接组成更大的网络，如图 6-29 所示。

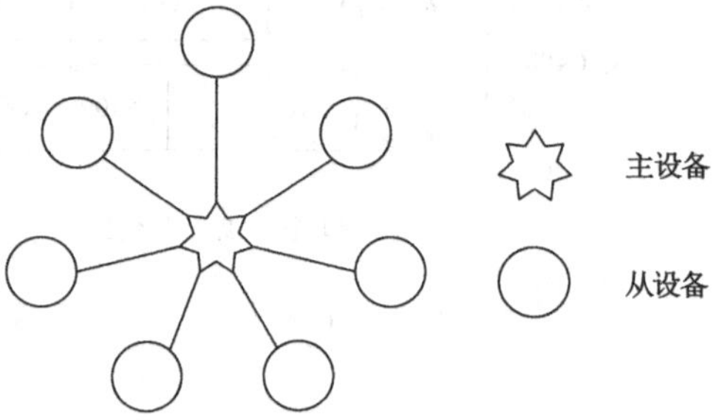

图 6-28　蓝牙微微网

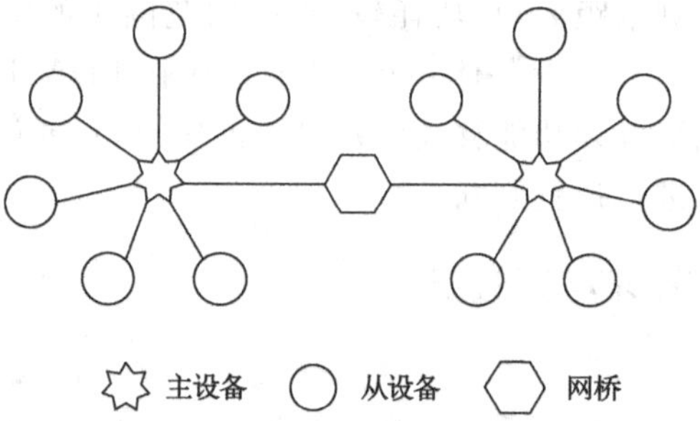

图 6-29　两个蓝牙微微网

图 6-29 中左边的 7 个蓝牙节点组成蓝牙微微网，右边的 7 个蓝牙节点组成另一个蓝牙微微网，中间的蓝牙节点是两个微微网所共有的节点，它连接起了两个微微网之间的通信，构筑起了两个微微网之间的桥梁，称之为网桥。然而网桥在一个时刻只能成为一个微微网中的节点，因此在蓝牙网络中必须要有一种调度算法来调度网桥的工作状态，使该网络达到最佳通信性能状态。

6.7.2　蓝牙室内定位系统

蓝牙室内定位系统是一种采用蓝牙 4.0 iBeacon 基站定位技术，结合高容错定位算法进行室内定位的系统，定位基站廉价、易安置，定位终端可直接采用支持蓝牙 4.0 的移动终端。由于目前绝大多数移动终端都已支持蓝牙 4.0，因此该系统不需要使用额外的定位标签和设备即可直接通过移动电子设备进行定位。从业务应用的角度看，该系统可实现对人员的实时定位、导航指路等功能以及贵重物品、车辆的定位，还可进行区域人流分析、人员密度分析、人员流量统计、特定人员监控、区域报警和人员轨迹查看等多种应用的二次开发。

室内定位系统可分为基站、被定位终端、服务器、数据库、客户端等 5 个部分(见图 6-30)，以下分别介绍。

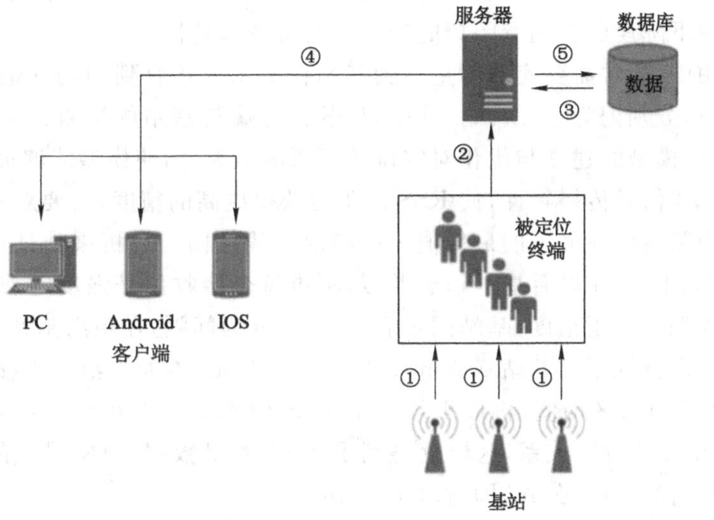

图 6-30　室内定位系统架构图

① 基站：布置于需要定位的环境中，向外发射蓝牙信号，各基站发射频率与发射强度保持一致，每一个基站均有独立 ID 及相对定位环境坐标原点的坐标，基站向外发射包括自己 ID 的信号，基站坐标保存在数据库中。

② 被定位终端：所有具备蓝牙 4.0 功能的设备均可作为被定位终端，被定位终端将基站发来的信号强度值与基站的 ID 信息，并连同自身的 ID 信息，一同发送到服务器中。

③ 服务器：服务器接收从被定位终端发来的该定位终端 ID 信息、接收到信号的基站 ID 信息及对应的信号强度值，并从数据库中取得基站坐标信息，利用定位算法进行定位，得到被定位终端的坐标信息，先发送给客户端，然后写入数据库。

④ 数据库：存储定位的相关数据，包括高度补偿值、基站坐标、衰减因子值、人员信息，并保存服务器发来的被定位终端的坐标信息。

⑤ 客户端：客户端分为 PC 端、IOS 端、Android 端，负责接收服务器发来的坐标信息，然后进行前端展示。

6.7.3　蓝牙室内定位算法

蓝牙室内定位系统采用的是蓝牙 4.0 iBeacon 基站定位技术，其原理是定位终端接收到 iBeacon 基站发来的信号强度，然后根据无线信号强度的渐变模型得出基站与被定位终端的直线距离，再根据高程补偿法，得出基站与终端的平面距离，当终端接收到三个以上不同基站的信号，即能得出与三个以上不同基站的水平距离，且这些基站的坐标已知，就可以对这个终端进行定位。

(1) 测量终端到基站之间的距离建模

实践中通常用来测定基站与终端距离的简化无线信号渐变模型如下：

$$[p(d)]_{\mathrm{dBm}}=[p(d_0)]_{\mathrm{dBm}}-10n\lg\frac{d}{d_0} \tag{6-18}$$

式中，$p(d)$表示距离基站为 d 时终端接收到的信号功率；d_0 为参考距离，为计算方便，通常选择 1 m 为参考距离；n 是路径损耗指数，通常由实际测量得到，障碍物越多，n 值越大。接收到的平均能量下降速度会随着距离的增加而变得越来越快。

在实际应用中，通常需要实地测量得到基站在 1 米处接收到的功率值、环境衰减因子、高度补偿三个值，分别记为 p_0、n、h。其中，h 根据终端与基站的垂直距离得到；测量 p_0、n 时，由于具体室内模型的建立与优化对定位效果影响最大，为使模型能够最大程度符合当前室内环境中的无线信号传播特性，使 RSS 测距能获得更高的精度，需要对参数 p_0 和 n 进行优化进而得到当前室内环境下的最优值。一般通过线性回归分析来估计参数和的值，这是因为 RSS 值在超过 14 m 以后基本趋于平缓，不再符合接收信号强度随着距离增大而衰减的规律。所以为保证测距精度，基站固定后，以 20 cm 为间隔，在距离基站 14 m 的范围内设置 70 个测量点，即分别距离基站 0.2 m、0.4 m、…、14 m。在每个测试点接收 100 个数据包后，对 100 个 RSS 值求平均值，再以平均后的 RSS 值作为终端在该位置收到的信号强度。最后记录 RSS 和 d 的对应关系，这样就得到了 70 组测量数据，对所采集的 70 组测量数据作线性回归分析，代入以下公式，即可求出 p_0、n：

$$\begin{cases}\rho_i=-10\lg d_i, i=1,2,\cdots,70\\ n=\sum_{i=1}^{70}(\rho_i-\bar{\rho})\mathrm{RSS}_i/\sum_{i=1}^{70}(\rho_i-\bar{\rho})^2\\ p_0=\overline{\mathrm{RSS}}-\overline{np}\end{cases} \tag{6-19}$$

式中，$\bar{\rho}=\frac{1}{70}\sum_{i=1}^{70}\rho_i$，$\overline{\mathrm{RSS}}=\frac{1}{70}\sum_{i=1}^{70}\mathrm{RSS}_i$。

(2) 三边定位算法

在基于测距的定位算法中，三边测量法是比较简单的算法，其算法原理为：平面上有三个不共线的基站 A、B、C 和一个未知终端 D，并已测出三个基站到终端 D 的距离分别为 R_1、R_2、R_3，则以三个基站坐标为圆心，三基站到未知终端距离为半径可以画出三个相交的圆，如图 6-31 所示，未知终端坐标即三圆相交点。

然而，在实际测量中，往往由于测量的误差，使三个圆并不交于一点，而相交于一块区域，如图 6-32 所示。在此种情况下，便需用其他算法进行求解，如极大似然估计法、最小二乘法或三角形质心算法。

(3) 加权三边定位算法

由无线信号强度渐变模型可以发现，当定位终端离基站距离越远时，接收到的 RSS 值变化程度会越来越小，这就会导致距离越远，基站与定位终端的距离误差越大，相应造成定位误差变大，由此，我们可以采取加权的思想，对距离小的(精确度高)赋予较大的权值，距离大的(精确度低)赋予较小的权值。

首先，将基站分组。对收集到的所有基站，根据 ID 分为 n 组后，求组合数 C_n^3，并对每组分别进行三边定位。其次，根据距离越大定位误差越大的原则赋予权值(为每个基站到定位

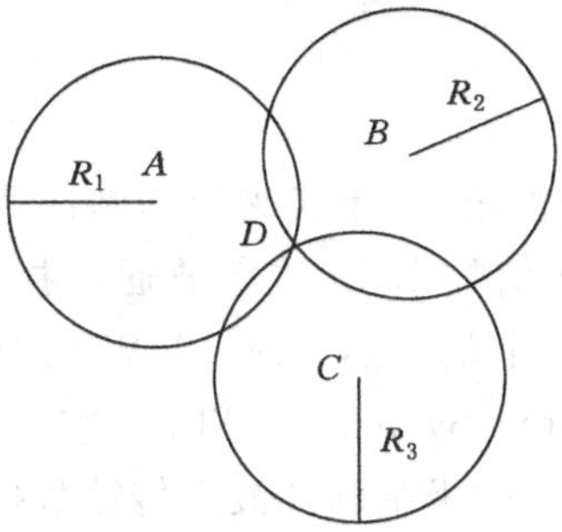

图 6-31　三圆交于一点

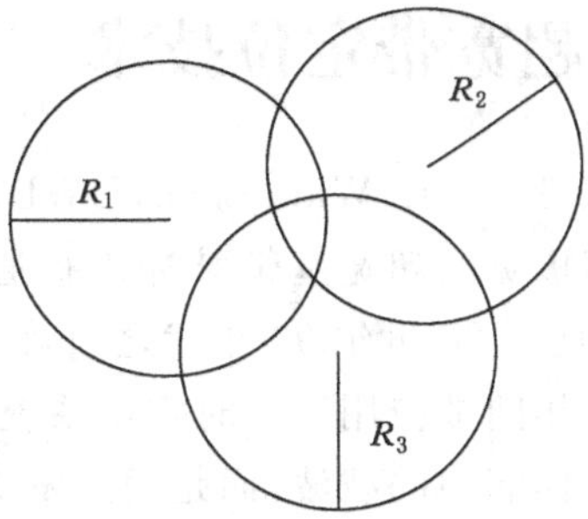

图 6-32　三圆交于一块区域

终端测得的距离)。最后,由每个组合得到的结果加权得到最终的定位结果。

(4) 加权三角形质心定位算法

加权三角形质心定位算法(参见图 6-33)的思想是:对收集到的所有基站,根据 ID 分为 n 组后,求组合数 C_n^3;对每一个组合的三个基站,以每个基站坐标为圆心,以测得的基站到定位终端距离为半径画圆;根据交点组成的三角形,求其质心,即测得的终端坐标。

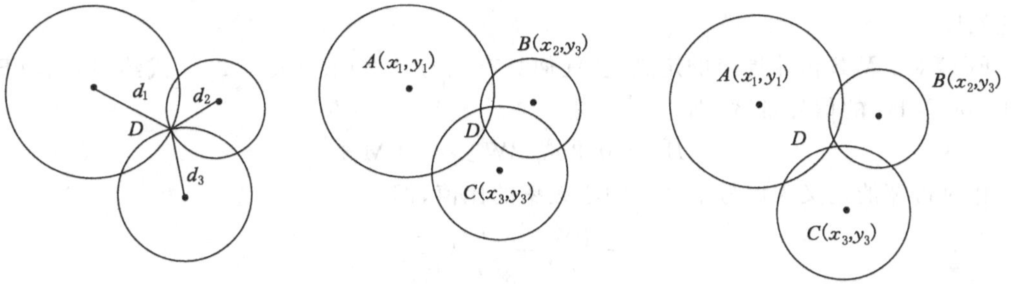

图 6-33　加权三角形质心定位算法示意

然后,根据距离越大定位误差越大的原则,赋予权值(为每个基站到定位终端测得的距离)。最后,对每个组合得到的结果加权得到最终的定位结果。然而,由于误差的存在,且测量时位置并不在每个组合所构成的三角形中间位置,因此,当误差较大时,所构成的圆往往是没有交点的(三个圆必须两两存在交点,否则不能用该方法)。

传统的室内定位算法本身的缺点和局限性,导致它们在现实生活中无法大规模的使用和推广,它们虽然都是模拟室外定位的成熟算法,但在室内如此复杂的环境下,信号本身所受干扰严重,不同位置上接收到的信号具有强烈的特殊性,所以如何避免这种特殊性带来的困扰,或者减轻这种特殊性带来的对定位精度的影响,是首先要解决的问题。

随着近几年计算机处理器的性能和存储容量不断增大,机器学习也逐渐走入人们的视野,它作为一个交叉学科,在人类生产生活的各个方面起到了或多或少的作用。基于机器学习,人们将其统计学习分支应用到室内定位技术中,推出了基于位置指纹的室内定位算法,相比于传统算法来说,实时性较强、定位精度较高,并且不需要额外的高价格硬件设备,也不需要复杂的部署策略,在实际中拥有很高的实现价值。

6.8 超宽带定位技术

超宽带(Ultra Wide Band,UWB)定位技术始于20世纪60年代兴起的脉冲通信技术，利用频谱极宽的超宽基带脉冲进行通信，故又称基带通信技术、无线载波通信技术等。从UWB出现到20世纪90年代之前，该技术主要用于军事上的雷达系统。UWB定位技术在过去近十年间被应用于实时定位系统(Real Time Locating Systems,RTLS)，它不需要使用传统通信体制中的载波，而是通过发送和接收具有纳秒级的极窄脉冲波来传输数据，具有穿透力强、功耗低、抗多径效果好、安全性高、系统复杂度低等优点，可以应用于室内物体以及人员的定位跟踪与导航，实现0.1米级的高精度定位，在工厂、仓库、物流等场景广泛应用，从而实现生产效率提升和管理水平提高。

6.8.1 超宽带定义

UWB技术出现于20世纪60年代，主要应用仅限于军事、灾害救援搜索、雷达定位及测距等领域。2002年2月，美国联邦通信委员会(Federal Communications Commission,FCC)批准了将原来限用于军用雷达的超宽带技术运用到民用产品领域，UWB技术得到了迅速发展。

FCC对UWB传输提出的定义是：任何具有相对带宽(B_f)大于20%或绝对带宽(BW)大于500 MHz的信号带宽，即

$$B_f > 0.2 \text{ 或 } \mathrm{BW} > 500\ \mathrm{MHz} \tag{6-20}$$

相对带宽的定义为信号带宽与中心频率的比值，即

$$B_f = \frac{\mathrm{BW}}{f_c} = \frac{(f_H - f_L)}{(f_H + f_L)/2} \tag{6-21}$$

式中，f_H和f_L分别是在10 dB发射点处的最高和最低发射频率；BW是信号绝对带宽；f_c是中心频率。

由式(6-21)可知，信号的绝对带宽越大，相对带宽越大。与UWB信号相比，传统无线电传输系统(即窄带系统和宽带系统)具有较小的相对带宽。例如，运行在2 GHz、带宽为5 MHz的通用移动通信系统(Universal Mobile Telecommunications System,UMTS)，这个系统通常称为窄带，然而根据式(6-21)，其相对带宽是0.002 5，远小于0.2。UWB技术应用时必须将其操作限制在UWB频率范围较宽的范围内，以降低干扰的可能性，因此FCC为民用领域指定的超宽带通信频段在3.1～10.6 GHz之间。有效全向辐射功率(Effective Isotropic Radiated Power,EIRP)必须小于41.3 dBm/MHz。表6-1是根据相对带宽的信号分类表。

表6-1 数据相对带宽的信号分类表

信号名称	相对带宽
窄带	≤1%
宽带	>1%且≤20%
超宽带	>20%(或绝对带宽>500 MHz)

时间分辨率和信号绝对带宽的关系为：

$$\Delta t \approx \frac{1}{\mathrm{BW}} \tag{6-22}$$

距离分辨率与信号绝对带宽的关系为：

$$\Delta d = \Delta t \cdot c \approx \frac{c}{\mathrm{BW}} \tag{6-23}$$

式中，c 为光速。

由式(6-22)和式(6-23)可以看出，较大的带宽可以提高时间和距离的分辨率。

正如哈特利定理所指出的那样，容量和带宽之间存在正比例关系，带宽和功耗之间呈反比例关系。带宽与数据速率和功耗的关系如式(6-24)所示：

$$C = B\log_2\left(1+\frac{S}{N}\right) \tag{6-24}$$

式中，C 是容量(bit/s)；B 是带宽；S 是 B 上的平均接收信号功率；N 是 B 上的平均噪声，通常将 S/N 称为 SNR，即信噪比。

由式(6-24)可以看出，对于特定容量，使用更大的带宽会消耗更少的功率；由于 S/N 处于对数之下，通过增加 S/N 使容量增加的效率，不如通过增加带宽使容量增加的效率高；信道容量可以达到几十到几百 Mbit/s。

6.8.2　超宽带定位技术分类

超宽带定位技术参数包括接收信号强度(Received Signal Strength，RSS)、到达角(Angle Of Arrival，AOA)、到达的时间差(Time Difference Of Arrival，TDOA)以及到达时间(Time Of Arrival，TOA)等，以此分为 4 种定位方法，简述如下。

(1) RSS 定位

RSS 定位技术可以分为两大类：三边测量和指纹匹配。

三边测量定位技术使用 RSS 测量来计算到三个不同基站的距离，以三个基站为中心，以标签到基站的距离为半径画圆，三个圆的交点即估计的标签位置。利用 RSS 测量获得的测距数据是通过路径损耗模型计算获得的。

在指纹匹配技术中，指纹识别需要收集现实场景的 RSS 指纹数据集，对在线测量的数据与数据集中最接近的指纹进行匹配以估计位置。

(2) AOA 定位

在 AOA 定位技术中，至少需要来自两个基站的信号接收角的估计值，并与多个天线上的信号幅度或载波相位进行比较，位置可以从每个信号源的角度线的交点中找到，不需要测距过程。

AOA 定位技术几何原理如图 6-34 所示。由图 6-34 可知，进行位置估计时，假设标签分别到达两个基站 BS_1 和 BS_2 的角度为 A、B，依据数学原理可得方程组：

$$\begin{cases}\tan A = \dfrac{y-y_1}{x-x_1}\\[2ex] \tan B = \dfrac{y-y_2}{x-x_2}\end{cases} \tag{6-25}$$

式(6-25)中，(x_1, y_1)、(x_2, y_2)、(x, y)分别为基站 BS_1、基站 BS_2 和标签的平面坐标，通

过解式(6-25)的方程组便可求得标签的位置坐标。

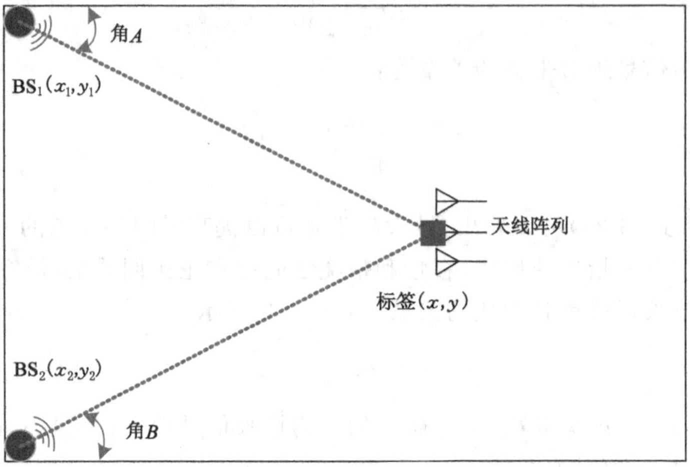

图 6-34 AOA 定位技术几何原理

(3) TDOA 定位

TDOA 定位技术是指利用从标签发送到两个基站信号到达的时间差确定距离差，形成以两个 UWB 基站为焦点的双曲线，可以知道标签在其中的一条曲线上，此时若有三个基站便可形成两个双曲线，进而标签的位置可以由两个双曲线的交点确认。TDOA 定位技术几何原理如图 6-35 所示。

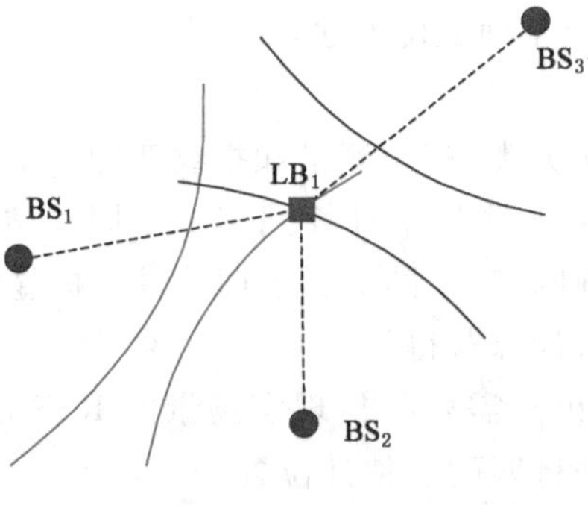

图 6-35 TDOA 定位技术几何原理

在图 6-35 中，黑色圆圈为基站 BS_1、BS_2、BS_3，黑色正方形为两条双曲线的交点，即标签 LB_1 的位置。假设任意两个基站 BS_i 和 BS_j 接收来自标签的信号，这些信号被基站接收的时刻分别表示为 t_i 和 t_j，信号的传播速度为光速 c。则标签到达两个基站的时间差 t_i-t_j 为：

$$
\begin{aligned}
t_i - t_j &= \tau_i + t_0 - (\tau_j + t_0) = \tau_i - \tau_j \\
&= \frac{\sqrt{(x_i - x)^2 + (y_i - y)^2} - \sqrt{(x_j - x)^2 + (y_j - y)^2}}{c}
\end{aligned}
\tag{6-26}
$$

式中，t_0 为标签发射信号的起始时间；τ_i 为信号到达第 i 个基站传播的时间；τ_j 为信号到达第 j 个基站传播的时间；(x_i, y_i)、(x_j, y_j) 分别为基站 BS_i、BS_j 的平面坐标；(x, y) 为标签的平面坐标。将式(6-26)变形可得：

$$d_i = c(t_i - t_j) = \sqrt{(x_i - x)^2 + (y_i - y)^2} - \sqrt{(x_j - x)^2 + (y_j - y)^2} \quad (6\text{-}27)$$

式中，d_i 即 UWB 信号从标签到达基站 BS_i、BS_j 的距离差，通过求解方程组即可获得标签的坐标。

(4) TOA 定位

TOA 定位技术同样采用三边定位法进行位置计算。TOA 定位技术几何原理如图 6-36 所示。

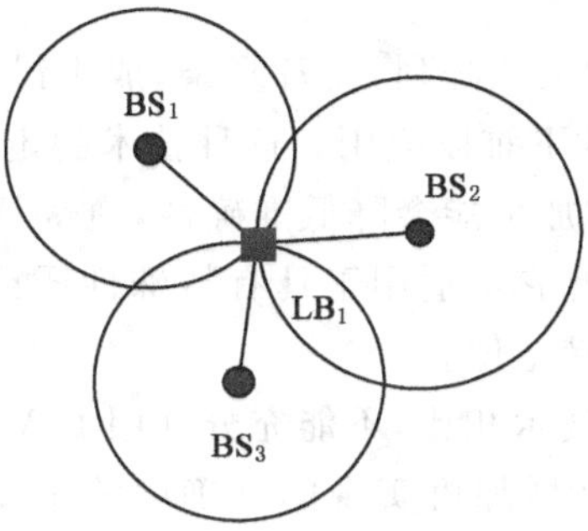

图 6-36　TOA 定位技术几何原理

在图 6-36 中，黑色圆圈代表三个基站（编号分别为 BS_1、BS_2、BS_3），黑色正方形代表标签 LB_1。对图 6-36 进行位置推算：

$$t_i = \tau_i + t_0 = \frac{d_i}{c} + t_0 = \frac{\sqrt{(x_i - x)^2 + (y_i - y)^2}}{c} + t_0 \quad (6\text{-}28)$$

式中，t_0 为信号在标签位置发射时刻；t_i 为信号被基站接收时刻；τ_i 为信号从标签到基站的传播时间；d_i 为标签到基站的距离；(x_i, y_i)、(x, y) 分别为基站 BS_i、标签 LB_1 的平面坐标。

将式(6-28)变形可得：

$$d_i = \sqrt{(x_i - x)^2 + (y_i - y)^2} \quad (i = 1,2,3) \quad (6\text{-}29)$$

如果是进行三维坐标解算，则有：

$$d_i = \sqrt{(x_i - x)^2 + (y_i - y)^2 + (z_i - z)^2} \quad (i = 1,2,\cdots,n) \quad (6\text{-}30)$$

根据式(6-30)解方程组，即可获得标签的坐标位置。

(5) UWB 定位技术比较

为了方便比较，不同 UWB 定位技术比较见表 6-2。

表 6-2　不同 UWB 定位技术比较

分类名称	RSS	AOA	TDOA	TOA
二维定位所需基站数	≥3	≥2	≥3	≥3
三维定位所需基站数	≥4	≥3	≥4	≥4
基站和标签之间的时间同步	不需要	要求较低	仅基站间需要	需要，但双向测距不需要
LOS/NLOS	NLOS 影响大，优选 LOS	LOS	理论上 NLOS/LOS 都可以	

表 6-2(续)

分类名称	RSS	AOA	TDOA	TOA
缺点	对信道通道不一致性敏感,要求基站和标签之间的距离短,信号强度不稳定	较小的角度测量误差会导致较大的位置误差,需要昂贵的大尺寸天线阵列	同一系统几何精度比 TOA 的低,但节点之间无测距信息	有一定的相对钟差

AOA 定位技术需要大尺寸天线阵列,设备复杂,成本昂贵,具有非常高的路径数量,直接路径检测复杂,在 NLOS 条件下难以应用。这种技术的定位精度在很大程度上依赖于天线的数量,标签到基站的距离增加可能会降低准确性,通常 AOA 定位技术可以与其他技术一起使用以提高定位精度。因此它不适用于具有特殊性质或大量节点的系统,更不适应于应急条件下短时间进行快速组网定位。

RSS 定位技术与其他定位技术相比,不能充分利用 UWB 的大带宽特性,受遮挡等非视距影响较大。使用 RSS 定位,从增加可实现的准确度的角度来看,大带宽特性对其没有任何积极的影响。与提供高准确度的时间方法相比,RSS 方法的吸引力较低。RSS 方法更适合于使用窄带信号的系统,而 TOA 算法在宽带系统(例如基于 UWB 的系统)中表现得更好。

由于 UWB 信号的高时间分辨率,TOA 和 TDOA 定位方法相对其他算法具有更高的精度。因为节点之间需要时间同步来精确估计到达时间,时间同步和时间抖动是导致 TOA 定位技术出现误差的原因。另外,如果要求基站之间的时间同步,不需要基站和标签之间的时间同步,则 TDOA 定位方法是更有效的解决方案,但是在应急定位等场景下,需要标签和基站之间的距离信息,这是 TDOA 定位技术提供不了的。目前 TOA 技术通过双向测距原理,利用往返时间确定从基站到标签的距离,避免了标签和基站的时间同步问题,又能够提供距离信息,因而得到广泛的关注。

6.9 RFID 定位技术

无线电射频识别(Radio Frequency IDentification,RFID)定位技术,简称 RFID 技术,是 20 世纪 90 年代兴起的一种非接触式自动识别技术,它是一种利用射频信号通过空间耦合(交变磁场或电磁场)实现无接触信息传递,并通过所传递的信息达到识别目的的技术。RFID 技术源自二战时期的雷达技术,即通过检测目标反射的电磁波来获取目标信息,最早被英军应用于敌我战机的识别(Identification Friend or Foe,IFF)。随着物联网的发展,RFID 技术作为其关键技术之一广泛应用于物流、资产管理、医疗、零售等领域。相比其他的无线定位技术,RFID 标签在成本和结构上的优势使其在定位技术应用中也备受人们关注,国内外对此都开展了很多研究。

6.9.1 RFID 分类

目前的 RFID 技术已经发展为多个不同的频段,在各个领域都有着广泛的应用。根据 RFID 技术采用的不同频率,可将其分为低频(Low Frequency,LF)、高频(High Frequency,

HF)、超高频(Ultra High Frequency,UHF)和微波频(Microwave Frequency,MF),具体详见表 6-3。

表 6-3 RFID 定位系统工作参数

频段	典型工作频率	典型波长	通信机制
低频	125 kHz、134 kHz	约 2.4 km	磁感耦合
高频	13.56 MHz	约 20 m	磁感耦合
超高频	433 MHz 860～960 MHz	约 33 cm 和 69 cm	电磁波
微波频	2.40～2.45 GHz	约 12 cm	电磁波

低频 RFID 通过线圈间的磁感耦合进行通信,因为频率很低,耦合线圈通常比较大,标签与读写器的通信速率也较低。高频 RFID 也是通过磁感耦合进行通信,但由于其频率较高,线圈的体积大为缩小,线圈不再需要绕制,而是可以通过腐蚀或者印刷制成卡片状,其成本较低,相比低频 RFID,其通信速率有所提高,高频 RFID 已在门禁管理、地铁收费、图书馆管理等领域取得广泛应用。其读取距离通常小于 10 cm。

超高频和微波 RFID 以电磁波的方式进行通信。典型工作频率有 433 MHz、860～960 MHz 和 2.40～2.45 GHz,典型通信距离为 3～10 m,并且标签和读写器之间的通信速率,相比低频和高频 RFID 也有很大提升,能够一次读取几百个标签。因此,超高频 RFID 适用于对读取距离和通信速率都有较高要求的场合,如高速公路收费、物流管理等。

6.9.2 RFID 系统的组成和工作方式

RFID 系统最主要的两个部分是读写器和标签,读写器读取标签内的信息。图 6-37 展示了一个 RFID 系统的基本结构。标签被放置在需要标识的物体上,是信息的载体。RFID 系统的基本工作原理是:读写器通过读写器天线发射出一定频率的信号,当电子标签进入发射天线的工作区域时,标签接收到信号并被激活;标签将读写器的前向信号反射回去,并通过改变自身阻抗的方式将其 ID 信息调制到反射信号中;读写器天线接收到标签发来的信号,并对其进行解调和解码后送到应用系统控制器,该控制器根据接收到的编码等信息进行相应的逻辑判断和执行指令。

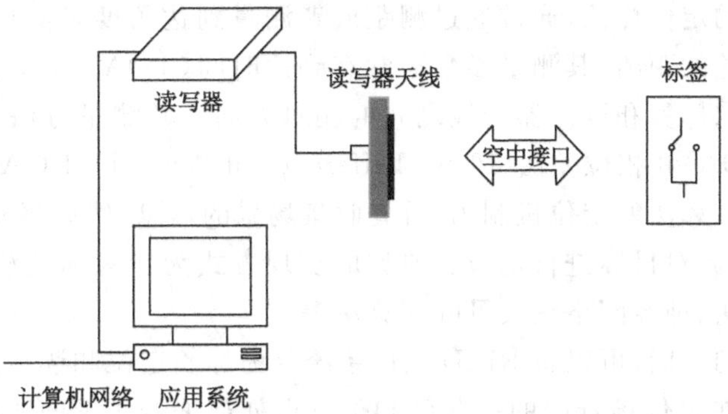

图 6-37 RFID 系统基本结构

标签通常被附着在物体上，标签内部有一定的存储空间，可以存储一个唯一的编码，用于标识物体，同时可以存储物体的一些属性和信息。标签内的信息能够被读写器读取，也可以被写入和修改。

RFID标签依据其能量来源的不同，可以分为有源标签(Active tag)、无源标签(Passive tag)和半有源标签(Semiactive tag)。有源标签自身带有电池，并且主动向外发射电磁波信号。由于内部有电池，有源标签能够发射较大能量的电磁波，具有较远的读取距离，不足点在于电池寿命有限，并且有源标签通常体积大、成本高。

无源标签可从读写器的询问信号中获取能量，并且通过反射的方式进行通信，标签通过改变自身的负载阻抗来调制反射信号。由于不需要电池，无源标签的体积可以做到很小，成本也可以控制得较低，并且在使用时不需要更换电池，使用寿命较长。为了从读写器的询问信号中获得足够的工作能量，无源标签的读取距离不能太远。开发低功耗的标签芯片，降低其激活所需的询问信号的能量，可以有效地提高读取距离。

半有源RFID标签内部有电池，但是它的电池只提供标签芯片工作所需要的能量，并不用于发射射频信号，因此只需要很少的能量就能维持工作，标签的通信方式与无源标签相同，也通过反射读写器的信号进行通信。由于不需要从读写器的询问信号中获取工作能量，半有源标签的读写距离较无源标签要远很多。

读写器由主机和天线组成。读写器主机的主要功能是产生发射信号和对接收信号进行处理。读写器主机将指令调制进发射信号，并通过天线发射给标签。标签的反射信号被天线接收并传送到主机，由主机进行滤波、解调和解码，从而获取标签中的信息。

应用系统的主要功能是对读写器的控制以及对读取到的标签信息的管理，结合应用需求对读取的信息进行处理、显示和存储。应用系统一般与计算机网络相连，可通过各种RFID中间软件实现控制和访问。

6.9.3 RFID定位技术分类及基本原理

(1) RFID定位技术分类

早期的RFID定位，通常依据标签读取来追踪标签携带者所在区域。与许多经典的无线定位技术相似，基于RFID的室内定位，理论上可以通过测量信号的信号强度、传播时间、相位等参数，来计算目标标签的位置。依据对测量参数处理方式的不同，可以分为基于三角测量的定位算法和基于场景的定位算法。

基于三角测量的定位算法，通常通过测距或者测量到达角度来实现。测距就是直接测量读写器天线到标签的距离，其测量参数通常有到达时间(TOA)和信号强度(RSS)。而测量到达角度就是获取标签和读写器天线之间的相对方向。其测量方法通常有雷达扫描法、到达时间差法(TDOA)和相位差法(Phase Difference of Arrival，PDOA)。

基于场景的定位算法的定位机制为：首先收集场景的信息，然后将检测到的目标信息与场景信息做匹配，依此对目标进行定位。典型的实现方式为参考标签法和指纹定位法。其算法通常有质心算法、神经网络法及贝叶斯算法等。

根据定位目标的不同，可以将RFID定位系统分为标签定位和读写器定位两类。

标签定位是指在定位场景中的一些已知位置点处部署若干RFID读写器，多个读写器通过综合读取标签的耗时、角度等指标来对标签的位置进行估算。该类定位方法以电子标签作为定位目标，其特点是由于读写器读写距离的限制，定位的范围有限，且定位精度不高，但定位目标不受限，可以对大量标签进行定位，在商品追踪、医护监控、图书管理等方面有着广泛的应用。该类定位也是最早研究的 RFID 定位，国内外学者对此开展了很多研究。标签定位方案如表 6-4 所示。

表 6-4 标签定位方案

方案	参考目标	定位方案	定位区域	定位精度
SpotON	读写器	基于 RSS 的三边定位		取决于簇大小
Landmarc	读写器＋标签(间距 1 m)	基于 RSS 的场景分析定位	4 m×6 m	1～2 m
Simple passive	读写器＋标签(间距 1 ft)	基于 RSS 的近似优化法	$40\times8\times8$ ft^3	0.3～3 ft
Kalam	读写器(位置未知)＋标签(间距 1 m)	基于 RSS 的均方与卡尔曼滤波结合	5 m×5 m	0.2～1.4 m
VIRE	读写器＋标签(间距 1 m)	基于 RSS 的线性插值法	4 m×6 m	0.14～0.5 m

注：1 ft≈0.3 m。

读写器定位是指在定位场景中的一些已知位置点处部署若干定位标签，读写器通过读取这些已知位置的标签来估算自身的位置信息。该类型中读写器为定位目标，其特点是基于标签的定位，可以大量部署参考标签，定位精度较高，不足之处是由于读写器成本较高，定位的目标数量不宜过多，主要应用在机器人定位、移动定位等方面。读写器定位方案如表 6-5 所示。

表 6-5 读写器定位方案

方案	参考目标	定位方案	定位区域	定位精度
SVM	标签	基于 RSS 的场景分析	0.5 m×0.5 m	80%
Bayesian	标签(间距 5 m)	近似法与贝叶斯干推断法结合	40 m×40 m	1.5 m
Simple Active	标签(间距 1 ft)	基于 RSS 的近似优化法	$40\times8\times8$ ft^3	0.2～0.5 ft
Han	标签(间距 0.05 m)	训练法与基于 RSS 的近似法结合	速度 0.25 m/s	0.1 m
Park	标签(间距 0.05 m)	基于 RSS 的近似法		0.05 m
SRE	标签(间距 0.05 m)	基于 RSS 的场景分析	0.66 m×0.3 m	0.03 m

(2) RFID 定位基本原理

① 直接测距法

直接测距法旨在测量目标标签与读写器天线之间的距离。其典型代表包括 SpotON 方法等。

SpotON 方案首先测量一系列标签的 RSS，并建立 RSS 与标签到读写器天线间距离的线性回归方程，然后通过 RSS 估计目标标签到天线的距离，最后通过多个天线的测距三角计算确定目标标签的位置，如图 6-38 所示。

调频连续波(Frequency Modulated Continuous Wave，FMCW)技术也是一种基于直接测距的定位方法。FMCW 技术最早出现在雷达系统中，而应用在 RFID 定位上，通常要与声表面波(Surface Acoustic Wave，SAW)RFID 技术相结合。FMCW 测距的原理是读写器发射频率在一定带宽内是连续变化的载波，读写器接收信号和发射信号之间就会有一个固

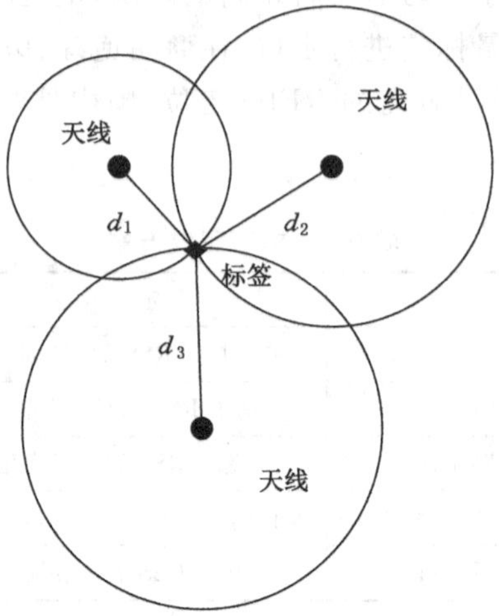

图 6-38　基于直接测距法的 SpotON 定位原理

定的频率差 Δf，其大小与信号的传播时间成正比(各参数如图 6-39 所示)，有：

$$\Delta f = B\frac{\Delta t}{T} \tag{6-31}$$

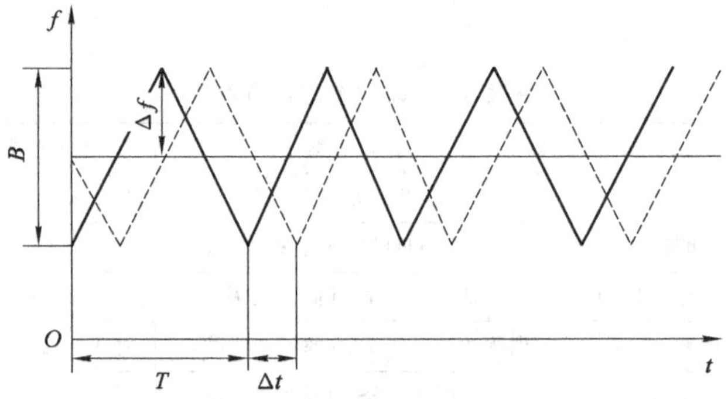

图 6-39　FMCW 测距原理

于是，根据收发信号之间的频率差，就可以获知信号的传播时间，进而进行测距。完成测距后，就可以依据多点定位对目标标签的位置进行计算。

直接测距法计算简单，系统易于实现。但利用 RSS 直接测距，会受限于 RSS 自身的缺陷：抗干扰能力差、受天线增益和方向性影响大、易受反射物影响等。FMCW 测距应用于 RFID 系统中时，只适用于微波段的 RFID，并且成本较高。

② 参考标签法

参考标签法是一种基于场景分析的方法，通过在场景中布置一系列的参考标签，将读写器接收到的参考标签的 RSS 和目标标签的 RSS 之间进行比对，估计目标标签的位置。其典型代表为 Landmark 定位，其原理如图 6-40 所示。

相比于直接测距法，基于参考标签的 Landmark 方法在定位的精度和可靠性上都有显著提高，但需要预先布置大量的参考标签是此方法的不足。对于对象比较密集的环境，目标

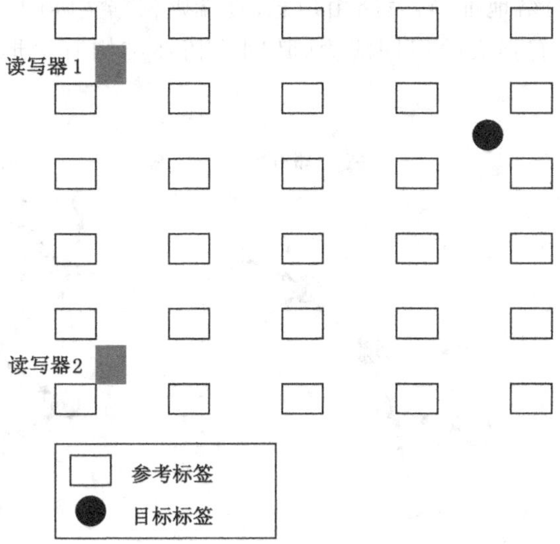

图 6-40　Landmark 定位原理

标签的数量已非常多，再增加大量的参考标签，使得标签排布过于密集，标签天线之间的耦合及标签对其他标签信号传播路径的影响，使得 RSS 的波动增加，影响定位的效果。

③ 指纹定位法

指纹定位法(Fingerprinting)可以看作参考标签法的延伸。在参考标签法中，可以通过增加参考标签的数量来提高定位精度。但实际中参考标签的数量不能无限制增加，考虑在场景不变的情况下，某个固定位置的参考标签的 RSS 通常不会发生大的变化，那么我们可以预先测量这个参考标签的 RSS 并记录下来，作为一个指纹。而在定位时，只需要将目标标签的 RSS 与预先设定的指纹库进行比对，就可以得到目标的位置。

6.10　ZigBee 定位技术

Zigbee 技术是一种应用于短距离和低速率下的无线通信技术，过去称为“HomeRF Lite”和“FireFly”技术，现在统一称为 Zigbee 技术。Zigbee 这个名字的灵感来源于蜂群的交流方式：蜜蜂通过“Z”字形飞行来通知发现的食物的位置、距离和方向等信息。ZigBee 最初由 IEEE 802.15 工作组提出，并由其中的 TG4 工作组制定规范。2001 年 ZigBee 联盟成立。2004 年 ZigBee V1.0 诞生，它是 ZigBee 规范的第一个版本。2006 年推出 ZigBee 2006，这是比较完善的一个版本。ZigBee 是在 IEEE 802.15.4 的基础上建立的，其增加了应用层、网络层(NWK)，相当于起到了扩充细化 IEEE802.15.4 协议的作用。ZigBee 有三个工作频段，分别是 868 MHz、915 MHz 和 2.4GHz。这三个频段是不需进行申请即可免费使用的。其中 868 MHz 是欧洲的，915 MHz 是北美的，而在中国 ZigBee 工作在 2.4 GHz 免费频段。

6.10.1　ZigBee 网络分析

在 ZigBee 网络中，可把节点按逻辑分为三种类型：协调器、路由器和终端。其中协调器是任何一个 ZigBee 网络里都不可缺少的，具有新建和配置网络的功能；路由器的工作是允许其他节点入网，分配网络地址，转发路由信息；终端则根据实际的网络需求，携带各种不同的数据信息。ZigBee 具有强大的组网能力，其网络拓扑结构有星形网络、树状网络和网状网络，如图 6-41 所示。

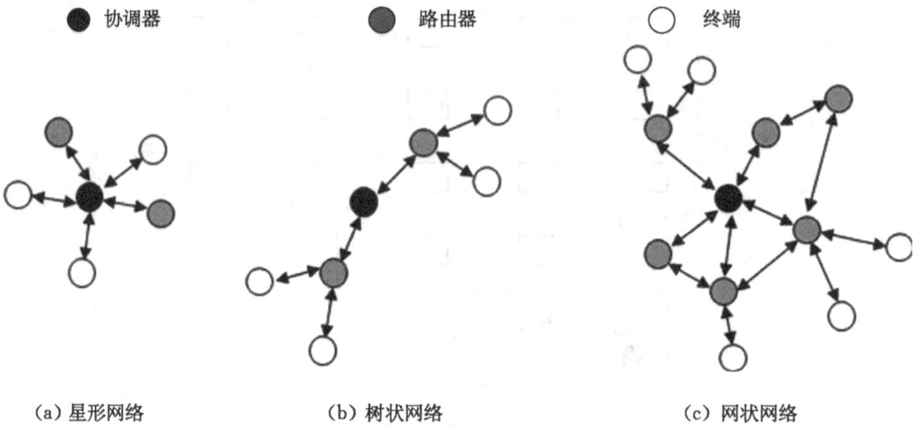

图 6-41　ZigBee 网络拓扑结构图

在这三种网络拓扑结构中，星形网络的结构最简单，但其缺点是节点之间的数据传输只能依靠唯一路径，并且需要开发者在应用层做较多的工作。树状网络的缺点也是数据传输只有唯一路径，任意一个节点都只能和他的父节点和子节点之间通信。网状结构的网络功能最为齐全，该拓扑结构能够组成非常复杂的网络，该网络中节点间的联系非常密切，因此其具有自组织和自愈的功能，非常适合用于室内定位。

ZigBee 采用的是自组织网的通信方式，只要在网络中的各节点互相在通信范围之内，节点间就会自动进行寻找，形成一个 ZigBee 无线网络。自组织网的另一个优势在于，网络中的节点一旦移动，原有的节点位置出现改变时，各节点可以很快地搜寻新的通信目标，组成全新的节点网络，完成对原网络的刷新。整个 ZigBee 网络形成过程为：首先，协调器建立 ZigBee 网络，并设置参数进行网络初始化；其次，路由器与协调器进行通信，或者与已经加入网络的路由器进行通信，并加入 ZigBee 网络；最后，终端与协调器或者路由器进行通信，并加入 ZigBee 网络。

6.10.2　基于 ZigBee 的室内定位技术

无线网络室内定位的含义是基于某种载体之上，在室内无线网络中进行的节点定位，以 ZigBee 技术作为载体的室内定位也属于无线网络室内定位。

(1) 定位系统结构

基于 ZigBee 的室内定位系统可分为两个部分：ZigBee 网络部分和上位机部分。其中 ZigBee 网络中的节点按功能可以分为网关节点、锚节点、盲节点，在网络中分别作为协调器、路由器、终端。盲节点在 ZigBee 网络中作为终端，其作用是将信号特征发送至锚节点；锚节点作为 ZigBee 网络中的路由器，作用是接收来自盲节点的信息，整合后发送给网关节点；网关节点作为整个网络中的协调器，作用是建立 ZigBee 网络，接收来自锚节点的信息并通过串口上传给上位机。上位机的功能是通过串口接收网关节点上传的数据，并实现对待测点的定位以及通过上位机界面将定位结果做直观显示。基于 ZigBee 的室内定位系统结构图如图 6-42 所示。

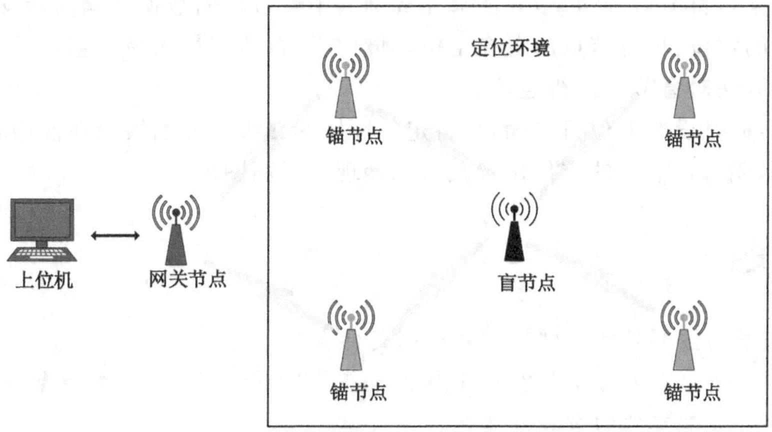

图 6-42　基于 ZigBee 的室内定位系统结构图

(2) 定位系统目标

由于该定位系统工作在 ZigBee 无线网络环境中，该系统的首要目标是要求各节点在定位环境中组建起一个 ZigBee 无线网络。在组成 ZigBee 网络的基础上，基于 RSS 的位置指纹算法的网络环境，由于需要测量、存储及转发 RSS 信号，该无线网络环境比普通 ZigBee 网络环境要稍微复杂，其网络形成过程可由图 6-43 表示。

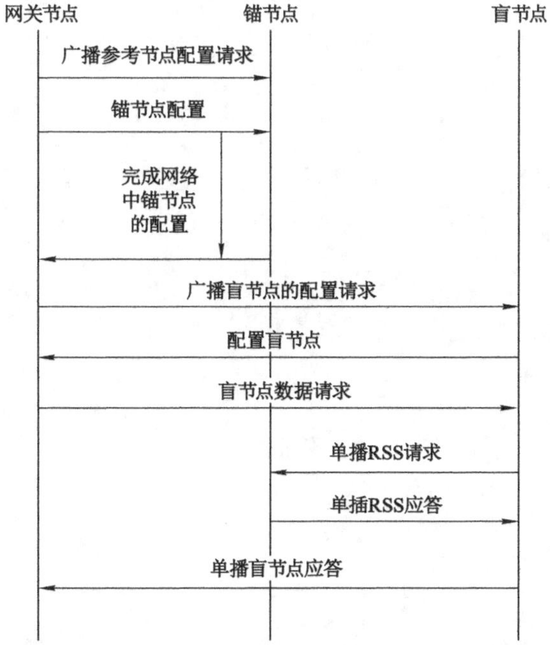

图 6-43　基于定位环境的无线网络形成过程

ZigBee网络组建完成后，各节点之间可以进行正常的通信，正常发挥各自的功能。比如网关节点可对ZigBee网络中其他各节点的工作进行协调，将信息上传至上位机；锚节点能够正常接收来自盲节点的信息，并能够完成网络中各节点的数据存储与转发。

对盲节点的定位：将盲节点放置在定位环境中后，盲节点加入该ZigBee无线网络环境，然后用本章的算法对盲节点进行定位。

人机交互：通过设置上位机界面，可将定位环境的二维平面图展现在使用者面前。在盲节点定位阶段，能将盲节点的定位位置及坐标展现在平面图内。

思　考　题

1. 图像匹配的主要目的和常用方法分别是什么？
2. 地磁导航技术有哪些优势？试了解我国基于“张衡一号”卫星磁场数据的进展。
3. 目前手机导航定位的方式有哪些？
4. 试述Wi-Fi室内定位的基本原理和指纹数据库建设的基本流程。
5. 比较UWB定位中AOA、RSS、TOA/TDOA等技术的优势和不足。

参考文献

[1] 陈锐志，陈亮．基于智能手机的室内定位技术的发展现状和挑战[J]．测绘学报，2017，46(10)：1316-1326．

[2] 陈永冰，钟斌．惯性导航原理[M]．北京：国防工业出版社，2007．

[3] 蒂特顿 D H，韦斯顿 J L．捷联惯性导航技术[M]．2 版．张天光，王秀萍，王丽霞，等译．北京：国防工业出版社，2007．

[4] 董大南，陈俊平，王解先．GNSS 高精度定位原理[M]．北京：科学出版社，2018．

[5] 范时秒．基于地形辅助的 ARV 组合导航技术研究[D]．南京：东南大学，2019．

[6] 房建成，宁晓琳．天文导航原理及应用[M]．北京：北京航空航天大学出版社，2006．

[7] 冯来平，张洪，贾小林，等．IRNSS 区域卫星导航系统服务性能分析[J]．大地测量与地球动力学，2010，30(4)：92-97．

[8] 付梦印，郑辛，邓志红，等．传递对准理论与应用[M]．北京：科学出版社，2012．

[9] 高社生，何鹏举，杨波．组合导航原理及应用[M]．西安：西北工业大学出版社，2012．

[10] 高晓海．基于粒子滤波的地形辅助导航算法研究[D]．成都：电子科技大学，2011．

[11] 高周正．多模 GNSS PPP/INS 组合系统算法与应用研究[D]．武汉：武汉大学，2016．

[12] 宫经宽．航空机载惯性导航系统[M]．北京：航空工业出版社，2010．

[13] 黄德鸣，程禄．惯性导航系统[M]．北京：国防工业出版社，1986．

[14] 李增科．多源传感器增强的精密单点定位与惯性测量组合导航系统[D]．徐州：中国矿业大学，2015．

[15] 李振．地形辅助导航系统匹配算法研究[D]．济南：齐鲁工业大学，2015．

[16] 刘春燕，王坚．基于几何聚类指纹库的约束 KNN 室内定位模型[J]．武汉大学学报(信息科学版)，2014，39(11)：1287-1292．

[17] 刘建业，曾庆化，赵伟，等．导航系统理论与应用[M]．西安：西北工业大学出版社，2010．

[18] 吕伟才，高井祥，蒋法文，等．煤矿开采沉陷自动化监测系统及其精度分析[J]．合肥工业大学学报(自然科学版)，2015，38(6)：846-850．

[19] 马雪杰．基于地形匹配的水下定位方法研究[D]．哈尔滨：哈尔滨工程大学，2017．

[20] 倪育德，卢丹，王颖，等．导航原理与系统[M]．北京：清华大学出版社，2015．

[21] 孙宏伟，李玉莉，袁海波．日本准天顶卫星系统概要[J]．武汉大学学报(信息科学版)，2010，35(8)：1004-1007．

[22] 孙继平，李晨鑫．基于卡尔曼滤波和指纹定位的矿井 TOA 定位方法[J]．中国矿业大学学报，2014，43(6)：1127-1133．

[23] 万德钧，房建成．惯性导航初始对准[M]．南京：东南大学出版社，1998．

[24] 汪捷，罗锐，赵学军，等. 远程陆基无线电导航系统导论[M]. 北京：科学出版社，2017.
[25] 王贵创. INS/GPS 导航系统算法设计与显控实现[D]. 哈尔滨：哈尔滨工程大学，2019.
[26] 王坚，刘纪平，韩厚增，等. 应急救援无缝定位关键技术研究[J]. 武汉大学学报(信息科学版)，2020，45(8)：1126-1136.
[27] 王潜心. 机载 GNSS 动态定位定速与定姿理论及应用[M]. 北京：测绘出版社，2019.
[28] 王新龙. 惯性导航基础[M]. 西安：西北工业大学出版社，2013.
[29] 王中元，程少博，刘春燕，等. 空间球交会的三维加权质心室内定位算法[J]. 中国矿业大学学报，2016，45(5)：944-950.
[30] 吴德伟. 无线电导航系统[M]. 北京：电子工业出版社，2015.
[31] 吴东金，夏林元. 面向室内 WLAN 定位的动态自适应模型[J]. 测绘学报，2015，44(12)：1322-1330.
[32] 吴苗，朱银兵，李方能. 无线电导航原理与信号接收技术[M]. 北京：国防工业出版社，2015.
[33] 徐绍铨，张华海，杨志强，等. GPS 测量原理及应用[M]. 4 版. 武汉：武汉大学出版社，2017.
[34] 杨银. 基于 DVOR 和 DME 区域导航的仿真研究及性能分析[D]. 南昌：南昌大学，2015.
[35] 余学祥，徐绍铨，吕伟才. GPS 变形监测数据处理自动化：似单差法的理论与方法[M]. 徐州：中国矿业大学出版社，2004.
[36] 余学祥，王坚，刘绍堂，等. GPS 测量与数据处理[M]. 徐州：中国矿业大学出版社，2013.
[37] 余学祥，吕伟才，柯福阳，等. 煤矿开采沉陷自动化监测系统[M]. 北京：测绘出版社，2014.
[38] 余学祥，董斌，吕伟才，等. GNSS 导航定位原理与应用[M]. 徐州：中国矿业大学出版社，2020.
[39] 张秋昭. GPS 辅助 SINS 动态对准关键模型研究[D]. 徐州：中国矿业大学，2013.
[40] 张小红，李征航，乔俊军，等. 导航学[M]. 武汉：武汉大学出版社，2017.
[41] 郑黎方. SINS/GPS 组合导航系统新算法的研究与实现[D]. 北京：北京工业大学，2008.
[42] 周振国. 塔康系统关键技术的研究与塔康测位的实现[D]. 西安：西安电子科技大学，2012.
[43] HAN H Z, WANG J, LIU F, et al. An emergency seamless positioning technique based on ad hoc UWB networking using robust EKF[J]. Sensors, 2019, 19(14): 3135.
[44] LIU J B, CHEN R Z, PEI L, et al. A hybrid smartphone indoor positioning solution for mobile LBS[J]. Sensors (Basel, Switzerland), 2012, 12(12): 17208-17233.
[45] NOURELDIN A, KARAMAT T B, GEORGY J. Fundamentals of inertial navigation, satellite-based positioning and their integration[M]. Berlin, Heidelberg: Springer Berlin Heidelberg, 2013.
[46] WANG J, HU A D, LIU C Y, et al. A floor-map-aided WiFi/pseudo-odometry integration

algorithm for an indoor positioning system[J]. Sensors (Basel, Switzerland), 2015, 15(4): 7096-7124.

[47] WANG N B, YUAN Y B, LI Z S, et al. Determination of differential code biases with multi-GNSS observations[J]. Journal of Geodesy, 2016, 90(3): 209-228.

[48] XUE J C, SONG S L, ZHU W Y. Estimation of differential code biases for BeiDou navigation system using multi-GNSS observations: how stable are the differential satellite and receiver code biases? [J]. Journal of Geodesy, 2016, 90(4): 309-321.